지웅배(우주먼지)

천문학자이자 과학 유튜브 크리[illegible] 〈은하철도 999〉를 보고 우주에 빠져들었고, 사람들에게 우주를 안내하는 가이드가 되고자 천문학자가 되었다. 연세대학교 천문우주학과를 졸업하고 동 대학원에서 석사와 박사학위를 받았다. 현재 연세대학교와 한양대학교, 가톨릭대학교 등에서 천문학 교양 강의를 맡고 있다. 구독자 19만 명의 유튜브 채널 〈우주먼지의 현자타임즈〉를 통해 천문학계 최신 소식과 관련 지식을 전하고 있으며, 유튜브 채널 〈보다 BODA〉에서 진행하는 '과학을 보다'에도 고정 패널로 출연하고 있다. 'NASA 오늘의 천체사진' 공식 한국어 서비스를 운영했다. 한국과학창의재단, 서대문자연사박물관, 국립과천과학관, TED, 빨간책방 등 흥미로운 우주 이야기를 다루는 곳이라면 어디든지 찾아간다. 2014년 대중을 위한 과학 강연대회인 페임랩 코리아에서 대상을 받았고, 2022년 과학 문화 확산에 공헌한 바를 인정받아 과학기술정보통신부 장관상을 받았다. 《과학을 보다》(공저) 《하루종일 우주생각》《오늘은 달 탐사》《우리 집에 인공위성이 떨어진다면》 등을 썼고, 《코스미그래픽》《나는 어쩌다 명왕성을 죽였나》《퀀텀 라이프》 등을 번역했다.

날마다
우주
한 조각

날마다 우주 한 조각

1판 1쇄 발행 2024. 3. 8.
1판 3쇄 발행 2024. 7. 26.

지은이 지웅배

발행인 박강휘
편집 이예림 디자인 조명이 마케팅 고은미 홍보 강원모
발행처 김영사
등록 1979년 5월 17일(제406-2003-036호)
주소 경기도 파주시 문발로 197(문발동) 우편번호 10881
전화 마케팅부 031)955-3100, 편집부 031)955-3200 | 팩스 031)955-3111

값은 뒤표지에 있습니다.
ISBN 978-89-349-4137-8 03440

홈페이지 www.gimmyoung.com　블로그 blog.naver.com/gybook
인스타그램 instagram.com/gimmyoung　이메일 bestbook@gimmyoung.com

좋은 독자가 좋은 책을 만듭니다.
김영사는 독자 여러분의 의견에 항상 귀 기울이고 있습니다.

지웅배(우주먼지) 지음

김영사

차례

A
SPACE
A
DAY

강연을 다닐 때마다 가장 먼저 점검하는 것이 있다. 강의실 불을 모두 끄고 진행할 수 있는지를 꼭 확인한다. 우스갯소리로 이야기하지만 실제로 천문학 강연에서는 사진발이 중요하다. 망원경으로 관측한 실제 우주의 모습을 고화질로 구경할 때 가장 확실하게 전율과 감동을 느낄 수 있다. 특히나 우주 사진은 배경부터 깜깜한 사진이 많기 때문에 강의실의 조명을 꺼야 효과가 좋다. 조명이 꺼지고 스크린 속 사진이 더 선명하게 나타나면 관객들은 "우아!" 하는 감탄사를 발한다.

대학교에 입학하고 천문우주학과 신입생으로서 첫 전공 수업을 듣던 날, 존경하는 이영욱 교수님을 처음 뵈었다. 당시 이미 학과 내에서 두 번째로 나이가 많은 교수님이었으나 교수님의 표정과 제스처에서는 전혀 노쇠한 모습을 찾을 수 없었다. 오히려 우주에 대해 강의하시는 교수님의 눈빛은 신입생이었던 우리보다 더 초롱초롱 빛났다. 역사 속 수많은 독재자와 황제가 찾았던 불로불사의 명약이 어쩌면 우주의 밤하늘에 숨어 있는 게 아닐까 하는 생각이 들었다. 특히 교수님께서 당시에 막 올라간 허블 우주망원경으로 관측한 첫 번째 사진을 처음 봤을 때의 감동을 전해주시던 순간은 지금도 잊을 수 없다. 반짝이는 교수님의 눈동자를 통해 당시의 감동을 간접적으로나마 느낄 수 있었다.

제임스 웹 우주망원경이 우주로 올라간다고 발표되었을 때 사실 큰 기대를 하지는 않았다. 어릴 때부터 봐왔던 허블 우주망원경의 사진만으로도 이미 충분히 우주를 멋지게 볼 수 있었고, 제임스 웹 우주망원경이 찍은 사진들 역시 기존의 사진에서 화질과 색감만 조금 더 좋아지는 정도일 것이라 생각했다. 제임스 웹 우주망원경의 발사만을 기다리는 동료 천문학자들의 모습이 호들갑처럼 느껴지기도 했다. 이후 처음으로 공개된 제임스 웹 사진은 나의 이런 생각을 완전히 바꿔버렸다. 그동안 충분히 멋지다고 생각했던 허블 우주망원경의 사진이 순식간에 시시하게 느껴질 정도였다. 더 머나먼 우주 끝자락의 빛까지 끌어모아, 100억 년이 넘는 세월을 한 앵글에 담아내는 제임스 웹의 사진들은 무척 경이로웠다. 신입생 시절 교수님이 전해주었던 그 감동을, 아니 그보다 더한 감동을 이젠 내가 직접 느끼게 되었다. 이 감동을 더 많은 이들과 공유하고 싶다는 생각이 들었다. 우리 머리 위에 이렇게 아름답고 장대한 우주가 펼쳐져 있건만, 그 우주를 즐기지 못하고 살아간다는 건 얼마나 슬픈 일인가!

망원경이 등장하기 이전과 이후의 천문학은 근본적으로 다르다. 흔히 망원경을 갈릴레오가 처음 발명했다고 이야기하지만 이는 사실이 아니다. 갈릴레오 이전부터 망원경은 다양하게 쓰였는데, 당시까지만 해도 전쟁터에서 적지를 염탐하거나 항해를 떠나 주변 육지를 찾을 때 사용하는, 하늘이 아닌 땅을 보는 도구였다. 그러나 갈릴레오는 달랐다. 그는 처음으로 망원경을 들어올려 땅이 아닌 하늘을 바라봤다. 그리고 누구도 생각하지 못한 새로운 세계를 만났다.

망원경 없이 오직 맨눈으로 우주를 관측하던 시절에는 모든 별과 행성이 먼 하늘에 걸려 있는 작은 점에 불과했다. 별의 표면에서 어떻게 화염이 솟아 나오는지, 행성 표면에 얼마나 거대한 산맥과 골짜기가 있는지 관심조차 가질 수 없었다. 하늘에 박혀 있는 작은 점들의 위치가 매일 어떻게 달라지는지 바라보며 어떻게 계절이 바뀌고, 나라의 운명이 어떠한지를 고민할 뿐이었다. 그래서 당시의 천문학을 지금의 '천문학'과 구분해 '측성학astrometry'이라 하기도 한다. 망원경이 하늘을 바라보게 되면서 천문학은 완전히 달라졌다. 단순히 하늘의 지도를 그리는 것을 넘어 각 개별 천체의 특징에 주목할 수 있게 되었다. 오늘날에는 수 미터 크기의 지상망원경뿐 아니라 우주망원경들까지 지구 대기권 바깥까지 올라가서 우주를 담아내고 있다.

다양한 망원경들이 담는 알록달록하고 화려한 사진을 보다 보면 문득 자연스럽게 따라오는 질문이 하나 있다. "우주에 직접 올라가서 봐도 사진과 같은 모습일까?" 안타깝게도 그렇지 않다. 그렇다면 다 조작된 사진이란 말인가? 그것도 꼭 그렇지는 않다. 사진 속 우주가 실제 눈으로 본 우주보다 더 화려하고 예쁘게 과장된 것이 사기가 아닌 이유를 제대로 이해하려면 망원경이 우주를 보는 방식을 정확히 이해할 필요가 있다.

먼저 망원경은 사람의 눈과 달리 빛을 오랫동안 담아둘 수 있다. 우리의 눈은 매 순간 찰나의 순간에 도달한 빛을 인지할 뿐이다. 시신경을 건드린 빛은 그대로 사라진다. 어두운 곳에 가면 잘 보이지 않은 것도 실시간으로 눈에 들어오는 빛의 양 자체가 적기 때문이다. 하지만 망원경은 빛이 적은 환경에서도 오랫동안 빛을 담아둘 수 있다. 시신경의 역할을 하는 망원경의 CCD 센서는 빛을 받으면 그 정보가 사라지지 않고 계속 쌓이며, 전자가 튀어나오면서 빛을 전기 신호로 변환한다. 오랜 시간 한 대상을 겨냥해 빛을 계속 담으면 훨씬 더 밝게 그 모습을 그려낼 수 있다.

또한 우주 관측 사진에 색을 입히는 데도 그 나름의 방식이 있다. 사실 망원경으로 처음 얻게 되는 사진에는 색이 없다. 빛이 어디에 많고 적은지 그 양의 정도를 구분할 수 있는 단색 사진일 뿐이다. 이 단색 사진들을 여러 장 겹쳐놓으면 파장이 혼합되고 그 위에 천문학자들이 인공적으로 색을 입히는 것이다. 파장에 따라 파란색, 빨간색, 초록색 등 어떤 색을 입혀야 할지 규칙이 정해져 있다. 보통 허블 우주망원경의 등장과 함께 정립된 규칙을 많이 사용하는데, 이를 '허블 팔레트'라고 한다.

우주망원경은 사람의 눈으로는 아예 볼 수 없는 파장의 빛까지 볼 수 있다. 우리의 눈은 아주 좁은 범위의 가시광선 영역만 볼 수 있고 그보다 파장이 긴 적외선이나 파장이 짧은 자외선, 엑스선과 같은 빛은 아예 보지 못한다. 하지만 별과 은하들은 가시광선뿐 아니라 온갖 다양한 전자기파 영역에서 에너지를 내뿜기 때문에 별과 은하에서 어떤 일이 벌어지고 있는지를 제대로 파악하기 위해서는 이런 다양한 파장의 빛으로 관측해야 한다. 망원경의 센서는 자외선, 적외선 파장 영역에서도 빛의 양을 파악할 수 있으므로 이를 바탕으로 인공적으로 색을 입힌 또 다른 단색 사진을 만든다. 이를테면 적외선 파장의 빛은 짙은 빨간색으로, 자외선 파장의 빛은 푸르스름한 보라색

빛으로 색을 입히는 것이다. 눈에 보이지 않는 빛에 인공적으로 색을 입혀 그 모습을 강조한다고 해서 아예 존재하지 않는 것을 가짜로 그려낸다는 뜻은 아니다. 실제로 존재하지만 사람의 눈으로 볼 수 없는 다양한 구조를 쉽게 분간하도록 별도의 채색을 하는 것이다.

이처럼 인류가 즐길 수 있는 우주의 풍경이 더 다채로워진 만큼, 우주 사진에도 제대로 된 감상법이 필요하다. 별들이 어떻게 탄생하고 최후를 맞이하는지, 은하 중심에 어떤 거대한 블랙홀이 만들어지는지, 우주 끝자락에서 막 생겨난 어린 은하의 모습은 어떠한지 등 우주의 탄생과 진화 과정을 보여주는 생생한 증거들이 고스란히 사진에 담겨 있다. 그러한 주요 포인트들을 놓치지 않고 보기 위해 천문학자들은 사진에 색을 입히고 다양한 과학적 기법을 활용한다. 그 아름다움 속에는 지극히 과학적인 이유가 숨어 있는 것이다. 미술관에서 작품을 제대로 감상하기 위해 우리의 눈길을 적당한 곳으로 인도해주는 도슨트가 있는 것처럼, 우주 사진의 어디를 봐야 하는지, 사진의 무엇에 주목해야 하는지 알려주는 우주 가이드가 필요하다.

이 책에는 제임스 웹 우주망원경이 처음으로 이미지를 공개한 2022년 7월부터 최근 2024년 1월까지, 공개된 제임스 웹 관측 이미지 대부분을 실었다. 단순히 이 경이로운 사진들을 감상하도록 하는 데 그치지 않고, 주요한 발견에 대해 자세하고도 흥미로운 설명을 덧붙여 지적 즐거움을 더하고자 했다. 더 나아가 제임스 웹 우주망원경이 어떻게 개발되었고 어떤 원리로 작동하는지, 우주에서 어떤 과정을 통해 사진 데이터를 수집하는지도 담았다. 이 외에도 허블 우주망원경이 찍은 사진들과 보이저, 뉴허라이즌스, 퍼서비어런스 등 탐사선이 보내온 사진들도 적절히 배치했다.

1월 1일부터 12월 31일까지 매일 한 편씩 감상할 수 있도록 선별해 수록한 365개의 사진과 글에는 각종 탐사선으로 촬영한 각 태양계 천체의 모습부터 아주 작은 왜소은하에서 나선은하를 거쳐 타원은하로 성장해가는 다양한 모습의 은하들, 우주에 떠돌고 있는 인류의 흔적, 별의 탄생과 죽음의 장엄한 과정, 우주 공간에 퍼져나가고 있는 성운까지, 무한한 우주에 관한 이야기가 담겨 있다. 장대하고 아름다운 우주의 조각들을 매일 바라보는 특별한 경험이 될 것이다.

이 책이 우주를 천문학자처럼 보는 연습을 할 수 있는 한 권의 책이 되길 바란다. 이 책을 다 읽고 마지막 페이지를 덮을 때쯤 여러분은 천문학자의 눈을 얻게 될 것이다. 천문학자의 눈으로 우주를 바라보며, 왜 천문학자들이 날마다 우주를 생각하며 살아가는지 느껴보자.

창백한 푸른 점 한편에서,
우주먼지 지웅배

독수리성운,
창조의 기둥

'창조의 기둥'이 이미 사라지고 없어졌을 거란 루머는 2007년으로 거슬러 올라간다. 당시 천문학자들은 스피처 우주망원경을 통해 독수리성운 속 창조의 기둥 주변 적외선의 분포를 관측했고, 2.4마이크로미터 파장에서 가장 많은 에너지가 방출되고 있다는 것을 발견했다. 당시에는 이것이 비교적 최근에 벌어진 초신성 폭발로 인해 주변 원자들이 이온화된 흔적이라고 추정했다. 9000~8000년 전에 이곳에서 무거운 별이 초신성이 되어 폭발했고 주변 성운이 둥글게 불려진 것이라 추정한 것이다. 당시의 충격파는 약 2000~3000년 후에 창조의 기둥까지 닿았을 것이고, 결국 지금으로부터 6000년 전에 이미 창조의 기둥은 충격파에 휩쓸렸을 것이라 생각했다.

창조의 기둥은 지구에서 약 7000광년 거리에 있다. 즉, 우리는 매 순간 7000년 전의 창조의 기둥 모습을 보고 있다. 이 높이 솟은 먼지기둥은 사실 6000년 전에 파괴되고 사라졌지만 우리는 아직 파괴되기 1000년 전, 즉 7000년 전의 창조의 기둥 모습을 보고 있을 뿐이라는 가설이 생겼다. 우주에서 가장 아름다운 먼지 조각상 중 하나가 실은 이미 오래전에 파괴되어 사라진 상태였다니. 우주의 광막한 스케일을 느낄 수 있는 슬프고도 매력적인 이야기다.

하지만 최근 제임스 웹 우주망원경 관측에 따르면 다행히 이 가설은 사실이 아니었던 것으로 보인다. 먼지기둥을 꿰뚫고 그 너머를 볼 수 있는 제임스 웹은 최근에 벌어진 초신성 폭발의 그 어떤 흔적도 찾지 못했다. 제임스 웹이 근적외선카메라NIRCam를 통해 담은 창조의 기둥 사진을 잘 보면 길게 솟은 먼지기둥 끝에서 유독 붉게 빛나는 흔적을 포착할 수 있다. 먼지구름 속에서 갓 반죽되며 이제 막 빛나고 있는 어린 별빛의 흔적이다. 어린 별이 방출하는 강렬한 자외선을 받아 미지근하게 달궈진 먼지구름이 다시 적외선에서 빛을 방출하고 있다. 특히 가장 높이 솟은 먼지기둥의 끝부분을 보면 그 안에서 아주 강렬한 별이 빛나며 먼지기둥이 상당 부분 사라진 상태다. 다행히 이 아름다운 창조의 기둥은 앞으로 1000년이 더 지나도 지구의 하늘에서도 계속 사라지지 않고 지금의 우뚝 솟은 모습을 유지하고 있을 것이다.

왜소은하 WLM

여기 은하가 보이는가? 우주 배경에 있는 먼 은하들 말고 지구와 훨씬 가까운 은하가 하나 더 숨어 있다. 바로 지구에서 약 300만 광년 거리에 있는 왜소은하 울프-룬드마크-멜로테WLM다. 워낙 거리가 가까워서 은하 전체를 한 장의 사진에 다 담을 수 없다. 사진을 가득 채우고 있는 작고 푸른 점들은 대부분 이 왜소은하 WLM을 구성하는 별들이다. 제임스 웹은 이웃한 왜소은하 속 별을 하나하나 구분해서 볼 수 있기 때문에 별들의 진화 과정을 더 세밀하게 추적할 수 있다. 이 작은 왜소은하는 우리은하와 안드로메다은하와 함께 국부은하군을 함께 떠도는 멤버 중 하나다. 보통 이렇게 덩치 큰 은하들 사이에서 그 주변을 떠도는 작은 은하들은 오랜 세월을 거쳐 주변의 다른 은하들과 충돌하고 흔적을 남긴다. 덩치 큰 은하에 물질을 빼앗기면서 기다란 별과 가스 꼬리를 흘리기도 하고, 또 다른 주변의 작은 은하들과 부딪히며 다양한 종류의 별들이 뒤섞인 흔적을 보이기도 한다. 그런데 왜소은하 WLM은 놀랍게도 은하가 탄생하고 나서 지금까지 다른 은하와 충돌하거나 상호작용을 한 흔적을 전혀 보이지 않는다. 우주에 탄생한 이래로 지금껏 단 한 번도 누구와 접촉한 적 없는 우주에서 가장 외로운 은하인 것이다.

나선은하
LEDA 2046648

제임스 웹은 아주 가까운 우주부터 머나먼 우주까지 모든 거리의 우주를 동시에 담는다. 사진 아래쪽에 있는 크고 아름다운 나선은하는 헤르쿨레스자리 방향으로 약 10억 광년 거리에 떨어진 은하 LEDA 2046648이다. 은하의 나선팔을 따라 분홍빛으로 빛나는 어린 별들의 흔적을 볼 수 있다. 은하 원반의 오른쪽이 살짝 위로 들려 있다. 주변 은하들과의 중력 상호작용으로 인해 은하 원반이 뒤틀린 워프 현상이다. 아직 별들이 한창 태어나고 있는 어린 은하들은 푸르게 보인다. 반면 대부분의 가스가 별을 만드는 데 쓰여 더 이상 새로운 어린 별이 태어나지 않는 나이 많은 은하들은 주황색으로 보인다.

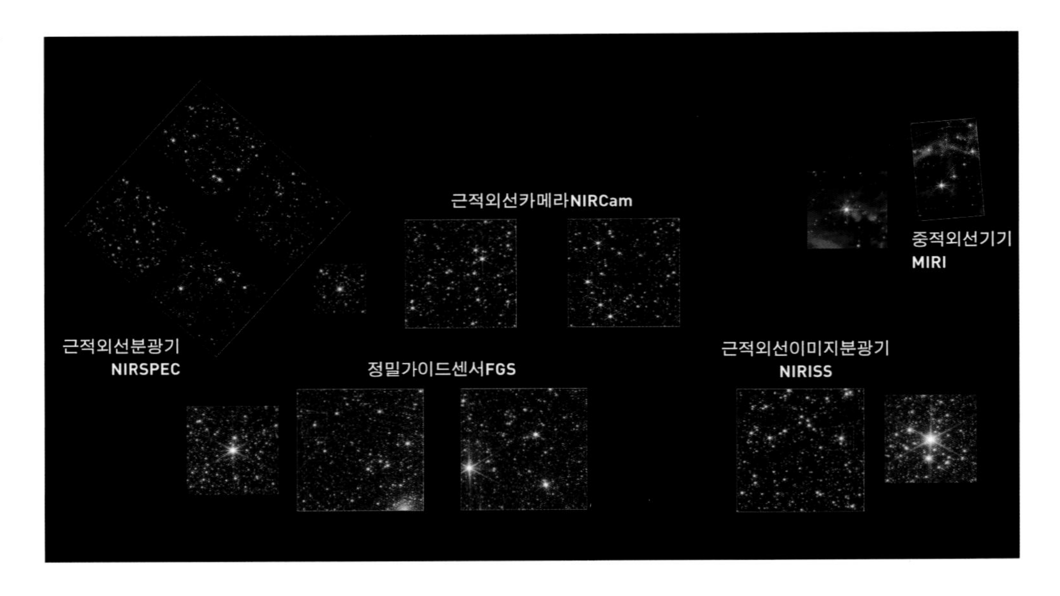

제임스 웹
뷰 포인트

제임스 웹은 우주를 어떻게 바라볼까? 제임스 웹은 단순히 한 가지 방식으로만 우주를 보지 않는다. 조금씩 다른 파장의 적외선으로 동시에 우주를 담는다. 각기 다른 파장의 분광기와 센서에 빛이 동시에 도달해야 한다. 그래서 각 파장의 빛을 담는 광학계는 조금씩 다른 방향으로 향하게 제작되었다. 제임스 웹에는 적외선 파장으로 이미지를 촬영하는 근적외선카메라NIRCam, 파장이 더 짧은 적외선 파장에서 분광 관측을 하는 근적외선분광기NIRSpec와 더 긴 적외선 파장에서 분광 관측을 하는 중적외선기기MIRI가 있다. 이 사진은 제임스 웹이 18개의 조각거울을 모두 정렬한 다음 망원경 거울의 초점이 잘 맞춰져 있는지를 점검하기 위해 촬영한 테스트 컷이다. 우리은하 바로 곁에 있는 대마젤란은하 방향을 바라봤다. 각각의 네모 칸 크기는 실제로 제임스 웹의 초점에서 다양한 카메라 센서로 들어온 화각의 상대적인 크기를 보여준다. 근적외선카메라는 2마이크로미터, 근적외선이미지분광기NIRISS는 1.5마이크로미터, 그리고 중적외선기기는 더 파장이 긴 7.7마이크로미터로 빛을 담았다. 사진에서 근적외선분광기는 1.1마이크로미터 파장으로 담은 이미지를 함께 보여주고 있지만, 사실 이 장비는 다른 카메라 장비와 달리 이미지 촬영이 아닌 스펙트럼 분광 관측만 한다. 가장 아래쪽에 있는 정밀가이드센서FGS는 제임스 웹이 올바른 방향으로 향하고 있는지를 확인하기 위한 장비다. 이 장비는 실제 과학적 관측을 위해서는 쓰이지 않고, 단순히 망원경의 방향을 제어하기 위한 용도로만 쓰인다. 제임스 웹은 바로 이렇게 우주를 본다.

아폴로 우주인
찰리 듀크의
가족사진

달에 가서 기념품을 남기고 올 수 있다면 무엇을 고를 것인가? 1972년 아폴로 16호 미션을 통해 달에 갔던 우주인 찰리 듀크는 가족사진을 골랐다. 그는 작은 비닐 지퍼백에 넣은 가족사진을 남기고 왔다. 가족사진에는 그와 그의 아내 도로시, 그리고 두 아들이 있다. 여전히 우리 머리 위에는 찰리 듀크의 가족사진이 걸려 있다. 세상에서 가장 높이 걸려 있는 가족사진인 것이다. 다만 이 사진은 원래의 모습 그대로 보존되어 있지는 않을 것이다. 달은 지구처럼 강한 자기장이 없기 때문에 표면으로 강력한 태양풍과 방사선이 쏟아진다. 그래서 아마 듀크가 두고 온 가족사진은 이미 하얗게 색이 바래 있을 것이다. 운이 나쁘게 사진을 두고 온 자리 주변에 운석이 떨어졌다면 충돌 순간 다른 파편과 함께 달에서 멀리 날아가버렸을지도 모른다. 아쉽게도 이제는 노인이 된 찰리 듀크가 직접 다시 달에 가서 가족사진이 아직 무사히 남아 있는지 확인할 수는 없다. 대신 다시 시작되고 있는 아르테미스 유인 달 탐사 임무를 통해 머지않아 그의 후배들이 가족사진이 무사한지 확인해줄 수 있을 것이다.

1월
6일

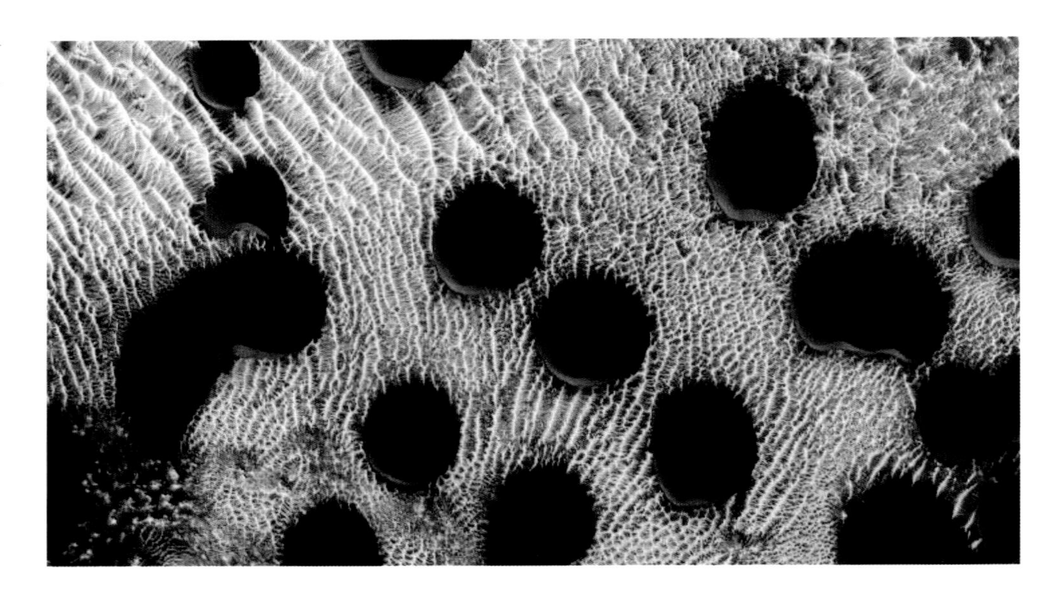

성에가 덮인 화성의 모래 언덕

점박이 달마시안의 피부를 확대해서 찍은 사진이 아니다. 화성 곁을 맴도는 화성정찰궤도선MRO의 고해상도이미지실험HiRISE 카메라로 바라본 화성의 풍경이다. 화성 모래 언덕의 모양과 크기가 아주 다양하다. 추운 겨울이 지나고 모래 언덕을 덮고 있던 얼음 성에가 서서히 사라지면서 아름다운 풍경이 만들어졌다. 아직 사라지지 않은 성에들이 나뭇잎의 잎맥처럼 모래사막 위에 복잡하게 얽혀 있다. 그 사이사이 둥글고 검은 모래 언덕의 모습이 드러났다.

명왕성의 얼음 평원

"만약 외계인들이 망원경으로 우리 지구를 지켜보고 있다면,
개들이 이 행성의 주인이라고 생각할 겁니다.
똥을 누는 생명체와 뒤에서 그 똥을 줍는 생명체 둘을
함께 본다면 누가 주인이라고 생각하겠습니까?"
_제리 사인펠드(배우)

뉴허라이즌스 탐사선이 명왕성 곁을 빠르게 지나가면서 포착한 명왕성 표면 모습 중 하나다. 사진 가운데 괴이한 모양의 지형이 눈에 띈다. 대체 누가 명왕성까지 가서 똥을 누고 도망간 걸까?

1월
8일

은하단 WHL0137-08 딥필드와 에렌델

제임스 웹이 거대한 은하단 WHL0137-08 주변 하늘을 관측했다. 사진에 표시한 것처럼 길고 둥근 중력렌즈의 허상이 포착되었다. 이곳은 마치 지구의 지평선으로 햇빛이 스며들어올 때의 모습과 비슷하다고 해서 '선라이즈 아크'라고도 부른다. 훨씬 먼 배경에 있는 은하의 빛이 극단적인 중력렌즈를 통해 만들어진 허상이다. 분석한 결과에 따르면 이 빛은 지금으로부터 무려 129억 년 전에 날아온 것으로 추정된다. 우주가 시작된 지 10억 년도 채 지나지 않았을 때 존재한 별이란 뜻이다! 빛이 날아오는 동안 우주 공간도 계속 팽창해왔기 때문에 거리로 따지면 더 멀다. 현재 이 배경 은하까지의 거리는 무려 약 280억 광년에 달한다.

선라이즈 아크에는 유독 더 밝게 빛나는 작은 점들이 있다. 제임스 웹 이전, 허블 우주망원경으로 이곳을 처음 관측했을 때 천문학자들은 이것이 은하에 있는 밝은 별의 모습일 것으로 추정해 톨킨의 판타지 소설 《실마릴리온》에 등장하는 '아침을 비추는 샛별'을 뜻하는, '에렌델'이라는 이름을 지어주었다. 허블로 진행되었던 첫 발견만으로는 이 점이 정말 하나의 밝은 별인지, 아니면 별 여러 개가 비좁은 영역 안에 바글바글 모여 있는 성단인지 구분할 수는 없었다.

더 정확한 판단을 위해 제임스 웹이 다시 같은 곳을 관측했다. 그 결과 앞서 허블 관측에서 확인하지 못한 비밀이 밝혀졌다. 제임스 웹은 더 선명한 분해능을 통해 에렌델의 밝은 점이 퍼져 있는 영역이 최대 4000AU(천문학에서 사용되는 길이의 단위. 지구와 태양 사이의 평균 거리) 이내라는 사실을 확인했다. 이는 0.06광년밖에 안 되며, 천문학적으로 아주 좁은 영역이다. 수백만 개의 별이 모여 있는 성단이라면 적어도 그 지름이 수백 광년은 되어야 하는데, 그에 훨씬 못 미치는 좁은 영역 안에서만 빛이 밝게 빛나고 있다는 사실은 에렌델이 성단이나 넓게 퍼진 별 탄생 지역이 아닌, 독립된 별 하나라는 사실을 보여준다. 에렌델은 정말 별이었다! 에렌델은 표면온도가 1만 3000~1만 6000도인 거대하고 푸른 B형 별로 추정된다. 표면온도는 태양의 두 배 정도이지만, 거대한 크기 덕분에 밝기는 수백만 배 더 밝다.

이제 천문학자들은 허블, 그리고 제임스 웹 우주망원경을 통해 130억 년 전에 달하는 먼 우주에서까지 독립된 별과 성단의 모습을 구분해내기 시작하고 있다. 이전까지는 수백만, 수천만 광년 거리 이내의 비교적 가까운 은하에서만 별과 성단을 구분해서 볼 수 있었으므로 수백억 광년 거리의 먼 우주는 항성이 아닌 은하를 단위로 연구하는 은하 천문학만의 주무대였다. 하지만 이제 그렇지 않다. 제임스 웹의 놀라운 발견과 함께 이 머나먼 우주 끝자락은 은하 천문학뿐 아니라 항성 진화를 연구하는 천문학의 새로운 무대로도 바뀌고 있다.

1월
9일

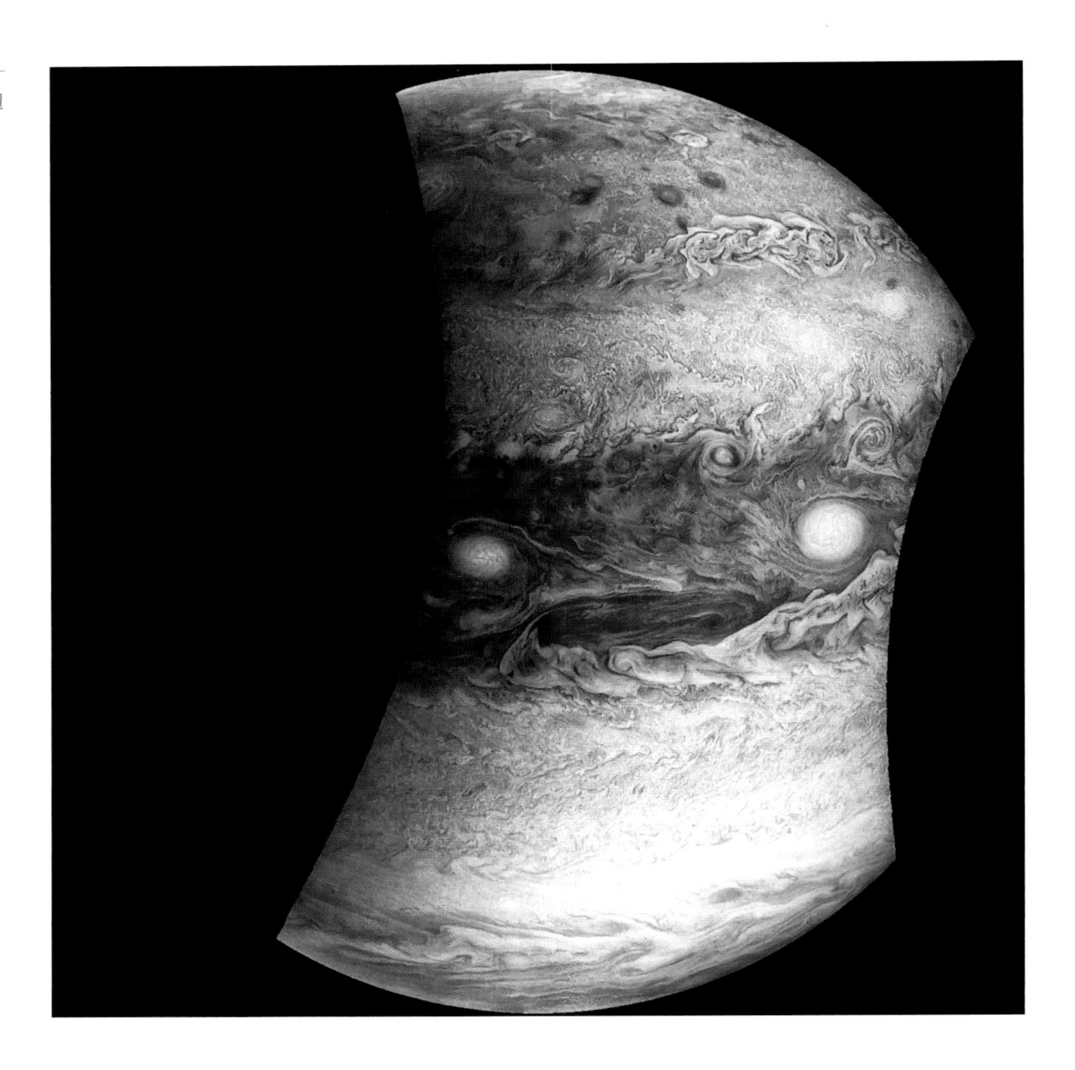

목성의 구름 표면

)'_'(뭘 봐? 목성 처음 봐?

우주말발굽은하

스탠리 큐브릭 감독의 영화 〈2001: 스페이스 오디세이〉에는 가까운 미래에 우주선을 조작하는 인공지능 HAL 9000이 등장한다. HAL 9000은 인간을 거역하고 우주인을 죽음의 위기에 이르게 하는 소름 끼치는 행동을 보여준다. HAL 9000은 자신의 야망을 끝내 이루지 못한 채, 하염없이 노래를 부르며 서서히 전원이 꺼져가는 운명을 맞이한다. 하지만 HAL 9000은 아직 죽지 않았다. 여전히 우주 어딘가에서 HAL 9000의 붉고 영롱한 둥근 램프 불빛이 선명하게 빛나고 있다. 정말 소름 돋는다.

은하 NGC 524

렌즈형은하는 타원은하와 원반은하의 중간형 은하로 분류된다. 만약 렌즈형은하를 옆이 아닌 정면에서 바라본다면 그 원반의 얼굴은 어떻게 보일까? 허블 우주망원경으로 관측한 이 사진 속 은하 NGC 524의 중심을 보면 그 답을 알 수 있다. 마치 나무의 나이테처럼 은하 중심부터 외곽까지 동심원의 먼지 띠가 이어진다. 일반적인 타원은하는 일찍이 별 탄생이 다 끝나서 새로운 별을 만들 수 있는 가스물질이 매우 적다. 하지만 렌즈형은하는 일반적인 타원은하에 비해 훨씬 많은 가스와 먼지를 머금고 있다.

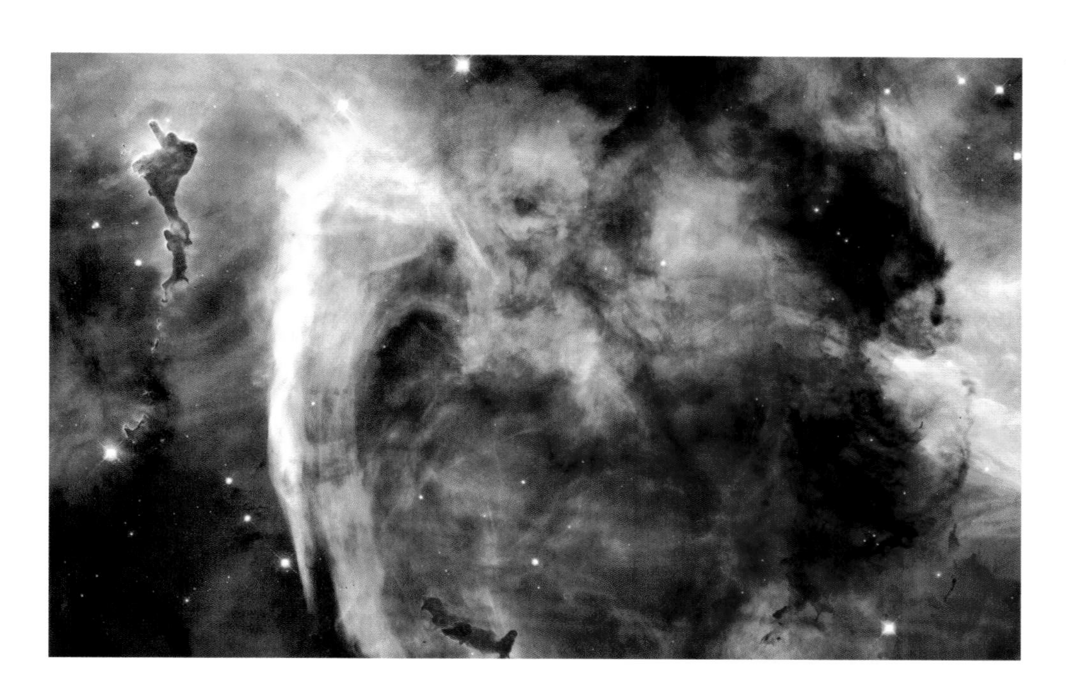

용골자리성운

허블 우주망원경으로 용골자리성운의 일부를 관측했다. 높은 밀도로 반죽된 먼지구름들이 떠다닌다. 이곳은 지구에서 가장 가까운 별 탄생 지역 중 하나다. 그런데 사진 왼쪽 위에 자꾸만 신경 쓰이는 게 하나 있다. 우주한테 욕먹은 듯한 이 찜찜한 기분은 뭘까? 기분 탓이겠지?

1월
13일

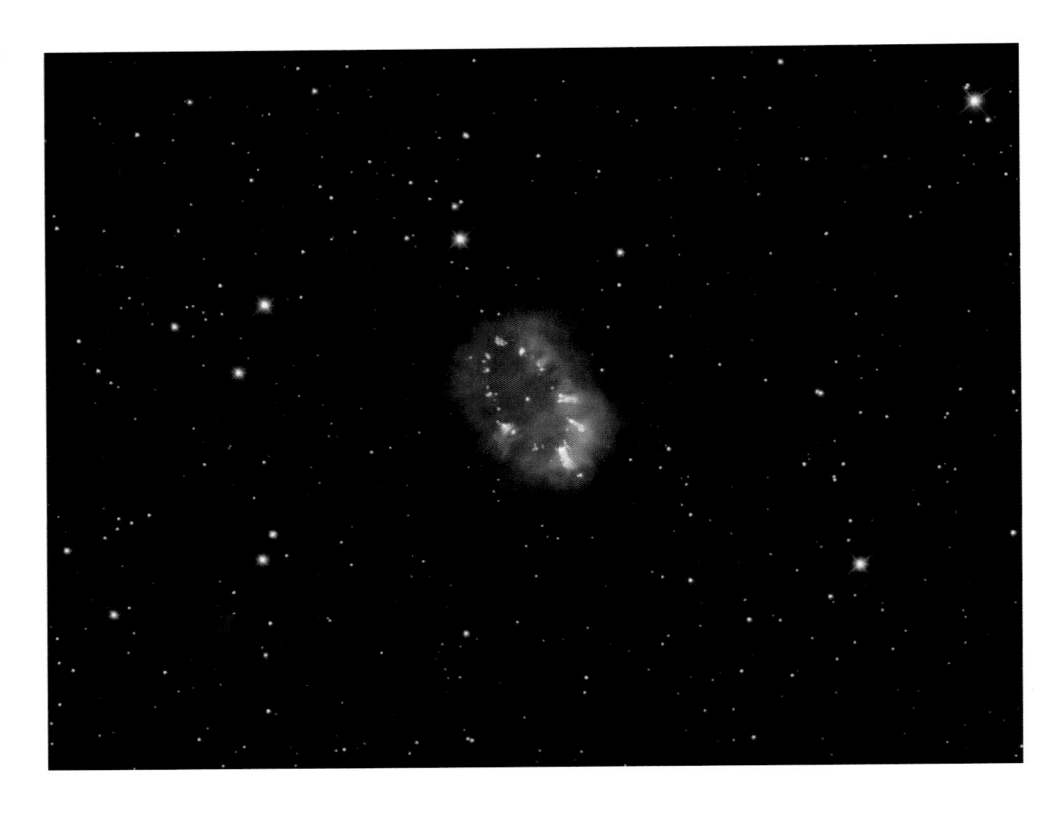

목걸이성운, 행성상성운 G054

"우리는 평화를 찾을 것이다.
천사의 소리를 들을 것이며,
다이아몬드로 빛나는 하늘을 볼 것이다."

_안톤 파블로비치 체호프(러시아 의사, 소설가)

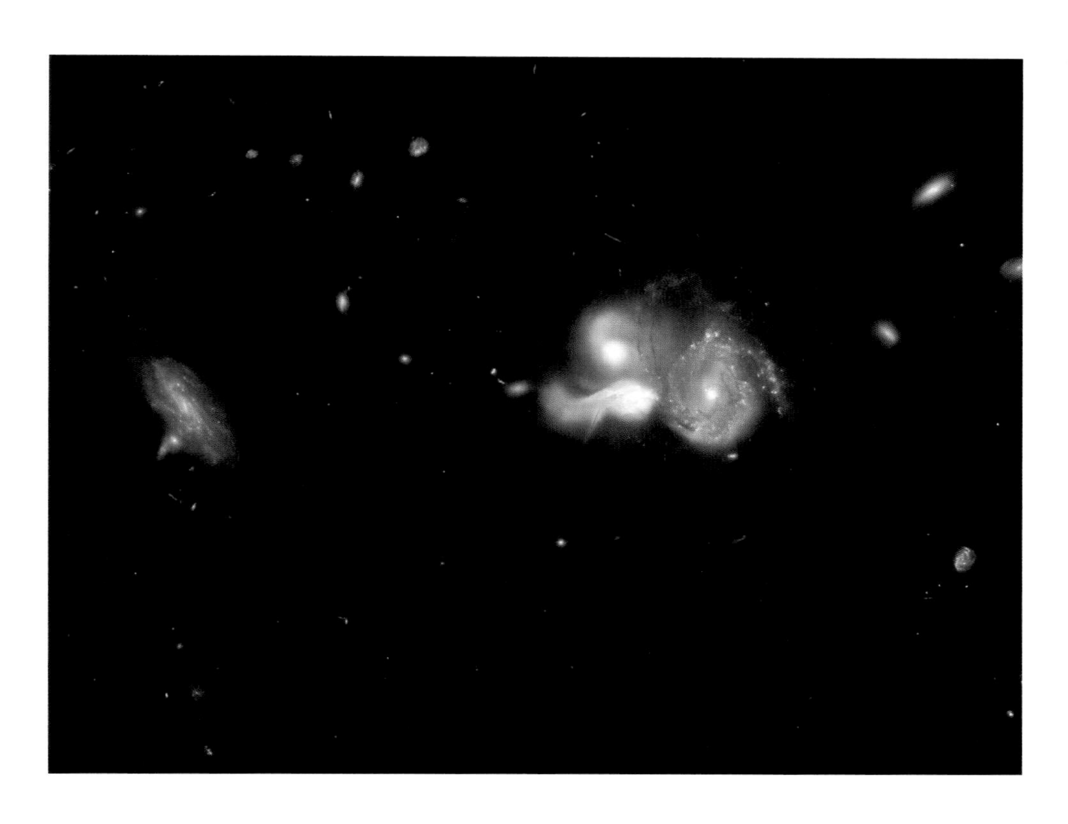

은하군 SDSSCGB 10189

은하의 충돌은 꼭 두 은하 사이에서만 벌어지지 않는다. 세 개 이상의 은하들이 함께 충돌하는 경우도 있다. 사진 속 오른쪽 부분의 세 은하는 서로 5만 광년 거리 이내에 모여 있다. 5만 광년 거리면 충돌이 전혀 두렵지 않을 정도로 먼 거리라고 생각하는가? 하지만 여유를 부리면 큰일 난다.

만약 우리은하 곁으로 또 다른 거대한 은하가 5만 광년 거리까지 접근했다면 이미 우리은하의 형체는 완벽하게 흐트러진 이후일 것이다. 다행히 우리은하에 가장 가까이 이웃한 안드로메다은하는 아직 250만 광년 거리에 떨어져 있다.

1월 15일

“장난감은 소비자에게 어떤 놀라운 감정을 일으켜야 한다.”

_미야모토 시게루 (닌텐도 〈슈퍼 마리오〉 〈젤다의 전설〉 등 게임 개발자)

허빅-아로 천체 HH 46/47

제임스 웹이 약 1500광년 거리에 떨어진 허빅-아로 천체 HH 46/47을 바라봤다. 가운데 밝게 빛나는 어린 별을 중심으로 양쪽으로 길게 제트가 뿜어져 나온다. 특히 성간 물질이 훨씬 많았던 왼쪽 아랫부분에서 더 격렬한 상호작용이 벌어지고 있다.

그런데 이 사진은 공개된 이후 뜻밖의 이유로 천문학자들에게 더 유명해졌다. 사진 맨 아래 가운데 부근에 물음표 모양의 천체가 발견되었다. 물음표 모양이 보이는가? 마음의 눈으로 봐야만 그럴듯하게 보이는 흔한 별자리와 달리 누가 봐도 너무나 선명한 물음표다. 마치 우주가 우리에게 “뭘 보냐”라며 물음표를 띄워놓기라도 한 것 같다. 일부 짓궂은 천문학자들은 게임 〈슈퍼 마리오〉에 등장하는 물음표 박스가 진짜 우

주에서 발견되었다고 농담하기도 한다.

그렇다면 이 거대한 우주 물음표의 정체는 무엇일까? 많은 천문학자는 물음표의 갈고리 모양과 그 아래 점이 완전히 다른 거리에 놓인 별개의 천체일 것이라고 추정한다. 갈고리 모양은 비교적 가까운 거리에서 충돌하고 있는 두 은하가 겹쳐진 모습이고, 그 아래 찍힌 점은 훨씬 먼 거리에 놓인 우주 끝자락의 은하가 찍힌 것일 수 있다. 정말 우연하게도 실제로는 전혀 상관없는 두 현장이 마침 한 방향에 겹쳐 보이면서 이런 독특한 풍경을 만들었다. 어디를 보든 매번 이처럼 예상치 못한 놀라운 광경을 선사해주는 제임스 웹은 천문학자들에게 정말 최고의 장난감이 아닐까.

개미성운

행성상성운의 복잡성이 가장 극에 달한 현장이 바로 이곳 아닐까? 비교적 가벼운 별이 죽으면서 남기는 잔해를 행성상성운이라고 한다. 별은 진화가 끝나가는 과정에서 자신의 외곽물질을 사방으로 내보내는데, 그 흔적은 일반적으로 둥글다. 하지만 중심 별의 곁에 다른 동반성도 궤도를 돌고 있는지, 또 별의 표면에서 어떤 복잡한 기작이 벌어지는지에 따라 전혀 다른 모습을 만들 수 있다. 사진을 보면 양쪽으로 길게 뻗어나가는 가스 필라멘트와 함께 중심에 두 개의 둥근 가스 거품이 함께 있다. 그 모습이 긴 더듬이와 다리, 그리고 머리, 가슴, 배로 구분되는 개미처럼 보여서 개미성운이라 불린다. 양옆으로 2~3광년의 길이로 펼쳐져 있다.

1월
17일

별 탄생 지역 S106

"천국에서 우리의 반만큼도 행복하지 못했던 천사들이
그녀와 나의 사랑을 시샘한 것입니다.
그렇습니다.
그 이유밖에 없습니다."
_에드거 앨런 포, 〈애너벨 리〉

1월
18일

오리온성운

겨울철 밤하늘에는 우주의 사냥꾼 오리온이 있다. 제임스 웹이 근적외선 카메라로 오리온자리의 허리띠 쪽을 바라봤다. 그 아래 약 1300광년 거리에 있는 오리온 대성운 속에서 새로운 별들이 한창 태어나고 있다. 제임스 웹은 특히 오리온 대성운의 한가운데를 지나가는 긴 먼지 장벽인 오리온 막대Orion Bar를 겨냥했다. 이 사진에는 담기지 않았지만 사진의 오른쪽 위 방향에 갓 태어난 어린 별들이 바글바글 모여 있는 트라페지움 성단이 있다. 오리온 막대는 이 어린 별들의 밝은 별빛으로 주변 먼지구름을 불려가며 만들어진 기다란 먼지 장벽이다. 사진 속 오리온 막대 바로 아래 가장 밝게 빛나고 있는 별은 트라페지움 성단을 구성하는 별 중 하나인 θ^2 오리온자리 A다. 제임스 웹의 거울 모양 때문에 만들어지는, 여덟 방향으로 뻗어나가는 특유의 회절무늬도 보인다. 별을 에워싼 가스구름이 유난히 붉게 빛나는데, 이는 주변 먼지구름에 별빛이 반사된 것을 적외선으로 관측했기 때문이다.

그 왼쪽 위를 보면 더 최근에 태어난 어린 별의 탄생 순간도 볼 수 있다. 둥글게 반죽된 먼지구름 속에서 밝게 빛을 내며 자신의 존재를 드러내기 시작한다. 제임스 웹은 먼지구름을 꿰뚫어 볼 수 있는 적외선으로 관측하기 때문에 이처럼 구름 속에 숨어 있는 어린 별도 직접 확인할 수 있다. 오리온 대성운에서 태어나고 있는 건 별뿐만이 아니다. 별과 함께 주변의 행성계도 탄생하고 있다. 사진에 표시된 부분을 보면 위아래로 긴 제트를 토해내며 빠르게 돌고 있는 납작한 먼지 원반이 있다. 이렇게 어린 별이 먼지 원반에 에워싸인 채 긴 제트를 뿜어내는 형태를 '프로플리드Proplyd'라고 한다. 그 모습은 마치 둥근 머리와 긴 꼬리를 가진 올챙이처럼 보인다. 현재까지 오리온 대성운 속에서만 180개가 넘는 프로플리드가 발견되었다. 또한 재미있게도 원반에 수직방향으로 뿜어져 나와야 할 제트가 오른쪽으로 휘어져 있다. 주변의 또 다른 뜨겁고 어린 별들의 항성풍으로 인해 제트가 함께 불려가는 광증발 현상 때문이다.

명왕성 스푸트니크 평원

2006년 1월 19일, 뉴허라이즌스 탐사선은 태양계 마지막 행성 명왕성을 향한 여정을 시작했다. 앞서 보이저 탐사선이 목성, 토성, 천왕성, 해왕성까지는 방문했고, 명왕성은 유일하게 탐사선을 통해 실제 모습을 확인해 본 적 없는 마지막 미지의 행성으로 남아 있었다. 당시까지 인류가 볼 수 있었던 명왕성의 모습은 지상 망원경으로 관측한 흐릿한 얼룩이 전부였다. 가장 먼 곳으로 떠나는 만큼 뉴허라이즌스는 이제껏 인류가 날려 보낸 우주 물체 중 가장 빠른 속도로 태양계를 가로질러 날아갔다. 2006년 8월, 체코 프라하에서는 전 세계 천문학자들이 모이는 국제천문연맹 회의가 열렸다. 이 자리에서 천문학자들은 명왕성의 운명을 놓고 투표를 진행했다. 명왕성과 엇비슷한 크기를 가진 천체들이 태양계 끝자락에서 너무 많이 발견되기 시작하면서 명왕성의 행성으로서 지위가 위태로워지고 있었다. 천문학자들은 명왕성을 태양계 마지막 행성으로 인정하고 동시에 새로 발견된 수많은 천체들까지 모두 행성으로 받아들여야 할지, 아니면 태양계 행성에 관한 더 까다로운 정의를 만들고 명왕성은 쫓아낼지를 두고 치열하게 논쟁했고, 결국 237 대 157로 행성에 관한 새로운 정의가 채택되었다. 명왕성이 행성 지위를 박탈당하던 순간, 뉴허라이즌스는 화성과 목성 궤도 사이 소행성대를 지나 목성을 향해 날아가던 중이었다. 비록 명왕성은 더 이상 행성이 아니게 되었지만, 이미 지구를 떠나버린 뉴허라이즌스는 방향을 돌릴 수 없었다.

그리고 드디어 2015년 7월 15일, 뉴허라이즌스는 명왕성에 도착했다. 인류는 처음으로 명왕성을 실제 사진으로 확인할 수 있었다. 놀랍게도 명왕성의 표면은 너무나 역동적인 지질활동의 흔적을 보여주었다. 뉴허라이즌스가 찍은 이 사진의 오른쪽 아랫부분에 베이지색의 거대한 하트 모양 지형이 보인다. 비록 지구에 사는 인간들은 명왕성을 행성 목록에서 빼버렸지만, 여전히 명왕성은 자신을 찾아와준 인류의 탐사선에 거대한 하트를 수줍게 보이고 있었다. 천문학자들은 이 넓은 하트 모양 영역의 이름을 '스푸트니크 평원'이라고 지었다. 인류 최초의 인공위성 스푸트니크를 기리기 위해서다. 만약 명왕성이 조금 더 돌아가서 태양빛이 이 하트 영역을 비추고 있지 않았다면, 뉴허라이즌스는 명왕성의 하트를 발견할 수 없었을 것이다. 명왕성의 하트는 천문학적으로 아주 절묘한 행운들이 겹친 덕분에 볼 수 있는 명장면이었다.

1월
20일

용골자리성운

제임스 웹이 중적외선기기를 통해 파장이 더 긴 적외선 관측으로 용골자리성운의 길게 이어진 먼지 장벽을 꿰뚫어봤다. 먼지 장벽 너머에 숨어 있던 수많은 배경 별과 갓 태어나고 있는 어린 별의 모습까지 더 뚜렷하게 볼 수 있다. 사진 속 먼지 장벽의 왼쪽 아래 부분에 유독 붉게 빛나는 곳이 있다. 중력 수축을 통해 높은 밀도로 반죽된 먼지 반죽 속에서 별이 태어나는 현장이다. 어린 별이 토해내는 강력한 에너지가 주변 가스 먼지를 불어낸다. 그 틈 사이를 비집고 뿜어져 나오고 있는 어린 별의 강렬한 빛이 오른쪽으로 길게 이어진다.

화성의
아라비아 테라

이집트 멤피스 유적지 북서쪽에는 다양한 피라미드와 신전이 모여 있는 사카라 묘지 유적지가 있다. 이곳 한가운데 낮은 담벼락으로 네모나게 둘러싸인 조세르 왕의 피라미드는 고대 건축가 임호테프가 지은 것으로 계단식 6층으로 쌓여 있다. 임호테프의 초기 피라미드 건설 비법이 먼 과거 화성인들에게도 전해진 모양이다. 화성 곁을 맴돌고 있는 화성정찰궤도선이 고해상도이미지실험 카메라를 통해 아라비아 테라 지역의 크레이터 중심에 있는 계단식 피라미드를 발견했다. 정확히 조레스 왕의 피라미드처럼 약 6~7층으로 이루어진 둥근 피라미드가 보인다. 게다가 벽처럼 이 피라미드를 에워싸고 있는 크레이터 언덕의 모습까지 마치 지구에 있는 사카라 묘지의 모습을 떠올리게 한다. 이 독특한 피라미드 모양은 오래전 크레이터 안으로 날려온 모래와 화산재들이 천천히 쌓이면서 만들어졌다. 지구의 피라미드 밑에는 왕의 시체와 다양한 보물이 묻혀 있지만, 화성의 피라미드 밑에는 오래전 물과 심지어 생명체가 존재했을지도 모르는 화성의 비밀이 묻혀 있다.

토성과 타이탄 위성

누군가 타이탄 탕후루를 다 먹고 한 알만 남겨두었다.

1300광년 거리의 오리온성운 속에서 아주 어린 별이 태어나고 있다. 양쪽으로 길게 에너지 제트를 토해내고 있는 이 어린 별은 허빅-아로 천체 HH 24다. 먼지 자욱한 별 탄생 지역 속에서 어린 별이 선명하게 남긴 긴 제트의 흔적은 영화 〈스타워즈〉의 광선검을 떠올리게 한다.

허빅-아로 천체
HH 24

유로파 위성의 표면

목성의 얼음 위성인 유로파 표면 위로 수많은 줄무늬가 복잡하게 그려져 있다. 목성의 강한 중력으로 인해 표면이 갈라지고, 얼음이 녹고, 다시 어는 것이 반복되며 생긴 상처다. 천문학자들은 유로파 얼음 속에 지구의 바닷물을 다 모은 것보다 더 많은 물이 들어 있다고 추정한다. 유로파는 태양계에서 외계생명체가 살아 있을 가능성이 가장 높은 곳이다.

1월
25일

슈테팡의 오중주 은하

1877년 프랑스의 천문학자 에두아르 슈테팡은 마르세유천문대에서 가을 밤하늘을 관측하다가 페가수스자리 방향에서 흥미로운 곳을 발견했다. 하나도 아닌 무려 다섯 개의 은하가 한데 모여 있는 곳이었다. 그래서 이곳을 '슈테팡의 오중주'라고 부른다. 사실 이곳엔 속임수를 쓰는 은하가 하나 숨어 있다. 사진 속 은하 다섯 개 중 가장 왼쪽에 있는 은하 NGC 7320은 사실 나머지 은하 네 개(NGC 7317, NGC 7318A, NGC 7318B, NGC 7319)와 전혀 상관없는 훨씬 가까운 거리에 있다. 그저 우연히 은하 다섯 개가 비슷한 방향에 놓여 있어서 전부 모여 있는 것처럼 보일 뿐이다. 우리를 속이고 있는 은하 NGC 7320은 약 4000만 광년 거리에 떨어져 있다. 반면 나머지 네 은하는 2억 9000만 광년 거리에 놓여 있고, 실제로 서로 충돌하고 있다. 사진을 잘 보면 훨씬 가까운 은하 NGC 7320만 유독 은하 속 별들이 더 선명하게 분해되어 보인다. 모두 머나먼 우주에 떨어져 있는 은하들이지만, 그 속에서도 우주의 원근감을 느낄 수 있다. 따라서 이곳은 '오중주'가 아니라, '사중주 그리고 사기꾼 하나'라고 불러야 할 것이다.

제임스 웹의 근적외선카메라를 통해 슈테팡의 오중주를 바라봤다. 이 사진은 제임스 웹이 공개한 첫 번째 이미지들 중에서 가장 크기가 크다. 지구의 밤하늘에서 무려 보름달 너비의 5분의 1에 해당하는 영역을 담았다. 이 사진은 총 1000장에 이르는 이미지 파일을 모아서 완성했으며, 사진 전체가 1억 5000만 픽셀이다. 사진 속에는 실제 한데 모인 은하들 사이에 길게 이어져 있는 붉은 가스 필라멘트의 모습도 더 선명하게 볼 수 있다. 덕분에 사기꾼 은하는 정체가 더 쉽게 들켜버렸다. 한편 훨씬 아래쪽에 따로 떨어져 있는 비교적 작은 은하 NGC 7317은 먼지 띠로 함께 연결되어 있지 않다. 이를 통해 실제로 이곳에서 활발하게 충돌 중인 은하는 위의 세 개이고, 나머지 아래 하나는 아직은 충돌에 합류하지 않은 깍두기 은하라는 것을 알 수 있다. 사진의 가운데 가깝게 붙어 있는 두 은하 NGC 7318A, NGC 7318B의 모습은 마치 오른쪽으로 살짝 기울어진 콘트라베이스처럼 보여 인상적이다. 이 거대한 우주 콘트라베이스를 중심으로 아름다운 오중주, 아니 사중주가 연주되고 있다.

힉슨 콤팩트 그룹 40

보통 은하들이 바글바글 한데 모여 있는 현장은 은하들이 높은 밀도로 모인 은하단 중심에서 발견할 수 있는데, 이 경우 주변의 다른 영역에서도 아주 높은 밀도로 많은 은하가 발견된다. 그런데 이곳은 주변에 다른 은하가 거의 없다. 여기 모여 있는 다섯 개의 은하를 제외하고는 주변이 거의 텅 비어 있다. 대체 어떻게 이런 일이 가능할까? 천문학자들은 이 은하들이 유독 아주 많은 암흑물질을 품고 있기 때문이라고 추정한다. 오래전 이 은하들은 서로의 중력에 이끌려 모여들었다. 그런데 은하를 에워싼 암흑물질도 통과해야 했다. 그 과정에서 암흑물질의 강한 중력으로 인해 일종의 저항력을 받게 되자 은하들은 서서히 속도가 느려졌고 에너지도 줄어들었다. 그리고 지금처럼 그냥 한데 모여 천천히 서로의 곁을 맴도는 시기를 보내게 된 것이다.

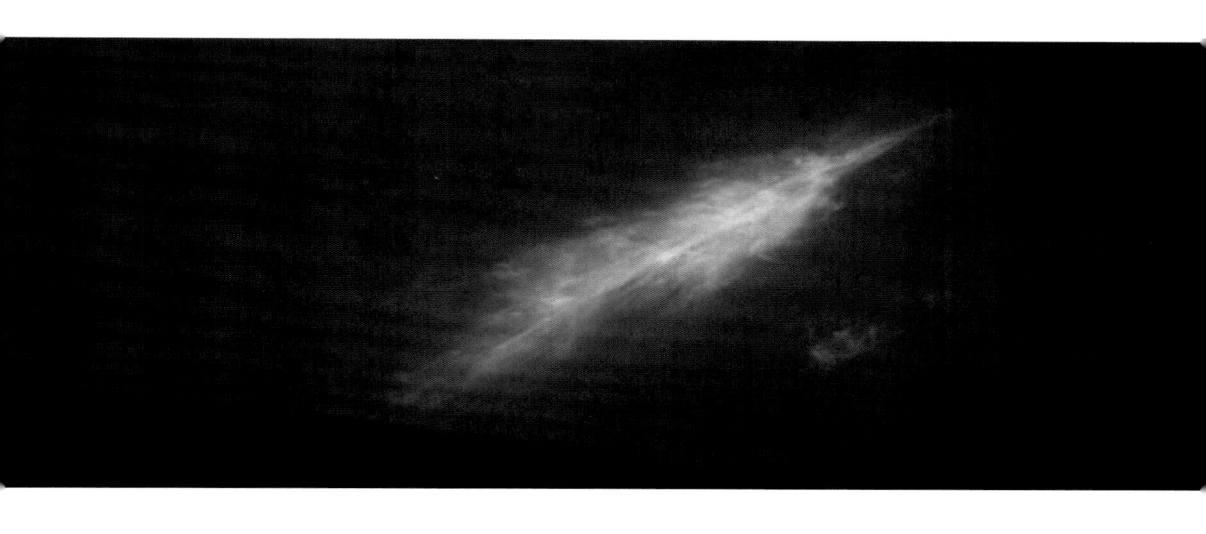

"희망이란 영혼의 횃대에 앉아 있는 깃털 달린 무언가.
그리고 가사 없는 선율을 멈추지 않고 흥얼거리는 것."

_에밀리 디킨슨(시인)

2023년 1월 27일, 큐리오시티 탐사선이 화성 지평선 아래로 태양이 저무는 풍경을 바라봤다. 이날은 큐리오시티가 화성에서 맞이한 3724번째 저녁이었다. 순간 화성의 푸르게 물든 노을 위로 거대한 깃털 모양의 아름다운 구름이 지나갔다. 이 구름은 화성의 지평선 아래 숨어 있는 태양빛을 반사하며 찬란하게 빛났다.

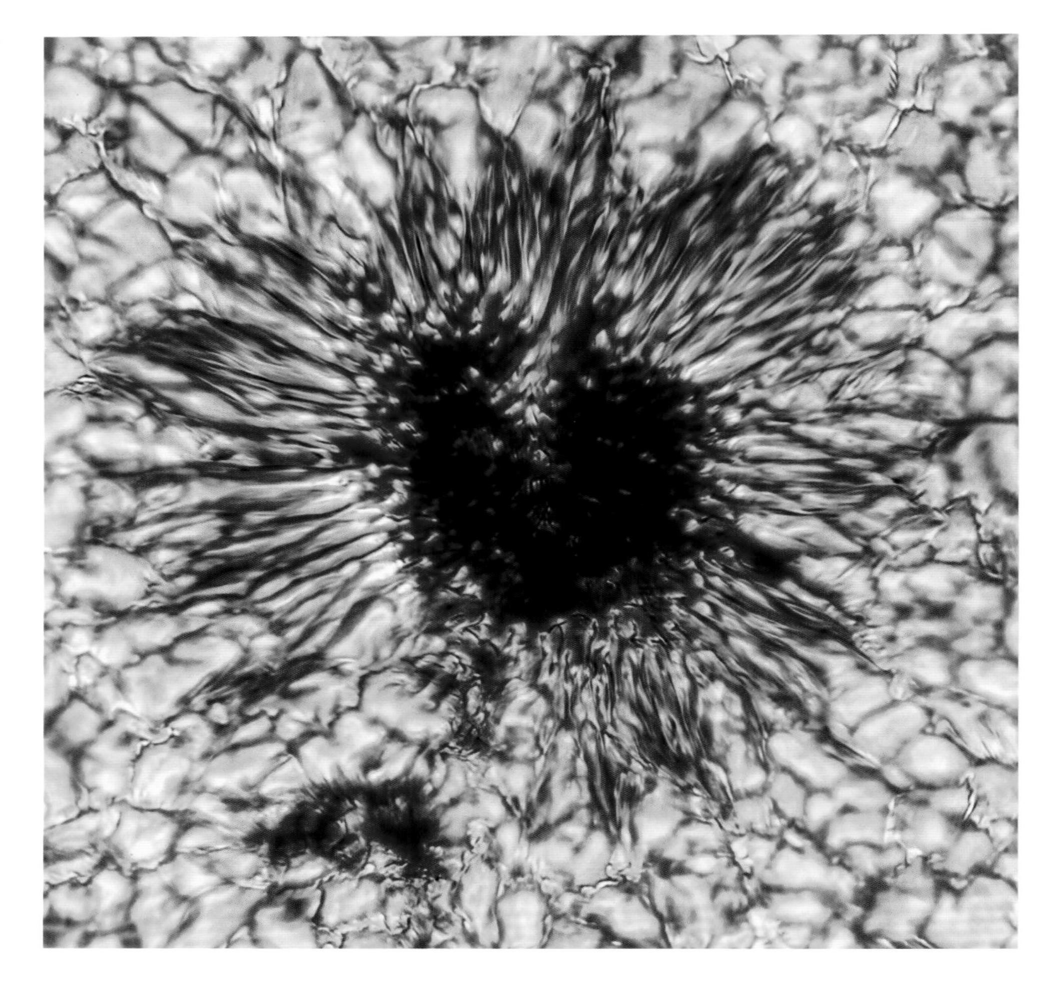

태양의 흑점

"가장 어두운 밤도 언젠간 끝나고 해는 떠오를 것이다."

_빈센트 반 고흐

아름다운 흑점을 담은 사진 속에 하트 모양의 해바라기 꽃이 피었다. 이 사진은 2020년 1월 28일, 대니얼 K. 이노우에 태양망원경 초고해상도로 포착한 태양 표면의 모습이다. 일반적인 태양 표면의 온도는 약 6000K이다. 태양 표면에서 주변의 다른 영역에 비해 조금 더 미지근한 곳은 어둡게 보인다. 물론 그렇다고 해도 실제 온도는 1500K 정도다. 이렇게 검게 보이는 영역이 태양의 흑점이다.

화성 남극의 사구

얼핏 보면 흰 물소 떼가 붉은 초원 위를 무리 지어 지나가는 모습을 하늘에서 내려다본 장면 같다. 줄지어 한 방향으로 함께 걸어가고 있는 물소 옆에 긴 그림자가 그려진 것처럼 보인다. 하지만 이곳에 물소는 살지 않는다. 사진을 잘 보면 이것은 사실 평평하고 붉은 땅 위에 둥글게 튀어나온 작은 언덕들 측면에 하얀 눈이 쌓이면서 만들어진 일종의 착시다. 화성 곁을 돌고 있는 화성정찰궤도선의 고해상도이미지실험 카메라가 우연히 자연 다큐멘터리에서 흔히 볼 수 있는 풍경을 담았다.

사자자리 CW 별

최근 스페이스X의 로켓 발사 스케줄이 바빠지면서 발사장 인근 주민들은 하늘에서 이상한 광경을 포착하곤 한다. 아름답게 소용돌이치는 이상한 모양의 구름이다. 그 모습이 워낙 독특하고 낯설어서 어떤 사람들은 UFO라고 착각할 정도다. 이러한 현상은 특히 일출이나 일몰 무렵 로켓이 발사될 때 더 쉽게 볼 수 있어서 '황혼 현상'이라고 부른다. 로켓이 우주로 올라가면서 다양한 가스를 내뿜게 되는데, 태양빛이 그 가스를 비추면서 알록달록한 무지갯빛이 보일 수 있다. 특히 대기가 거의 없는 높은 고도로 올라가면 로켓이 배출한 가스는 더 넓게 퍼지며, 바람도 거의 불지 않아 더 오래 한자리에 머무를 수 있다. 그래서 더 오랫동안 황혼 현상의 아름다운 광경을 볼 수 있다.

로켓이 지구를 떠날 때 볼 수 있는 광경을 지구에서 400광년 거리 떨어진 우주에서도 포착했다. 진화가 거의 끝난 사자자리 CW 별이 사방으로 자신의 물질을 토해내며 만든 모습이다. 죽음을 앞두고 불안정한 시기를 보내고 있는 중심의 별은 지금도 계속 내부의 압력과 중력이 힘겨루기를 하고 있어서 별은 불안정하게 팽창과 수축을 반복한다. 별의 크기가 변하면서 약 15일을 주기로 별의 밝기도 함께 변하고 있다.

화성의 하늘에 뜬
지구와 달

가끔 하늘 위로 떠오른 화성을 볼 수 있다. 지구의 밤하늘에서 화성은 정말 선명한 붉은빛을 보인다. 그렇다면 반대로 화성에서 본 지구의 모습은 어떨까? 2014년 1월 31일, 화성을 탐사하던 큐리오시티 탐사선은 고개를 올려 화성의 지평선 너머 하늘을 바라봤다. 그 위로 지구와 달이 함께 떠 있었다. 지구의 지름은 화성보다 약 두 배 정도 더 크다. 따라서 지구에서 본 화성보다 화성에서 본 지구가 조금 더 밝게 보인다. 만약 2014년 1월 31일 지구에서 화성을 보고 있었다면 당신은 큐리오시티와 눈맞춤을 했던 셈이다.

2월
1일

포말하우트 별과
원시 행성 원반

남쪽 하늘에서 홀로 외롭게 빛나고 있는 밝은 별이 하나 있다. 남쪽물고기자리의 가장 밝은 별, 포말하우트다. 얼핏 보면 눈부신 별빛만 보이지만 그 별빛 주변에 희미한 먼지 원반이 파묻혀 있다. 2004년에서 2006년 사이, 천문학자들은 먼지 원반 속에서 무언가 작은 반점이 천천히 이동한다는 사실을 발견했다. 그리고 이것이 포말하우트 곁을 맴도는 외계행성 포말하우트b라고 생각했다. 이후의 지속적인 추적 관측 결과, 처음에 발견되었던 반점은 서서히 모양이 펑퍼짐해지고 더 흐릿하게 변해갔다. 이것은 하나로 뭉쳐 있는 행성이 아니라 점차 흩어져가는 먼지구름 덩어리에 불과했다는 뜻이다. 결국 NASA는 한때 외계행성 목록에 당당하게 올라 있던 포말하우트b 행성의 이름을 공식적으로 삭제했다. 그렇게 포말하우트는 다시 행성이 없는 외로운 별이 되었다.

제임스 웹으로 포말하우트를 다시 바라보아 포말하우트b의 존재 여부를 더 정확히 검증했다. 만약 행성이 맞았다면 앞서 추정된 궤도를 통해 지금쯤 그 행성이 어디에 있어야 할지 알 수 있다. 하지만 그 자리를 아무리 찾아봐도 무엇도 보이지 않는다. 즉, 포말하우트b는 정말 행성이 아니었다는 뜻이다. 그사이 이제 흔적도 찾을 수 없을 정도로 완벽하게 흩어져버렸다. 소수의 천문학자들이 끝까지 포기하지 않고 있던 포말하우트b에 대한 미련 역시 구름처럼 사라졌다.

또한 제임스 웹은 포말하우트 주변 가장 바깥쪽에 있는 고리에서 새로운 반점을 발견했다. 이 사진에도 선명하게 보이듯이, 다른 먼지 원반에 비해 유독 뚜렷하게 무언가 뭉쳐 있는 것 같은 '거대 먼지구름' 반점이 하나 보인다. 천문학자들은 한때 외계행성이라 생각했지만 결국 먼지구름으로 밝혀졌던 포말하우트b처럼, 이곳 역시 오래전 거대한 행성체가 서로 충돌하면서 만들어진 먼지 파편 구름일 것으로 추정한다. 다만 크기가 포말하우트b보다 약 10배 정도 더 크기 때문에 훨씬 더 큰 행성체끼리 부딪혔을 것이다. 포말하우트 별 주변 부스러기 원반 속에서는 지금도 쉬지 않고 크고 작은 소행성들의 충돌이 벌어지고 있다는 뜻이다.

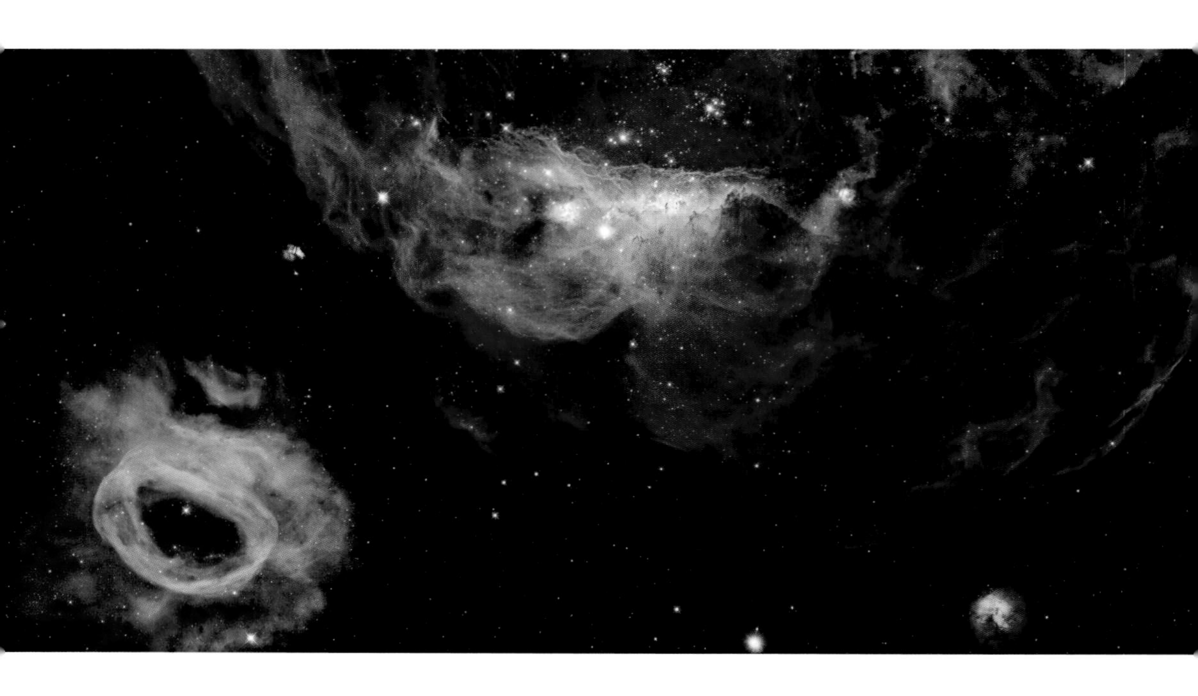

2월
2일

성운 NGC 2014와 NGC 2020

우주와 심해 중 어디가 더 미지의 세계일까? 과학자들 사이에서는 꽤 오래된 논쟁거리 중 하나다. 지구의 바다는 당연히 부피가 제한돼 있지만, 우주는 끝을 알 수 없는 무한한 세계다. 따라서 밝혀내지 못한 세계의 크기만 보면 우주가 압도적인 미지의 세계라 할 수 있다. 하지만 바닷속은 깊이 들어갈수록 온도와 수압이 계속 증가하므로 탐사가 더 어려워진다. 반면 우주는 항상 한결같다. 어디를 가든 거의 텅 빈 진공만 이어진다. 그런 점에서는 오히려 심해를 탐사하는 것이 공학적으로 더 까다롭다고도 볼 수 있다.

여기 우주파와 심해파 둘 모두를 만족시킬 수 있는 곳이 있다. 약 16만 광년 거리에서 우리 은하 곁을 맴도는 위성은하인 대마젤란은하 속에서 허블 우주망원경이 아름다운 별 탄생 지역 두 곳을 포착했다. 오른쪽의 거대하고 붉은 성운은 NGC 2014, 왼쪽의 작고 푸른 성운은 NGC 2020이다. 이 둘의 독특한 모습 때문에 이곳은 '우주의 암초'라고 불린다.

수성의
두초 크레이터

수성은 태양계 행성 중 제일 작다. 안 그래도 작은 수성은 지금도 계속 작아지고 있다. 수성 내부의 핵은 수성 전체 부피의 42퍼센트를 차지한다. 지구와 화성이 전체 부피의 20퍼센트도 안 되는 핵을 가진 것에 비하면 수성은 핵이 차지하는 부피가 상당하다. 원래 수성은 더 컸지만 과거 다른 행성체와 격렬한 대충돌을 겪었고 그때 상당 부분이 산산조각 나 날아가버렸다. 게다가 수성 내부의 핵과 맨틀 온도가 내려가면서 수성은 통째로 쪼그라든다. 메신저 탐사선에 의하면 수성은 40억 년 전 형성된 직후에 비해 지름이 7킬로미터나 줄었다. 수성이 통째로 수축하면서 수성 표면에는 갈라진 단층이 만들어진다. 사진 속 가장 크게 보이는 크레이터는 13~14세기 시에나의 화가 두초 디 부오닌세냐의 이름을 붙인 두초 크레이터다. 두초 크레이터 한가운데가 단층으로 쩍 갈라져 있는데, 이 역시 수성이 통째로 수축하면서 생긴 단층의 흔적이다. 만약 이 갈라진 크레이터의 언덕 아래 서서 단층 절벽을 바라본다면 눈앞에 2킬로미터 높이의 절벽이 서 있는 광경을 보게 될 것이다! 수성은 지금도 계속 천천히 쪼그라드는 중이다.

2월
4일

화성의 거친 표면

누가 내 젤리도넛을 옮겼을까? 2014년 2월 4일, 오퍼튜니티 탐사선이 화성 표면에서 누군가 먹다 버린 젤리도넛 조각을 발견했다! 사진 속 왼쪽 아래를 보면, 하얀 설탕 가루와 보랏빛 블루베리 잼이 그대로 잔뜩 묻어 있는 도넛 조각이 떨어져 있다. 더 신기한 것은 불과 4일 전까지만 해도 이 도넛 조각은 보이지 않았다는 점이다. 대체 무슨 일이 벌어진 걸까? 천문학자들은 아마 오퍼튜니티가 천천히 바퀴를 굴리며 이동하다가 주변에 있던 작은 돌멩이 하나를 바퀴로 밟는 바람에 돌멩이가 부서지면서 이런 조각이 튀어나왔으리라 추정한다. 물론 어쩌면 오퍼튜니티 옆에 숨어서 인간이 보낸 탐사 로봇을 감시하고 있던 화성 외계인이 도넛을 먹다가 흘렸을지도 모른다.

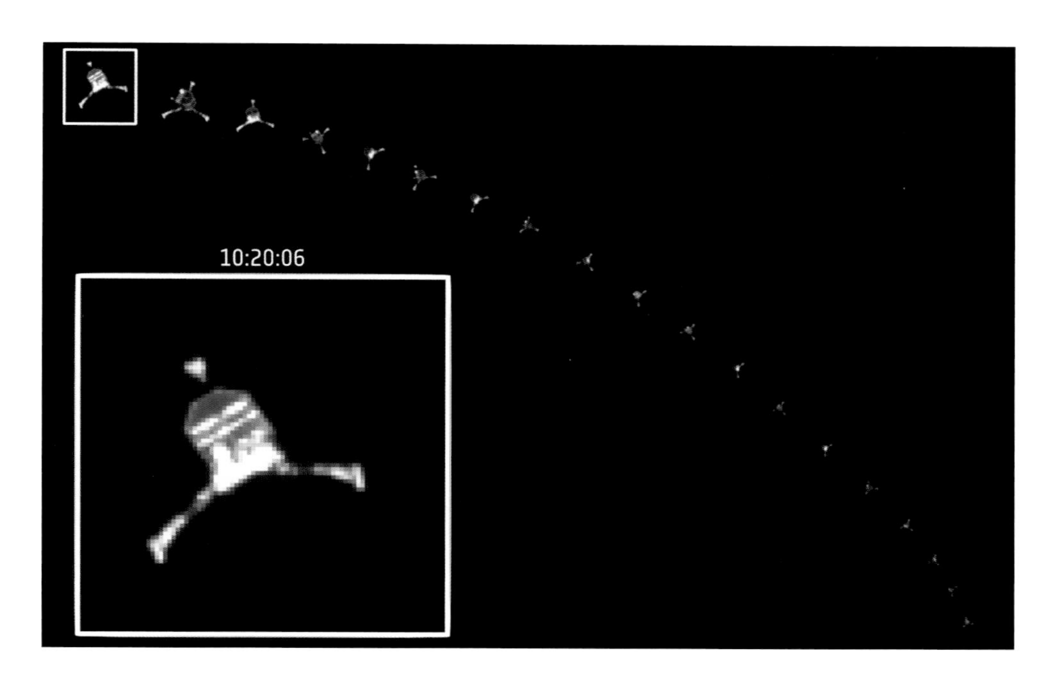

로제타 미션,
분리된 피레이
착륙선

추류모프-게라시멘코 혜성에 도착한 로제타 탐사선에서 피레이 착륙선이 분리되어 서서히 혜성 표면 위로 떨어졌다. 이 사진은 로제타의 오시리스OSIRIS 카메라로 피레이가 하강하는 과정을 담은 것이다. 총 19장의 이미지를 모았다. 흐릿하지만 세 방향으로 로봇 발을 뻗은 채 하강하고 있는 피레이의 모습을 확인할 수 있다. 안타깝게도 로봇 발 세 개 중 하나는 고장 난 상태였다.

100억 년 전의 은하수

100억 년 전으로 시간여행을 한다면 은하수는 어떤 모습일까? 현재 우리은하에서는 평균적으로 매년 태양 크기 정도의 새로운 별들이 태어나고 있다. 하지만 과거에는 그렇지 않았다. 훨씬 폭발적으로 새로운 별들이 탄생했다. 지금에 비해 30배나 더 많은 별들이 탄생하던 시절이 있었다. 물론 우리은하의 과거를 보는 건 불가능하다. 대신 먼 거리에서 다양한 시기를 살아가는 어린 은하들의 모습을 통해 우리은하의 과거를 추억해볼 수 있다. 이 사진은 여러 외부 은하들을 관측해 얻은 데이터를 바탕으로 100억 년 전 은하수의 모습을 복원한 모습이다. 곳곳에서 폭발적인 별 탄생으로 인해 뜨겁게 달궈진 분홍빛 성운들이 은하수를 수놓고 있다. 다만 이 사진 속 풍경이 펼쳐진 세계의 지평선은 지구의 지평선은 아니었을 것이다. 100억 년 전이라면 아직 지구도, 태양계도 존재하지 않았을 테니 말이다.

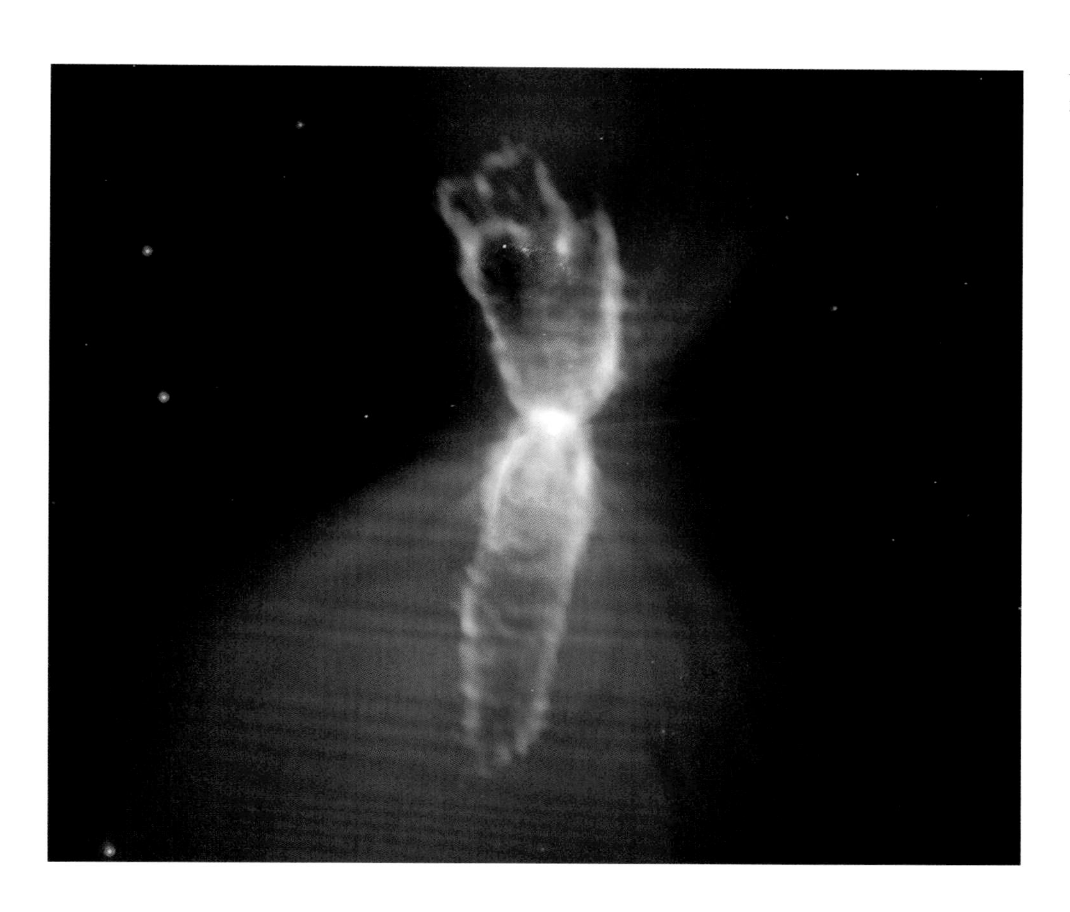

부메랑성운,
행성상성운
LEDA 3074547

이곳은 우주에서 가장 춥다. 물론 우주는 평균 온도가 절대온도로 2.7도, 섭씨로 환산하면 영하 270도로 굉장히 추운 곳이다. 하지만 놀랍게도 이곳은 더 춥다. 1995년 천문학자들은 그 차가운 우주 배경의 열기가 이 성운 쪽으로 유입되는 현상을 확인했다. 이것은 성운의 온도가 오히려 우주 배경의 온도보다 더 낮다는 것을 뜻한다. 추정하기로 이 성운의 온도는 절대온도로 겨우 0.5도다. 사실상 모든 입자들의 움직임조차 얼어붙게 되는 절대영도에 제일 근접한 극한의 추위라 할 수 있다. 끔찍할 정도로 낮은 온도가 가능한 이유는 이곳에서 너무나 급격한 팽창이 벌어지고 있기 때문이다.

이곳은 지구에서 약 5000광년 거리에 자리한 부메랑성운이다. 처음 발견되었을 당시 부메랑처럼 약간 굽은 모양으로 관측되어 지어진 이름이다. 부메랑성운은 진화가 거의 끝난 별이 빠르게 자신의 외곽물질을 토해내며 본격적인 행성상성운으로서 죽음을 맞이하기 전, 중간 단계를 거쳐가고 있다. 거대한 나비넥타이 모양으로 별의 물질이 분출되고 있다. 그 속도는 엄청나다. 시속 59만 킬로미터 수준이다! 이처럼 물질이 빠르게 분출되고 급격한 팽창이 일어나 열기도 빠르게 식어버리면서 이곳은 우주 배경보다 더 차가운 세계가 되었다.

초신성 1987A의 잔해

1987년 2월, 남반구에서 하늘을 보던 천문학자들을 놀라게 한 사건이 벌어졌다. 지구에서 겨우 16만 광년 떨어진 대마젤란은하에서 초신성이 터졌다. 가장 가까운 이웃 은하에서 벌어진 초신성 폭발이었기 때문에 누구나 맨눈으로도 볼 수 있었다. 1604년에 발견된 초신성 이래로 폭발 당시 육안으로 볼 수 있는 두 번째 초신성이었다. 그날의 폭발은 남반구 밤하늘 위에 거대한 초신성 잔해를 남겼다. 제임스 웹이 초신성 1987A의 잔해를 관측했다. 초신성 폭발의 충격파가 주변의 성간물질과 충돌하며 높은 온도로 달궈지고 반죽되어 생겨난 둥근 잔해의 윤곽이 뚜렷하게 보인다. 특히 초신성 잔해의 한가운데 푸르게 빛나는 영역에서 별이 터지고 남긴 열쇠 구멍 모양의 텅 빈 공간도 확인할 수 있다.

대형 시놉틱 관측 망원경으로 찍은 꽃양배추

이 이상한 외계행성은 대체 어디일까? 사실 이곳은 지구다. 인류 역사상 지상에 만든 가장 완벽한 카메라로 찍은 꽃양배추의 모습이다. 2022년 칠레 안데스산맥 꼭대기에 베라루빈천문대가 건설되었는데, 이곳에는 지름 8.4미터의 대형 시놉틱 관측 망원경LSST(Large Synoptic Survey Telescope)이 있다. 이 망원경에는 무려 35억 화소의 카메라가 탑재되어 있다. 초고해상도 카메라로 밤하늘에 보이는 보름달보다 40배나 더 큰 면적을 한 번에 관측할 수 있다. 천문학자들은 이 망원경 카메라의 성능을 테스트하기 위한 연습 대상으로 꽃양배추를 골랐다. 카메라의 이미지 센서 189개를 모은 다음 그 아래 꽃양배추를 두었다. 사진에 담긴 모습은 마치 기괴한 외계행성처럼 느껴진다. 물론 대형 시놉틱 관측 망원경은 실제 외계행성을 이렇게 코앞에서 보는 것처럼 미세하게 찍지는 못한다.

베라 루빈은 은하 속 별들의 움직임을 통해 빛을 내지 않는 어둠 속의 물질인 암흑물질의 존재를 발견한 천문학자다. 앞으로 천문학자들은 이 망원경으로 밤하늘 전역의 정밀한 우주 지도를 그리는 시공간 기록탐사LSST(Legacy Survey of Space and Time) 관측을 진행할 예정이다. 절묘하게 관측 프로젝트와 망원경의 이름 약자를 딱 맞췄다. 이 관측을 통해 우주를 채우고 있는 미지의 암흑물질과 암흑에너지의 정체를 쫓을 예정이다.

별 탄생 지역
성운 NGC 346

소마젤란은하는 남반구 하늘에서 오래전부터 맨눈으로도 볼 수 있었던 아름다운 우주다. 비교적 최근까지도 수많은 어린 별들이 태어나고 초신성이 폭발하는 가장 가까운 찬란한 세계다. 제임스 웹은 파장이 긴 중적외선을 감지하는 중적외선기기를 통해 소마젤란은하 속 별의 탄생 지역, 성운 NGC 346을 바라봤다. 밝은 푸른빛으로 이어진 가스 필라멘트는 비교적 온도가 더 낮은 우주 먼지와 탄화수소 분자들의 분포를 보여준다. 더 넓게 퍼진 붉은빛은 갓 태어난 어린 별의 빛을 받아 뜨겁게 달궈진 먼지구름을 보여준다. 길게 흐르는 먼지 필라멘트를 따라 밝은 점들이 이어져 있다. 갓 탄생한 헤아릴 수 없이 많은 어린 별들의 모습이다. 이 사진을 잘 바라보면 귀여운 벌새 한 마리가 양쪽 날개를 위로 올린 채 꽃에 부리를 박고 있는 듯한 모습도 볼 수 있다.

허빅-아로 천체 HH 211

제임스 웹이 허빅-아로 천체 HH 211를 관측했다. 1000광년 거리에서 어린 별이 탄생하고 있다. 사진 속 짙은 먼지구름 너머에 어린 별이 숨어 있는데, 양쪽으로 어린 별이 항성풍을 토해내며 긴 흔적을 남겼다. 현재 중심의 별은 태양의 8퍼센트밖에 안 되는 아주 가벼운 질량을 갖고 있다. 하지만 앞으로 더 성장한다면 결국 우리 태양 정도로 무거워질 것이다.

제임스 웹으로 진행한 CEERS 서베이 일부

최초의 은하는 어떤 모습이었을까? 제임스 웹이 우주 끝자락에서 전혀 뜻밖의 모습을 한 은하들을 떼거지로 발견했다. 별들이 마치 선형의 피클처럼 길게 찌그러진 형태로 모여 있다. 보통 은하의 형태는 크게 두 가지뿐이다. 별들이 피자처럼 납작한 원반 모양으로 모여 소용돌이치는 원반은하와 별들이 무작위하게 맴돌면서 둥글게 모여 있는 거대한 미트볼 모양의 타원은하다. 그런데 제임스 웹으로 발견한 바로 이 길쭉한 선형의 피클 모양은 가까운 우주에서는 보기 드물었던 은하 형태로, 우주 끝자락에서는 그 비율이 무려 80퍼센트까지 육박한다. 그렇다. 지금의 우주는 피자와 미트볼을 좋아하지만 130억 년 전 우주는 피클을 정말 좋아했다. 우주가 진화하면서 입맛도 변했다. 우웩. 우주의 취향을 존중한다.

목성의 구름 심층부

목성은 두꺼운 구름 때문에 그 속을 들여다볼 수 없다. 하지만 구름의 표면을 통해 그 내부를 추정할 수 있다. 천문학자들이 하와이에 있는 제미니노스천문대에서 적외선 빛으로 목성의 구름 속을 들여다봤다. 내부의 뜨거운 열로 인해 상승 기류를 타고 대기가 상승하는 영역은 더 밝게 보인다. 반면 다시 차갑게 열이 식고 내부로 대기가 하강하는 영역은 훨씬 어둡게 보인다. 목성 표면에서 발견된 태양계에서 가장 거대한 태풍인 대적점도 아주 어둡게 보인다. 이를 통해 대적점은 구름 속의 저기압을 타고 아래에서 위로 대기가 상승하는 영역이 아니라, 차갑게 식어버린 대기가 구름 속으로 하강하고 있는 고기압 영역이라는 것을 확인할 수 있다. 보통 저기압에서 상승 기류를 타고 태풍이 형성되는 지구와는 정반대다.

창백한 푸른 점, 지구

1990년 2월 14일은 인류 역사상 가장 로맨틱한 밸런타인데이였을 것이다. 이날 보이저 1호는 60억 킬로미터 거리에서 우주를 부유하며 지구를 바라봤다. 그곳에서 바라본 지구는 사진 속 한 픽셀밖에 안 되는 아주 작은 얼룩으로 보일 뿐이었다. 우연하게도 카메라 렌즈에 퍼진 태양빛의 잔상이 지구가 있는 자리를 지나가서 마치 지구가 기다란 띠 위에 놓인 것처럼 더 오묘하게 찍혔다. 만약 당신이 1990년 2월 14일 이전에 태어났다면, 당신도 모르게 이 사진 속 지구에서 포즈를 취하고 있다. 칼 세이건은 사진 속 모습을 보고 지구에 '창백한 푸른 점'이란 별명을 지어주었다. 천문학자들은 인류를 이 사진이 찍히기 이전과 이후로 구분하기도 한다. 보이저가 찍은 지구의 창백한 푸른 점 사진을 어렸을 때부터 보면서 성장했던 세대를 포스트 보이저 세대라고 부른다.

퍼서비어런스 탐사선

이전까지는 단순히 탐사 로버가 보내오는 데이터를 통해서만 로버의 착륙 과정과 상태를 모니터링할 수 있었지만, 퍼서비어런스 탐사선의 착륙 과정은 실시간 영상을 통해 직접 볼 수 있었다. 2021년 2월 18일, 퍼서비어런스가 화성 표면에 안착했다. 화성 대기권에 막 도착한 착륙 캡슐은 아주 빠른 속도로 대기권을 통과해 떨어졌다. 화성은 지구에 비해 대기권의 밀도가 훨씬 작아서 대기의 저항을 느끼기 어렵기 때문에 낙하산만으로는 착륙 캡슐의 속도를 충분히 줄이지 못한다. 그래서 퍼서비어런스는 공중에 역추진 로켓을 분사해 스카이 크레인의 몸체를 띄웠다. 그리고 스카이 크레인에 연결된 케이블을 늘어뜨려 공중에 매달린 퍼서비어런스를 화성 표면 위에 내렸다. 이 사진은 퍼서비어런스가 스카이 크레인의 케이블에 매달린 채 화성 표면으로 내려가는 모습을 카메라로 촬영한 모습이다. 스카이 크레인이 분사하는 역추진 로켓으로 인해, 곱게 접힌 퍼서비어런스의 하얀 몸체 아래 먼지바람이 일고 있다.

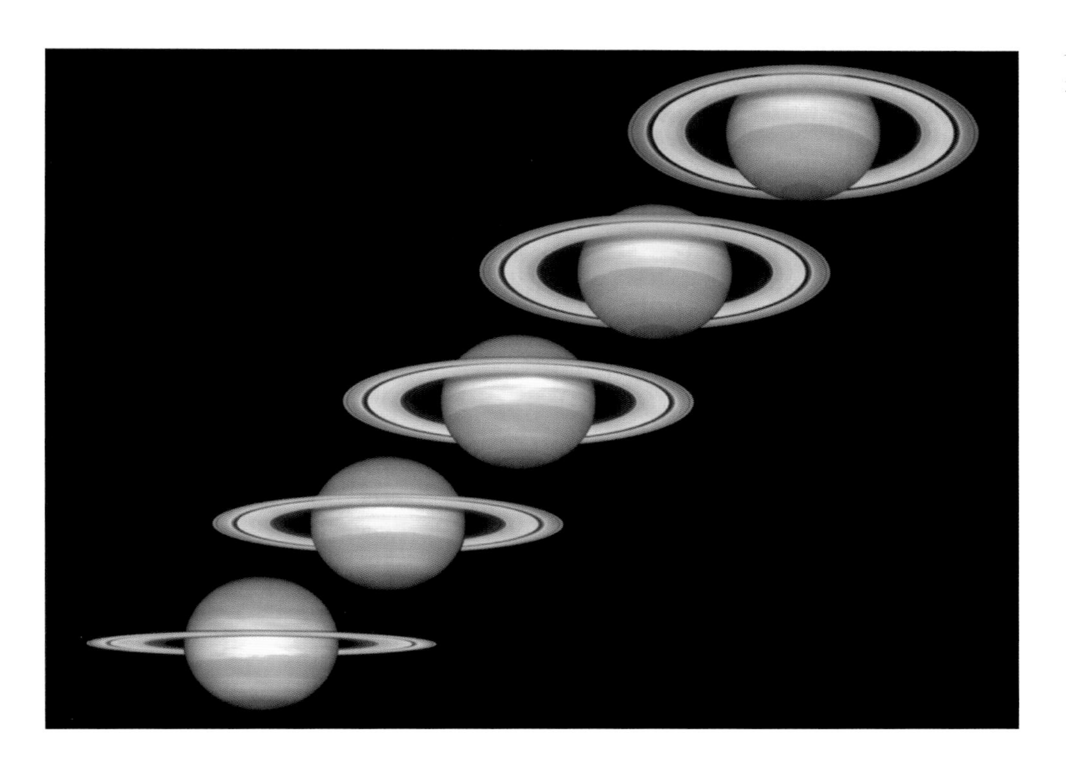

토성과 고리

자신이 만든 작은 망원경으로 토성을 바라본 갈릴레오는 토성에서 이상한 것을 발견했다. 목성이나 화성 같은 평범한 행성들과 달리 토성은 단순히 동그란 모습으로 나타나지 않았다. 어떨 때는 양옆으로 길게 찌그러진 타원형으로, 또 어떨 때는 양옆에 더 작은 동그라미가 찰싹 붙어 있는 것처럼 보였다. 손잡이가 달린 주전자처럼 작은 고리 모양의 무언가가 달려 있는 것처럼 보이기도 했다. 갈릴레오를 헷갈리게 한 토성의 모습은 사실 토성 주변을 둥글게 에워싼 고리 때문에 만들어진 것이었다. 지구와 토성이 태양 주변을 맴도는 공전 궤도면의 기울기는 조금씩 다르다. 그래서 시기에 따라 지구에서 봤을 때 토성의 고리는 거의 완벽하게 옆으로 누운 것처럼 보이기도 하고, 크게 기울어져 고리의 모습이 더 확실하게 보일 때도 있다. 고리가 옆으로 얇게 누워 있을 때는 잘 보이지 않았을 것이고 크게 기울어져 토성 원반과 밝게 태양빛을 반사하고 있었을 때는 토성 옆에 무언가가 정말 달려 있는 것 같다는 착각을 일으켰을 것이다.

당시에도 행성 옆에 더 작은 위성이 맴돌 수 있다는 것은 잘 알려져 있었지만 얇은 고리가 행성 주변을 에워싸고 있으리라는 생각은 하지 못했다. 그렇다면 갈릴레오는 토성 주변에 무엇이 있다고 생각했을까? 토성이 양쪽에 귀를 달고 있다고 생각했다. 정말이다. 갈릴레오는 행성 주변에 고리가 있다는 생각보다 행성에 귀가 달려 있다는 생각이 더 자연스러웠던 모양이다.

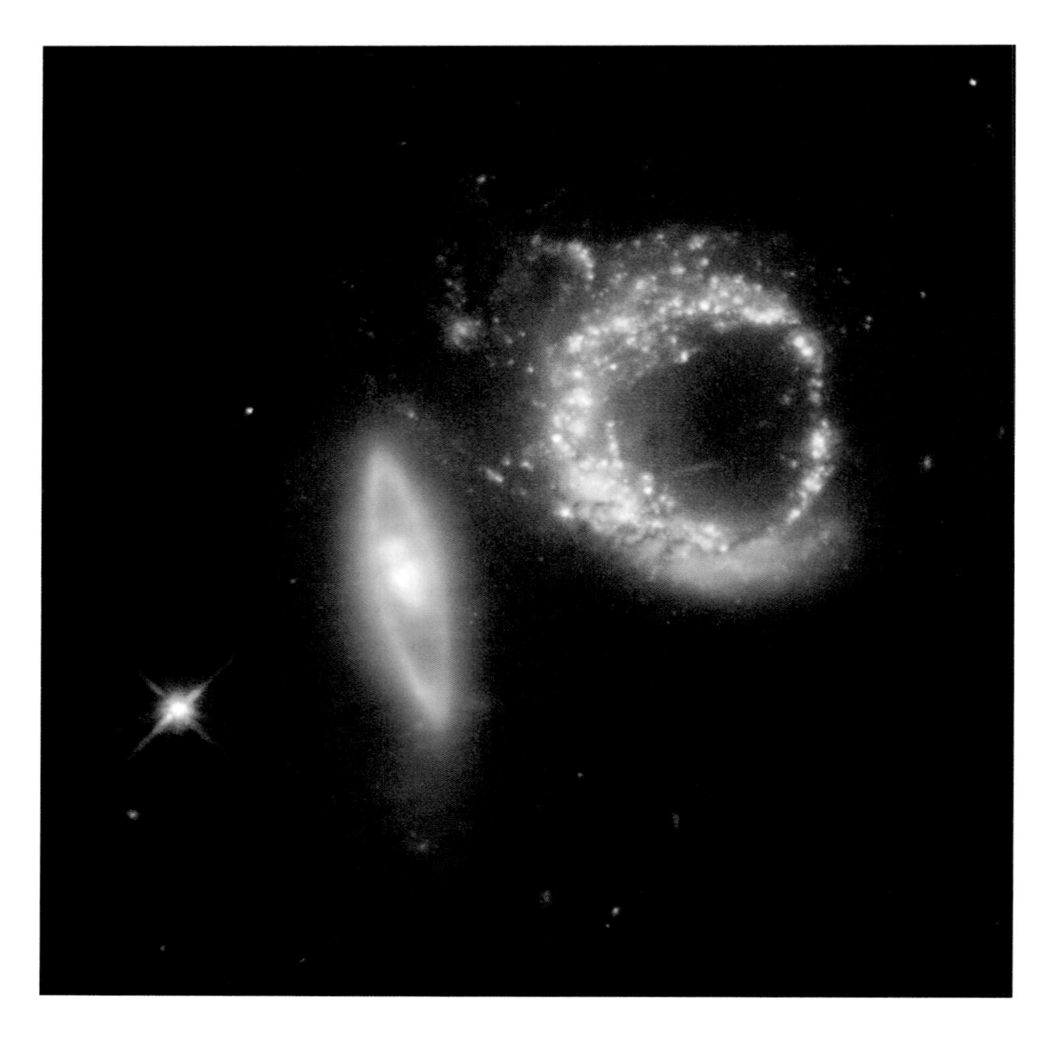

은하 Arp 147

골인! 완벽한 10점 슛!

퍼서비어런스
탐사선의 낙하선에
새겨진 암호

2021년 2월 18일, 퍼서비어런스 탐사선이 화성에 착륙했다. 착륙선이 화성 표면에 안착하기까지의 시간을 흔히 공포의 7분이라고 부른다. 화성에도 지구처럼 대기권이 있지만 화성 표면의 대기압은 지구의 100분의 1 수준으로, 이것이 화성 착륙을 아주 까다롭게 하는 가장 큰 난관이기 때문이다. 우선 화성에 도착한 착륙선은 화성대기권에 빠른 속도로 진입하게 된다. 착륙선이 담긴 캡슐은 가장 먼저 대기권 진입 순간의 엄청난 압축열과 마찰열을 버텨야 한다. 또한 대기가 충분한 지구에서와 달리 화성에서는 대기 저항을 충분히 느끼기 어렵기 때문에 지구에서보다 훨씬 큰 낙하산을 펼쳐야 빠르게 추락하는 캡슐의 속도를 충분히 늦출 수 있다.

이 사진은 화성 착륙 순간 펼쳐진 퍼서비어런스의 낙하산을 캡슐에 있던 카메라로 촬영한 것이다. 천문학자들은 착륙선이 무사히 화성 표면에 안착하기를 바라며, 이 낙하산에 특별한 메시지를 숨겨놓았다. 퍼서비어런스의 낙하산은 흰색 바탕에 중간중간 빨간색으로 칸이 칠해져 있다. 이것은 이진법 코드로 흰색은 0, 빨간색은 1을 나타낸다. 숫자에 해당하는 알파벳으로 바꿔서 읽으면 메시지를 해독할 수 있다. 가장 안쪽 원, 가운데 원, 그 바깥의 원을 순서대로 읽으면 NASA의 모토인 "DARE MIGHTY THINGS"(위대함에 도전하다)가 된다. 가장 바깥 테두리의 메시지를 읽으면 NASA 제트추진연구소의 GPS 좌표인 34°11′58″ N 118°10′31″ W가 된다.

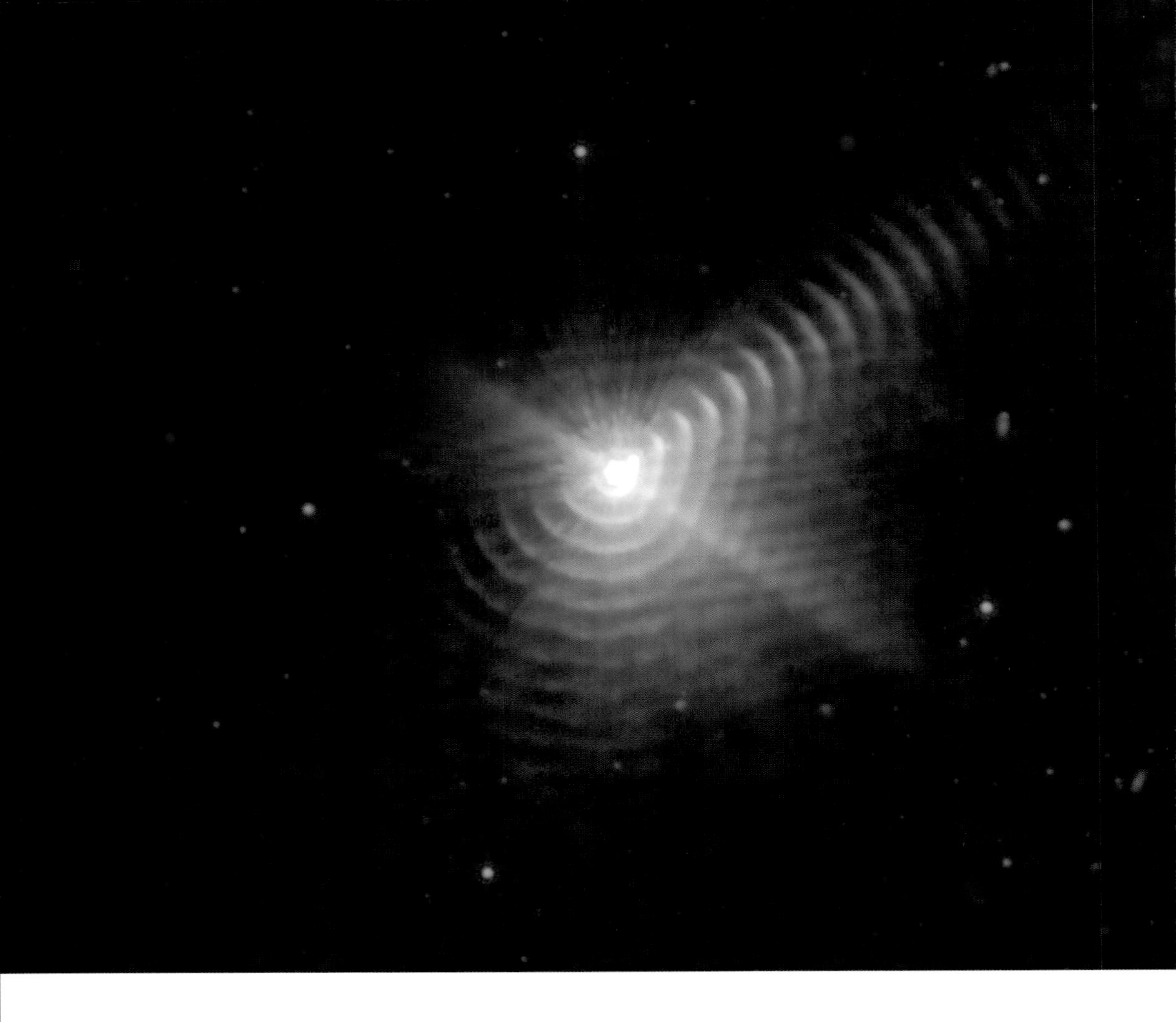

2월
19일

볼프-레예 별
WR 140

백조자리 한가운데 5000광년 거리 떨어진 곳에 우주에서 가장 이상한 별 WR 140이 있다. 제임스 웹이 포착한 이 별 주변은 17겹의 둥근 먼지 껍질이 마치 나무의 나이테처럼 아주 가지런하게 별을 감싸고 있다. 이곳에서는 진화 막바지에 죽음을 앞둔 두 개의 무거운 별이 서로의 곁을 맴돌고 있다. 둘 중 하나는 태양 질량의 20배가 넘는 아주 뜨겁고 푸른 별이다. 그 곁에는 태양 질량 8배 수준의, 죽음을 앞둔 또 다른 별이 함께 돌고 있다. 사실 이 별은 원래 태양 질량의 25배나 되는 육중한 질량을 갖고 있었는데, 질량 대부분을 우주 공간에 토해내면서 현재 수준으로 작아졌다.

이런 무거운 별은 진화 마지막 단계에서 아주 빠른 속도로 중심의 수소를 태우며 밝게 빛나는데, 수소 핵융합이 모두 끝나면 별 중심에는 수소를 태우고 만든 헬륨 찌꺼기가 잔뜩 쌓이게 된다. 별은 다시 중심에 쌓여 있는 헬륨을 핵융합 연료로 재활용한다. 헬륨 핵융합은 수소 핵융합에 비해 훨씬 난폭한 과정이다. 별은 더 격렬하게 팽창과 수축을 반복하며 요동친다. 이 과정에서 별은 자신의 물질 상당 부분을 우주 공간으로 날려보낸다. 이때 분출되는 물질은 대부분 높은 온도로 이온화된 헬륨과 헬륨 핵융합으로 만들어진 탄소다. 이렇게 죽음을 앞두고 극단적인 물질 분출로 다이어트를 하며 높은 헬륨과 탄소 함량을 보이는 별을 '볼프-레예Wolf-Rayet 별'이라고 한다. 별이 토해낸 성분 중 탄소는 주변 성간 가스구름의 온도를 더 빠르게 식히는 냉각제의 역할을 한다. 그래서 중심의 별이 분출한 가스 성분이 주변 성간물질과 맞부딪히는 경계면에서 온도가 내려가면서 먼지구름이 반죽된다.

그런데 이곳은 별 하나가 아니라 두 개가 함께 궤도를 돌고 있는 쌍성을 이룬다. 그래서 볼프-레예 별이 외곽층 물질을 불어내는 동안 별은 계속 나선을 그리며 움직인다. 그 결과 별이 토해낸 가스 물질은 별 주변을 동심원의 형태로 둘러싸게 된다. 제임스 웹 관측을 통해 천문학자들은 별을 에워싼 가스 껍질이 중심 별빛을 받아 더 빠르게 사방으로 퍼져나가고 있다는 사실도 새롭게 확인했다. 별에서 분출된 먼지 껍질층이 그 중심의 별빛을 받아 더 빠르게 가속될 수 있다는 가설을 입증한 아주 놀라운 관측이다.

막대나선은하 NGC 5068 중심부

제임스 웹이 1700만 광년 거리의 막대나선은하 NGC 5068의 중심부를 바라봤다. 근적외선카메라로 은하 중심의 막대 구조 속 별들의 모습을 직접 꿰뚫어 봤다. 하얗고 기다란 막대 구조를 따라 나이가 많고 무거운 별들이 아주 높은 밀도로 모여 밝게 빛나는 모습을 확인했다. 또 사진 오른쪽 상단 부분에 그 주변 바깥으로 이어지는 나선팔을 따라 붉게 달아오른 먼지구름띠의 모습까지 볼 수 있다.

아폴로 17호,
타우루스-리트로우
착륙지

아폴로 17호의 우주인 해리슨 H. 슈미트가 타우루스-리트로우 착륙지의 거대한 바위 옆에 서 있다. 바위는 사람 키보다 훨씬 더 크고, 바위 오른쪽에는 우주인들이 달에서 활동할 때 타고 다녔던 월면차가 주차되어 있다. 아폴로 16호까지 달에 갔던 우주인은 모두 공군 조종사, 군인 출신뿐이었다. NASA의 아폴로 미션이 단순히 달을 탐사하려는 과학적 활동이 아닌, 우주 냉전시대 정치적 프로파간다를 위한 미션이었다는 방증이다. 그동안 달에 갔던 아폴로 미션의 우주인들은 달을 탐사하는 과학자라기보다는 정치적 홍보를 위한 우주 마네킹의 역할이 더 컸다고 볼 수 있다. 비로소 아폴로 17호에 와서야 과학자가 달에 가기 시작했다. 슈미트는 군인 출신이 아닌 지질학자 출신의 우주인이었다. 드디어 과학자가 달에 방문하게 되었지만, NASA는 아폴로 17호를 끝으로 더 이상 우주인을 달로 보내지 않았다. 우주 경쟁에서 소련보다 우위를 점했으므로 막대한 예산을 쏟아부으며 굳이 사람을 달에 보내야 할 이유가 없다고 판단했기 때문이었다. 아폴로 미션은 미션이 끝나는 순간까지 과학적 호기심과 우주에 대한 꿈은 중요한 문제가 아니었다.

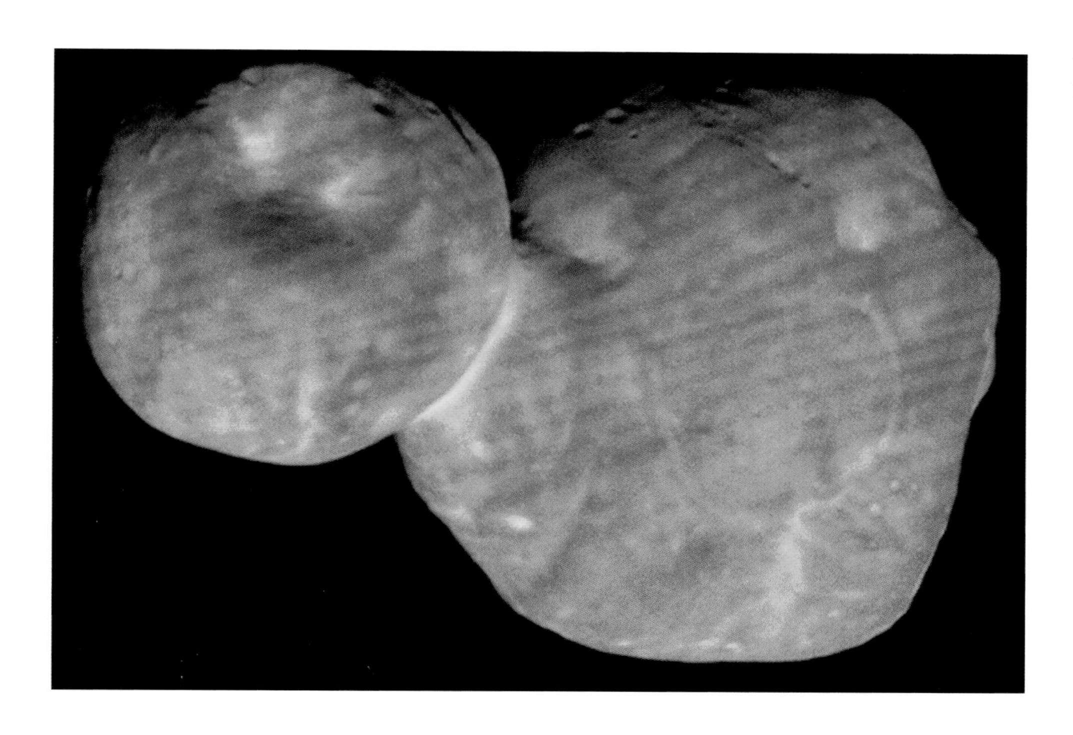

카이퍼 벨트 천체,
아로코스
2014 MU69

뉴허라이즌스 탐사선은 이미 명왕성 궤도를 넘어 더 머나먼 태양계 가장자리를 향해 여정을 이어가고 있다. 명왕성 궤도를 넘어가면 크고 작은 얼음 소천체들로 이루어진 거대한 카이퍼 벨트가 있다. 2019년 1월 1일 새해 첫날, 뉴허라이즌스는 또 다른 역사적인 조우를 했다. 명왕성보다 더 멀리 떨어진 카이퍼 벨트 천체 곁을 지나며 그 실제 모습을 최초로 포착해냈다. 뉴허라이즌스가 명왕성의 뒤를 이어 스쳐 지나간 곳은 카이퍼 벨트 천체 2014 MU69다. 놀랍게도 이곳은 두 개의 둥글고 납작한 덩어리가 맞붙어 있는 독특한 모습을 하고 있다. 얇게 눌린 눈사람 같은 모양이다. 카이퍼 벨트를 떠도는 소천체들이 오래전 서로 부딪히면서 지금의 모양이 된 것으로 추정한다. 전체 크기는 약 35킬로미터 정도로 천문학자들은 이곳에 라틴어로 '알고 있는 세계 너머'라는 뜻의 '울티마 툴레Ultima Thule'라는 이름을 지어주었다. 둘 중 큰 덩어리가 울티마, 작은 덩어리가 툴레다. 그런데 이 이름은 오래가지 못했다. 과거 극우 나치주의자들이 아리안족의 신성함을 강조하기 위해 북유럽 신화 속 고대 국가를 지칭하는 말로 울티마 툴레라는 이름을 사용했기 때문이다. 결국 NASA는 포카혼타스가 속한 인디언 부족에서 '하늘'을 의미하는 단어 '아로코스Arrokoth'를 가져와 이곳에 새 이름을 붙였다.

은하단 RX J2129 딥필드

제임스 웹이 물병자리 방향으로 약 32억 광년 거리에 놓인 육중한 RX J2129 은하단 쪽을 바라봤다. 사진의 오른쪽 위에 은하단 RX J2129 너머 동일한 배경 은하의 허상이 세 곳에서 보인다. 마침 이 은하에서 초신성이 폭발했는데, 이 세 개의 허상에서는 초신성의 섬광이 동시에 반짝이지 않았다. 은하단 중심 옆에서 보이는 허상에서 가장 먼저 초신성의 섬광이 목격되었고, 그로부터 320일이 지나고서야 그 아래에서 보이는 또 다른 허상에서 섬광이 번쩍였다. 첫 초신성 폭발이 목격되고 1000일이 더 지난 후에야 가장 위에서 보이는 나머지 허상에서 섬광이 번쩍였다. 실제 초신성 폭발은 단 한 번 벌어졌다. 이런 현상이 일어난 것은 초신성 폭발의 순간, 빛이 조금씩 다르게 왜곡된 시공간을 따라 날아오면서 지구에 도달하기까지 걸리는 시간이 달라졌기 때문이다. 이를 '중력에 의한 시간 지연 효과'라고 부른다.

이처럼 중력렌즈는 단순히 배경 우주의 모습을 일그러트릴 뿐 아니라 또 다른 놀라운 마법을 일으킨다. 은하단 주변 왜곡된 시공간을 따라 먼 배경 우주의 빛이 날아오면서 그 빛이 지구에 도달하기까지 걸리는 시간이 달라질 수 있고, 똑같은 배경 천체의 빛도 조금씩 다르게 왜곡된 경로를 따라 날아오면서 지구에서 관측되는 시점이 달라질 수 있다. 중력렌즈로 인한 이 놀라운 시간 지연 효과를 활용하면 순식간에 지나가버려서 놓친 초신성 폭발의 순간을 다시 볼 기회가 생긴다. 우주가 이미 지나가버린 초신성 폭발의 모든 과정을 처음부터 재방송해주기 때문이다.

화성에 착륙한
퍼서비어런스 탐사선

퍼서비어런스 탐사선이 화성 표면에 착륙하고 일주일째 되던 날, 2021년 2월 24일 화성정찰궤도선이 예제로 크레이터 주변에 무사히 착륙한 퍼서비어런스의 모습을 담았다. 사진 한가운데 하얗게 보이는 작은 사각형이 퍼서비어런스다. 착륙선 양옆에 흰 자국이 보인다. 이것은 착륙선이 화성 표면에 착륙하기 직전 속도를 늦추기 위해 역추진 로켓을 분사할 때 남은 자국이다. 천문학자들은 궤도선이 화성 상공을 맴돌며 관측한 사진을 통해 로버가 예정대로 잘 이동하고 있는지, 주변에 로버가 위험해질 수 있는 험난한 지형이 있는지를 미리 파악할 수 있다.

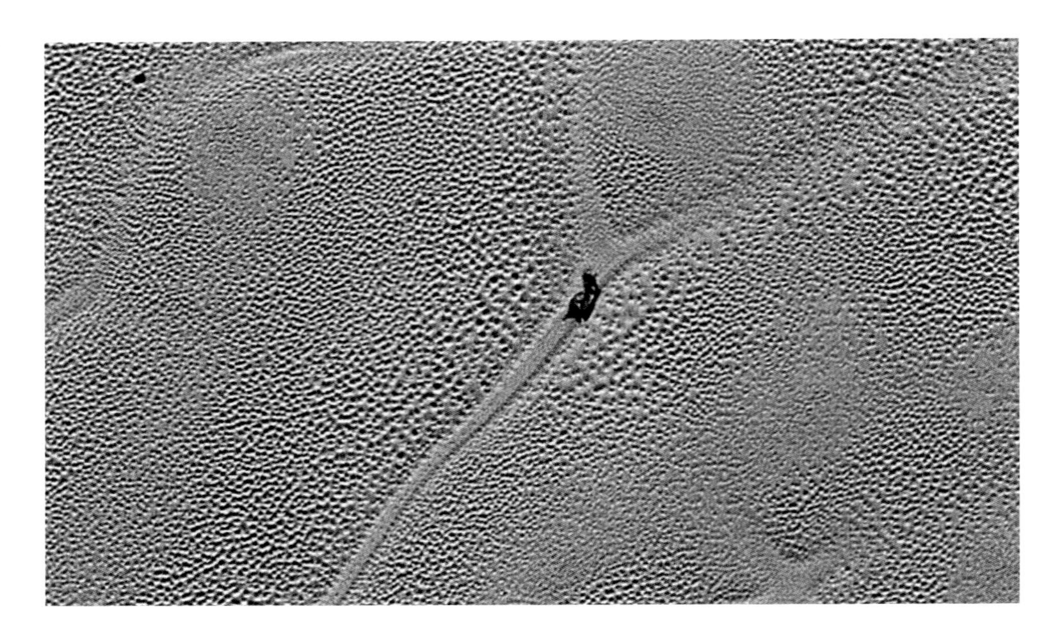

명왕성 스푸트니크 평원

태양계 끝자락 명왕성까지 도달한 뉴허라이즌스 탐사선은 꾸준히 지구를 향해 신호를 보내온다. 이처럼 먼 거리에서 데이터를 전송하기 위해서는 오히려 속도가 훨씬 느린 방식을 사용한다. 이것이 데이터 손실이 적은 더 안정적인 방법이기 때문이다. 뉴허라이즌스가 지구로 데이터를 전송하는 속도는 초당 38킬로비트밖에 안 된다. 이는 전화선을 사용한 모뎀 인터넷보다 훨씬 느린 속도다. 그래서 뉴허라이즌스는 2014년 7월 14일, 딱 하루 만에 명왕성 곁을 빠르게 스쳐 지나갔지만 그 짧은 시간 동안 관측한 데이터는 그 이후로도 계속 지구로 날아왔다. 뉴허라이즌스가 명왕성을 떠난 지 한참 지난 2014년 12월 24일, 크리스마스를 하루 앞두고 특별한 데이터가 지구로 도착했다. 뉴허라이즌스가 명왕성 표면의 하트 모양 지형인 스푸트니크 평원을 길게 지나가며 찍은 사진이었다. 사진 속 거대한 외계 달팽이가 스푸트니크 평원 위를 기어가고 있다.

퍼서비어런스 탐사선과
인제뉴어티 드론

퍼서비어런스 탐사선은 다른 화성 탐사 로버들과 달리 외롭지 않다. 작은 탐사 드론 인제뉴어티와 함께 화성에 착륙했기 때문이다. 2022년 2월 26일, 화성정찰궤도선이 고해상도이미지실험 카메라를 통해 멀리 하늘을 날며 주변 화성을 탐사하고 있는 인제뉴어티와 퍼서비어런스의 모습을 내려다봤다. 그 모습이 이 흑백 사진에 담겼다. 사진 한가운데 아주 작게 보이는 하얀 형태가 퍼서비어런스다. 과거에는 물이 가득 채워진 호수였을 것으로 추정되는 예제로 크레이터 가장자리 위에 퍼서비어런스가 서 있다. 퍼서비어런스로부터 왼쪽으로 200미터 거리에 인제뉴어티가 떨어져 있다. 사진에는 잘 보이지 않지만 왼쪽 주름진 지형 위에 아주 희미한 검은 형체가 바로 화성의 하늘 위를 날고 있는 드론 인제뉴어티다.

2월
27일

화성의 V자 모양 협곡

"겨울 내내 반쯤 잠들어 있으려는 본능이 이렇게 강한 걸 보면
나는 아마 곰이거나 그 비슷한
겨울잠을 자는 동물인지 모르겠다."

_앤 모로 린드버그(작가)

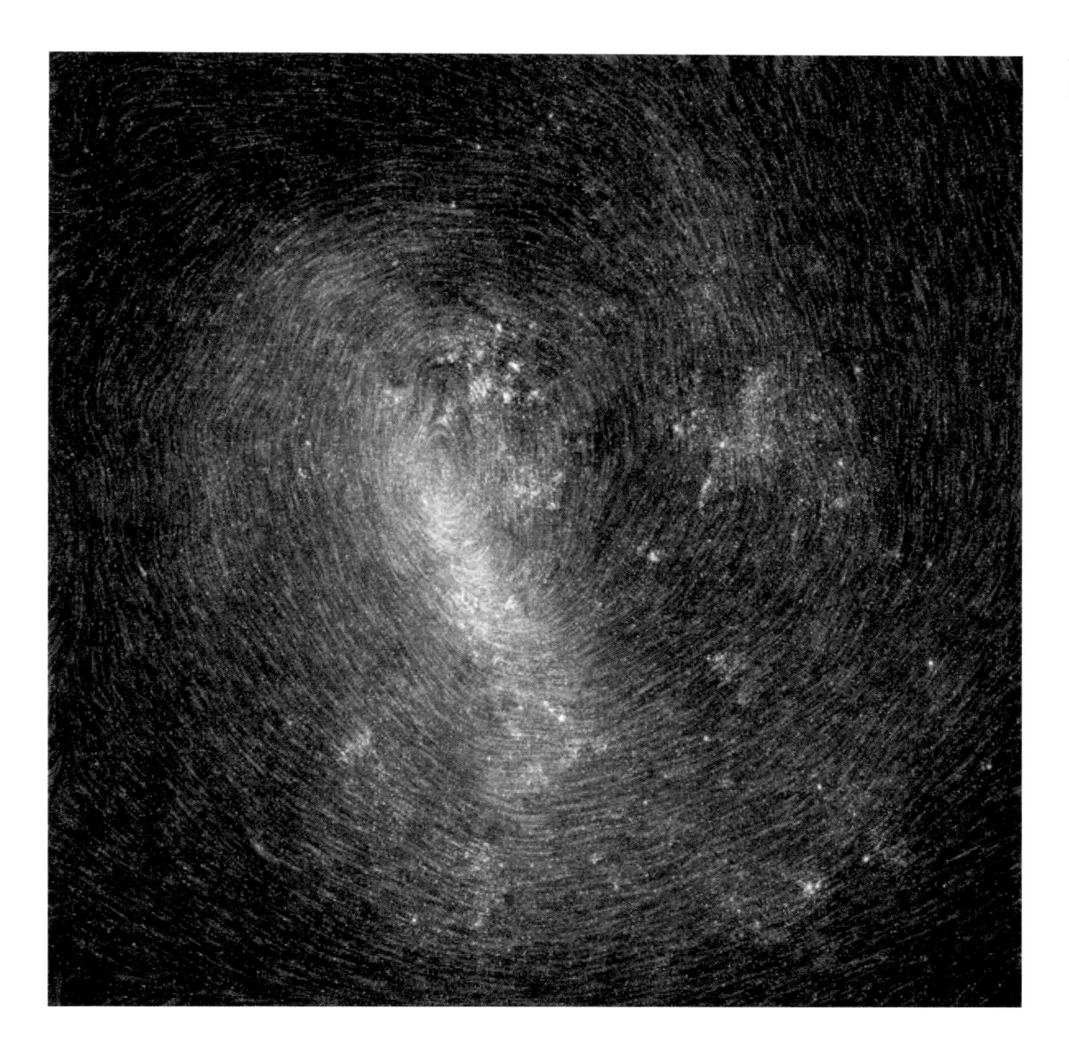

대마젤란은하 속
별들의 움직임

가이아 우주망원경은 우리은하 속 별과 주변 가까운 별들의 세밀한 위치 변화를 관측한다. 이를 통해 별까지의 정확한 거리를 재고 우리은하 주변 우주의 정확한 입체 지도를 그리고 있다. 가이아 우주망원경은 대마젤란은하 속 별들도 바라보며 긴 세월 동안 그 속의 별들이 어떻게 자리를 바꾸는지를 확인했다. 놀랍게도 그저 가만히 멈춰 있는 것처럼 보이는 대마젤란은하 속 별들은 일관되게 한 방향으로 천천히 흐르고 있다. 별들의 움직임을 표현한 이 사진은 마치 대마젤란은하의 거대한 지문처럼 느껴진다.

제임스 웹의 거울 셀카

제임스 웹에는 거대한 주경의 상태를 점검하기 위한 셀프카메라 기능이 있다. 왼쪽은 제임스 웹이 궤도에 도착한 직후 처음으로 별빛을 바라보는 순간 촬영한 주경의 셀프카메라다. 주경을 이루는 18개의 조각거울들이 아직 완벽하게 정렬되지 않아서 별빛을 정확하게 겨냥하고 별빛을 올바르게 반사하는 거울은 하나밖에 없다. 나머지 거울은 초점에서 조금씩 어긋난 방향으로 타깃 별을 바라보고 있었기 때문에, 이들 거울에 반사된 별빛은 사진에 올바르게 들어오지 않아 조각거울들이 어둡게 보인다. 오른쪽 사진은 제임스 웹이 모든 조각거울의 방향을 완벽하게 정렬한 후에 찍은 주경의 셀프카메라다. 이제 18개의 조각거울은 정확하게 동일한 타깃 별을 향한다. 이 조각거울들은 마치 하나의 거대한 거울처럼 완벽하게 똑같은 타깃 별의 빛을 반사한다.

화성의 모래밭 위 자갈

수억 년 전 화성에도 지구처럼 강과 바다가 있었다면, 아름다운 꽃도 피었을까? 정말 화성에도 꽃이 존재했다면 이는 화성의 표면에서도 암술과 수술을 통해 식물의 유성생식이 가능했다는 것을 의미한다. 과거에 물이 있었다면 충분히 식물이 존재했을 가능성도 생각해볼 수 있지만, 지구에 비해 훨씬 약한 자기장과 중력을 고려하면 유성생식이 가능한 식물까지 진화할 수 있었을지는 확실치 않다. 큐리오시티 탐사선은 그 대신 딱딱한 꽃을 발견했다. 2022년 2월 24일, 화성에서 3396번째 날을 보내고 있던 큐리오시티는 모래가 가득한 평원 위를 굴러다니고 있던 이상한 모양의 돌을 하나 발견했다. 주변에는 그저 울퉁불퉁하고 둥근 돌들뿐이었지만, 놀랍게도 이 돌은 정말 사방으로 핀 꽃잎의 모양 그대로 꽃이 굳어버린 듯한 독특한 모습이다. 원래는 주변의 다른 둥근 돌처럼 평범한 모습이었지만, 과거 주변을 흐르던 물에 의해 비교적 무른 광물들이 씻겨나가고 단단한 뼈대와 같은 암석 부분만 남게 되면서 지금의 독특한 돌 꽃이 피어 있게 되었다.

사자자리 삼중주

“모두는 하나를 위해, 하나는 모두를 위해”

_알렉상드르 뒤마, 《삼총사》

안드로메다은하의
헤일로

우리은하와 안드로메다은하를 비롯한 모든 은하들은 별 원반 너머 더 거대한 가스 헤일로로 채워져 있다. 다만 가스 헤일로는 가시광선을 방출하지 않기 때문에 눈으로는 볼 수 없다. 우리은하와 안드로메다은하 모두 별 원반보다 열 배는 더 넓은 영역까지 가스 헤일로가 분포한다. 만약 우리가 안드로메다은하의 헤일로까지 볼 수 있다면 북두칠성보다 세 배는 더 긴 지름의 거대한 원을 볼 수 있었을 것이다.

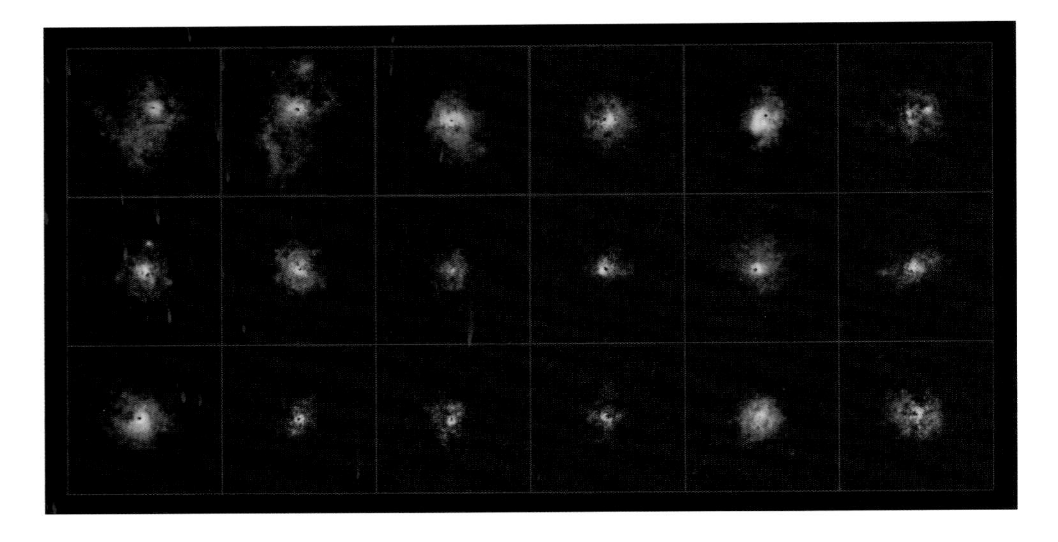

퀘이사

1950년대 말 천문학자들은 밤하늘에서 이상한 별을 포착했다. 겉보기에는 우리은하 속 다른 별과 별반 다르지 않은 모습이었다. 그런데 문제는 거리였다. 별빛의 스펙트럼을 분석해보니 정말 압도적인 적색편이를 보였는데, 이것은 이 별이 최소한 수십억 광년 이상의 먼 거리에 있다는 뜻이었다. 하지만 문제는 먼 거리에 있다고 하기에는 너무나 밝게 빛나고 있었다는 점이다. 오늘날 천문학자들은 이것이 아주 먼 우주 끝자락에서 육중한 초거대 질량 블랙홀을 품고 있는 은하일 거라고 추측한다. 블랙홀에서 너무나 강력한 에너지가 폭발적으로 분출되면 먼 거리에서도 그 모습이 아주 밝게 관측될 수 있다. 별이 아니지만 별처럼 보이는 천체라는 뜻에서 이런 천체를 준항성체quasi-stellar object, 줄여서 퀘이사Quasar라고 부른다. 지금까지 수백만 개가 넘는 퀘이사가 우주 끝자락에서 발견되었다.

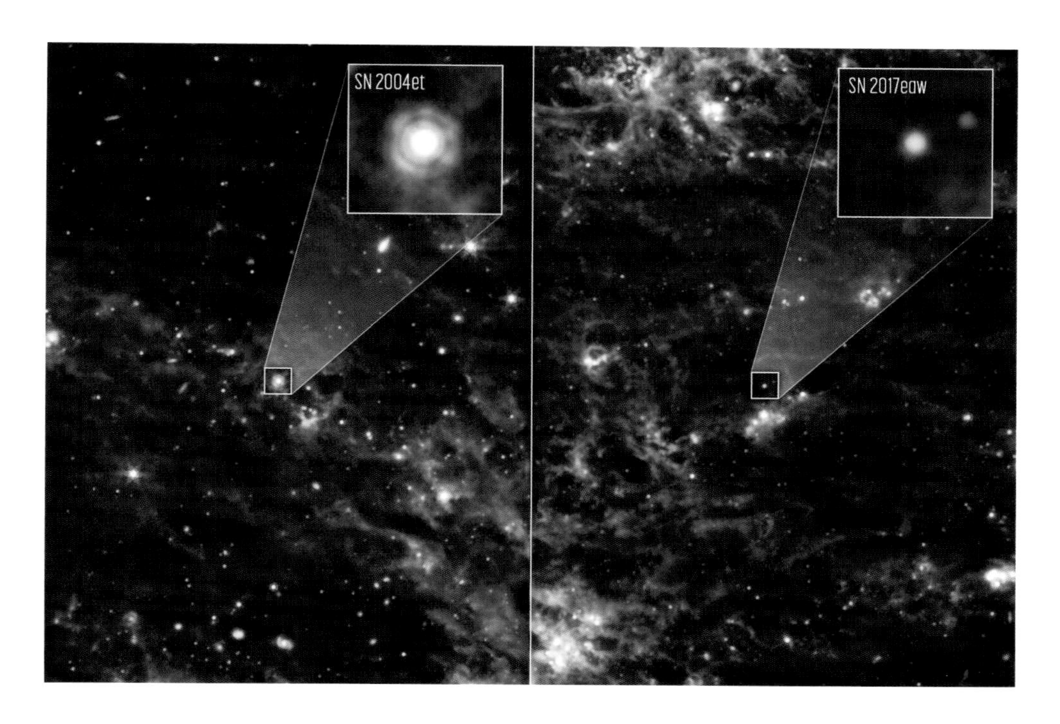

초신성 SN2004et와 SN2017eaw

우리는 모두 초신성의 후예다. 태초의 우주에는 가벼운 수소와 헬륨 원자만 존재했다. 이후 수소와 헬륨이 모여 별이 반죽되었다. 별들은 뜨거운 중심 내부에서 가벼운 원자핵을 모아 무거운 원자핵을 만드는 핵융합 반응으로 빛을 냈다. 이 과정으로 수소와 헬륨 이상의 무거운 원자핵들이 별 내부에 쌓였고 이후 진화를 마친 별들은 거대한 폭발과 함께 사라졌다. 별들은 평생 핵융합 반응으로 만든 다양한 부산물을 우주 공간에 남겼다. 그 별 먼지가 다시 흐르고 흘러 50억 년 전 지금의 태양계가 있는 곳에 모였다. 그 속에서 태양이 만들어졌고 남은 재료들에서 지금의 지구가 만들어졌고 최초의 생명체가 탄생했다. 결국 우리는 오래전 사라진 하나의 초신성을 공통 조상으로 둔 천문학적인 혈연관계다. 이러한 우주의 진화는 지금도 반복되고 있다.

제임스 웹이 2200만 광년 거리에 떨어진 은하 NGC 6946의 나선팔에서 초신성 SN2004et와 SN2017eaw를 바라봤다. 사진 속 푸른빛은 온도가 더 뜨겁게 달궈진 먼지구름을 보여준다. 붉고 노란빛은 미지근하게 달궈진 먼지구름이다. 더 오래전에 폭발한 뒤 빠르게 어두워진 초신성 SN2004et 주변은 현재 더 미지근해서 전체적으로 그 주변의 빛이 붉게 보인다. 반면 최근에 폭발한 초신성 SN2017eaw 주변은 아직 뜨거워 푸른빛이 선명하게 보인다. 하지만 앞으로 13년 정도가 더 지나면 이곳도 SN2004et 수준으로 어두워질 것이다. 어쩌면 50억 년이 더 흐른다면 이 두 초신성 주변에서도 다른 별, 그리고 또 다른 생명체가 탄생할지도 모른다. 물론 그땐 우리는 이미 사라진 이후겠지만.

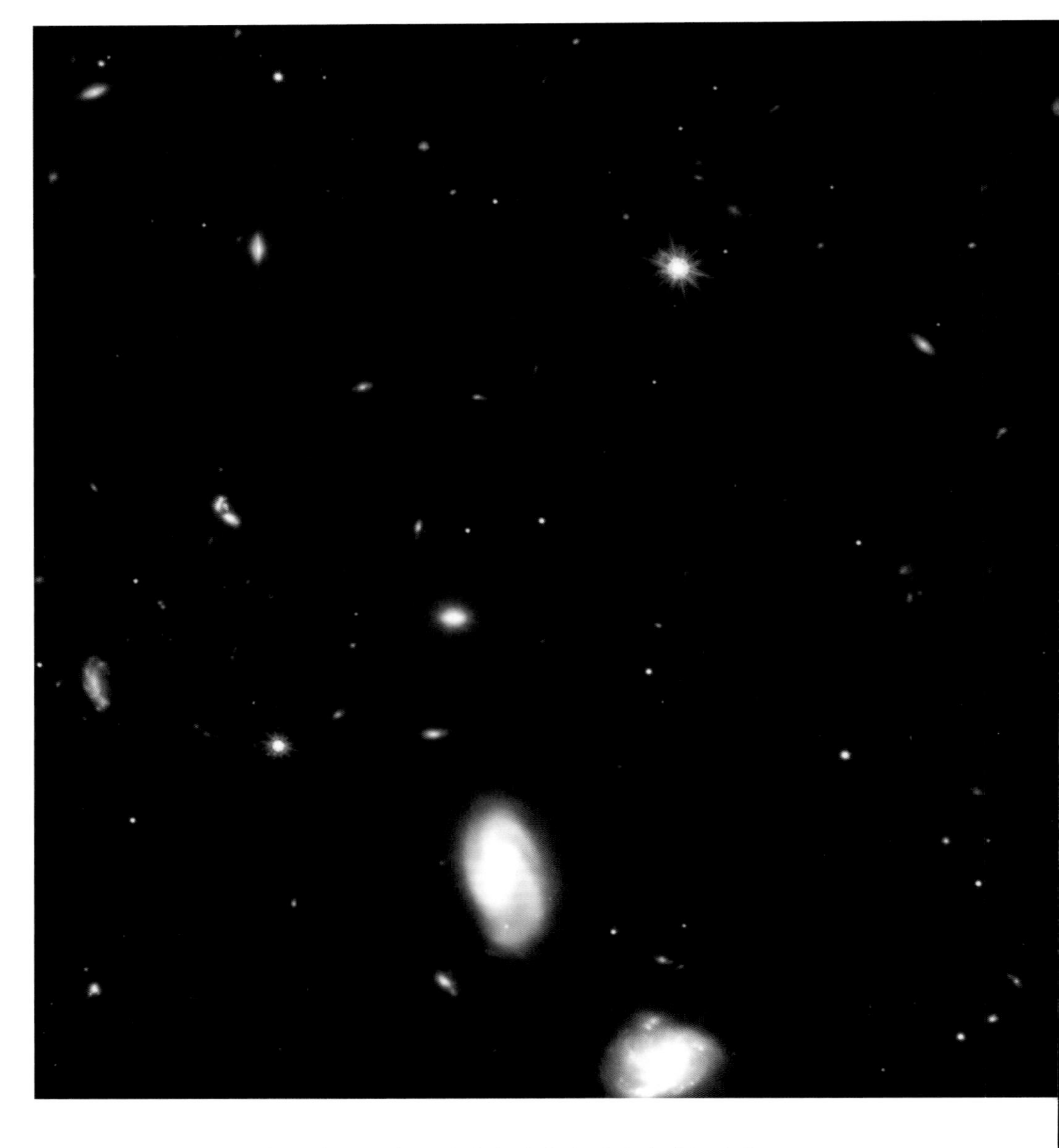

감마선 폭발 천체
GRB 230307A

2023년 3월 7일, 전례 없을 정도로 아주 강력한 감마선 섬광이 하늘에서 날아왔다. 무거운 두 별이 진화를 마치고 남긴 중성자별 두 개가 서로의 중력에 이끌려 충돌한 순간이었다. 그 순간 강력한 에너지가 방출되었는데, 이러한 현상을 '킬로노바'라고 한다. 금과 은을 비롯해 주기율표에서 철보다 훨씬 더 무거운 대부분의 중원소들은 이러한 킬로노바 폭발 때 만들어진다. 우리가 탐내는 반짝이는 귀금속은 사실 모두 오래전 우주에서 벌어진 킬로노바가 남긴 흔적인 셈이다. 감마선 폭발을 일으킨 두 중성자별은 원래 사진 속 푸르게 빛나는

은하 속에서 살고 있었다. 그러나 강력한 폭발의 여파로 인해 원래 살던 은하 바깥으로 튕겨 날아가버렸다. 지금은 은하 바깥으로 무려 12만 광년 거리까지 벗어나 있다. 이는 우리은하 지름과 맞먹는 규모다. 천문학자들은 제임스 웹으로 킬로노바가 포착된 현장을 관측했고, 세밀한 스펙트럼 분석을 통해 원자번호 52번에 해당하는 원소인 텔루륨의 신호가 강하게 나오고 있는 것을 확인했다. 이 원소는 지구에서도 굉장히 희귀한 원소다.

3월
8일

초신성 잔해 1E 0102

현재 남아 있는 초신성 잔해만 보고 정확히 그 폭발이 언제 일어났는지 알 수 있을까? 충분히 가능하다. 초신성 폭발은 수천 년 전에 일어났지만 여전히 그 폭발의 여파는 남아 있기 때문이다. 이곳은 약 20만 광년 거리의 소마젤란은하에서 발견한 초신성 잔해 1E 0102다.

이 잔해 구름은 시속 약 320만 킬로미터의 엄청난 속도로 지금도 계속 사방으로 퍼져가고 있다. 이 정도 속도면 지구에서 달까지 불과 15분 만에 다녀올 수 있을 정도다. 이 잔해 구름들이 퍼져나가는 방향을 거꾸로 따라가면 정확히 성운의 중심에 다다른다. 잔해가 퍼져나가는 속도를 통해 거꾸로 추적해보면 첫 폭발은 지금으로부터 약 1700년 전에 벌어졌을 것으로 보인다.

큐리오시티의 바퀴

화성은 거친 세계다. 화성 탐사 로버들에도 만만치 않은 곳이다. 넓게 펼쳐진 모래사막은 잘못하면 바퀴가 빠져 헛돌게 될 수도 있다. 모래 아래 숨어 있는 크고 작은 뾰족한 돌멩이들도 로버의 바퀴를 찢어버릴 수 있다. 큐리오시티 탐사선에는 총 여섯 개의 바퀴가 있다. 각 바퀴는 얇은 알루미늄 막으로 덮여 있으며, 모랫바닥 위에서 헛돌지 않고 최대한 마찰력을 늘릴 수 있도록 탱크의 무한궤도처럼 지그재그 모양의 그라우저가 있다. 험준한 화성 위를 홀로 굴러가고 있는 큐리오시티는 주기적으로 상태를 점검한다. 2017년 3월 9일, 큐리오시티는 기다란 로봇 팔을 아래쪽으로 돌려서 바퀴 상태를 사진으로 찍었고, 가운데 바퀴 곳곳이 찢어졌다는 사실을 발견했다. 바퀴를 점검했던 것이 약 한 달 반 전인 2017년 1월 27일이었다. 그때까지만 해도 이런 심각한 손상은 보이지 않았다. 다행히 아직은 큐리오시티의 이동에 큰 문제는 없다. 하지만 더 심한 손상이 생긴다면 손상된 바퀴를 아예 떼어내고 나머지 바퀴만으로 움직여야 할 수도 있다.

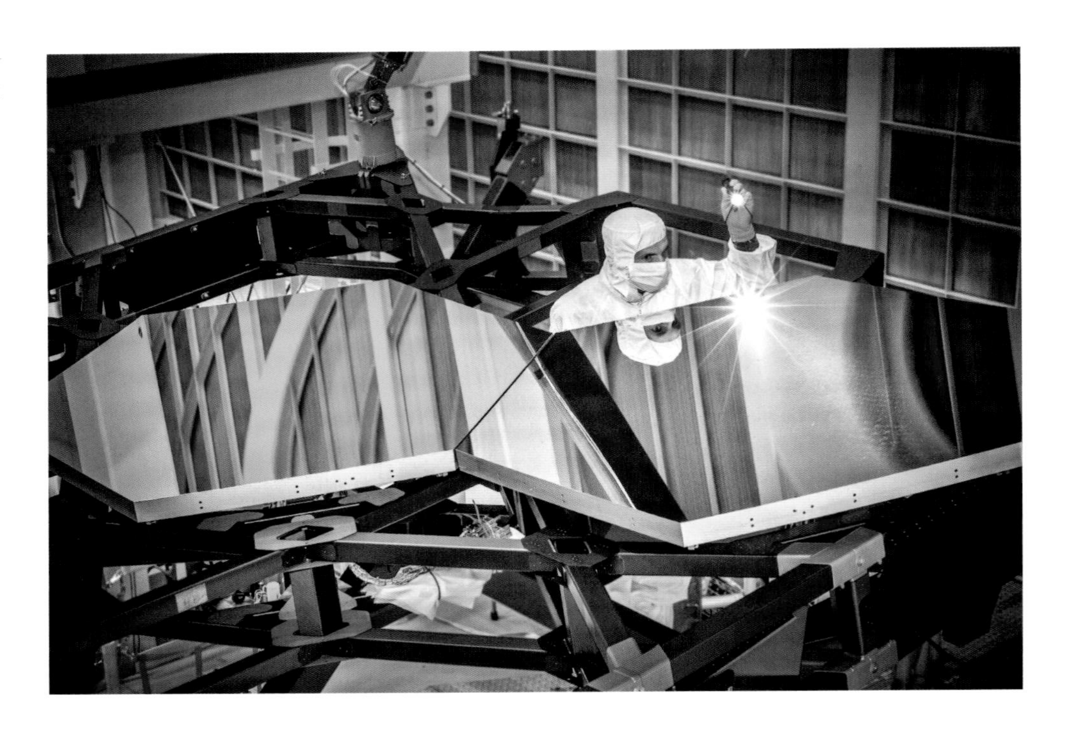

제임스 웹 거울 코팅

제임스 웹은 지름 1.8미터 크기의 육각형 거울 18개를 모아 만든 총 지름 6.5미터의 거대한 거울로 이루어져 있다. 제임스 웹의 거울은 유리가 아니다. 만약 유리로 만들었다면 거울이 지나치게 무거워져서 우주로 올리지 못했을 것이다. 훨씬 가벼운 베릴륨으로 만들었는데, 베릴륨은 유리만큼 매끈하게 만들기 어렵다. 천문학자들은 거울을 더 매끈하게 만들고 특히 적외선 빛을 더 잘 반사할 수 있도록 거울 전체를 금으로 코팅했다. 그렇다면 지름 6.5미터의 거대한 거울 전체를 코팅하기 위해 대체 얼마나 많은 금이 필요했을까? 놀랍게도 골프공 하나만한 금이면 충분했다. 거울 전체는 거의 금 원자 두께로 아주 얇게 코팅되었다. 사진 속 천문학자는 클린룸에서 왼쪽의 금으로 코팅된 거울과 오른쪽의 아직 코팅되지 않은 거울을 검사하고 있다.

타이탄 위성의 베스트 리게이아 호수

토성의 위성 타이탄은 놀라운 곳이다. 너무나 풍요로운 행운의 땅인 지구의 위성 달은 아무런 바다도 대기도 존재하지 않고 돌멩이만 가득한 척박한 곳이다. 하지만 타이탄에는 호수와 대기가 존재한다. 카시니 탐사선은 2006년 2월에서 2007년 4월 사이 타이탄 곁을 지나며 두꺼운 메테인 대기를 뚫고 그 표면의 지도를 완성했다. 두꺼운 대기를 꿰뚫어 보기 위해 레이더 관측을 활용했다. 타이탄 표면에 반사된 레이더의 신호가 되돌아오는 시간을 통해 타이탄 표면의 고도를 파악할 수 있다.

사진에서 검게 표현된 영역은 표면이 액체로 덮여 있다는 것을 의미한다. 즉, 타이탄에 호수가 있다는 뜻이다! 그 너비만 100킬로미터를 넘는다. 대기 중의 높은 메테인 함량을 보건대 타이탄의 호수 역시 아주 높은 농도의 메테인이 녹아 있을 것으로 추정된다. 지구 생명체는 독한 타이탄의 호수를 버티지 못할 것이다. 하지만 타이탄에서 오래전부터 살아온 생명체가 있다면 충분히 전혀 다른 모습의 호수 생태계를 이루고 있으리라 기대해볼 수 있다. 천문학자들은 머지않은 미래에 타이탄 호수를 직접 탐사하는 미션도 준비하고 있다.

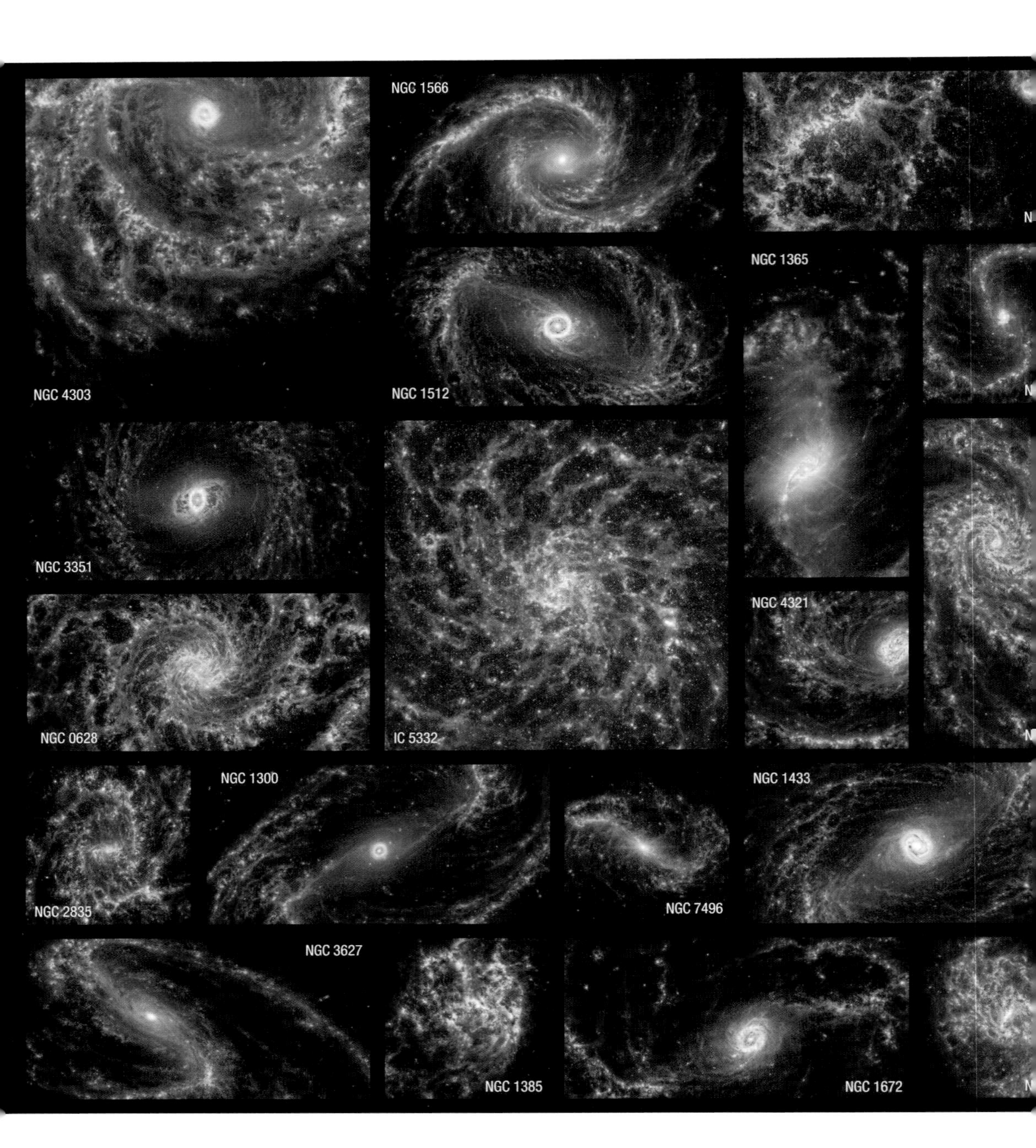
NGC 4303
NGC 1566
NGC 1512
NGC 1365
NGC 3351
NGC 0628
IC 5332
NGC 4321
NGC 2835
NGC 1300
NGC 7496
NGC 1433
NGC 3627
NGC 1385
NGC 1672

제임스 웹으로 관측한
19개의 나선 은하
중심부

이전까지는 볼 수 없었던 아주 세밀한 모습으로 은하의 내부를 꿰뚫어보는 제임스 웹과 함께 은하 해부학의 새로운 시대가 시작되었다. 제임스 웹이 정면을 향하고 있는 거대한 나선은하 19개의 심장부를 겨냥했다. 적외선을 통해 두꺼운 먼지구름을 꿰뚫어 그 속에서 태어나고 있는 어리고 나이 많은 별들의 분포를 보여준다. 푸른빛은 비교적 나이가 많은 별들의 빛으로, 주로 은하의 중심부에 모여 있다. 갓 태어난 어린 별빛으로 달궈진 채 붉게 빛나는 먼지띠는 은하 외곽으로 길게 이어져 있다. 몇몇 은하의 중심부에서는 유독 밝은 빛을 볼 수 있는데, 이것은 은하 중심에서 막대한 에너지를 토해내고 있는 초거대 질량 블랙홀의 흔적이다.

중력파로 관측한
은하수 시뮬레이션

이제 인류는 기존 전자기파의 빛을 넘어 뉴트리노, 심지어 중력파까지, 전혀 다른 새로운 눈으로 우주를 바라보는 다른 종류의 천문학을 열어가고 있다. 새로운 관측 방법으로는 대표적으로 아예 지구 바깥 우주 공간에 검출기를 띄워서 거대한 스케일의 중력파를 감지하는 레이저간섭계우주안테나LISA가 있다. 세 개의 검출기가 정삼각형 모양으로 지구 궤도를 따라 편대비행하면서 광범위한 스케일에서 중력파를 검출한다.

계획에 따르면 LISA는 2037년에 우주로 발사할 예정이다. LISA는 기존의 레이저간섭계중력파관측소LIGO보다 미약한 것이 만들어내는 중력파까지 감지할 수 있다. 최근 천문학자들은 LISA를 준비하며 중력파 검출기로 보게 될 새로운 은하수의 모습을 시뮬레이션한 결과를 발표했다. 태양 질량 수십 배 정도의 블랙홀보다 더 가벼운 블랙홀, 또는 중성자별과 백색왜성처럼 아주 높은 밀도로 붕괴된 천체 두 개가 서로의 곁을 도는 쌍성이 만들어낸 중력파를 보게 된다. 이러한 천체들을 천문학에서는 UCB(Ultra-compact Binary)라고 하는데, 이번 시뮬레이션에서는 우리은하 속 약 1000개의 UCB의 분포를 중력파를 통해 감지한 결과를 재현해 보여준다.

더듬이은하,
NGC 4038과
NGC 4039

연인과 커플링을 맞출 때 반지에 어떤 글씨를 새겨 사랑을 기념할 수 있을까? 각자의 이름 이니셜이나 사랑과 관련된 유명한 격언을 새겨넣을 수도 있는데, 천문학자로서 한 가지 팁을 주고 싶다. 수억 년째 함께 반죽되며 끈질긴 사랑을 나누고 있는 은하 커플들의 일련번호를 새겨보는 것을 제안한다. 이 사진은 두 은하 NGC 4038과 NGC 4039가 서로의 중력에 이끌려 충돌하고 있는 현장이다. 둥근 두 은하의 별 원반이 포개어지면서 묘한 하트 모양이 만들어졌다. 우주에서 가장 사랑스러운 은하 커플이다. 다만 이곳의 공식적인 별명은 하트은하가 아니다. 오래전 천문학자들은 가운데 하트 모양 대신 위아래로 길게 흐르는 별의 흐름에 더 주목했다. 그 모습이 마치 개미 얼굴에 난 기다란 더듬이 같다고 생각했다. 그래서 당황스럽게도 이 사랑스러운 현장은 더듬이은하라는 공식적인 별명을 갖고 있다.

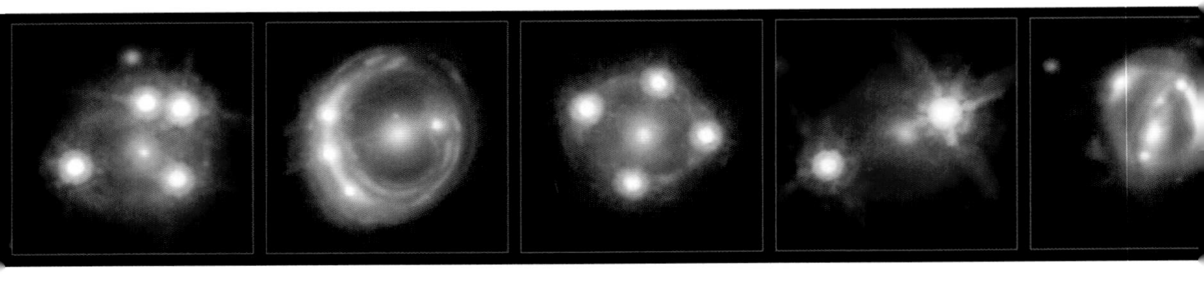

중력렌즈 효과를 겪은 다섯 개의 퀘이사

아인슈타인의 상대성 이론에 따른 중력렌즈 효과는 독특한 풍경을 만들어낸다. 만약 가운데에서 중력렌즈 역할을 하는 은하와 멀리 배경 천체가 거의 정확하게 일렬로 놓여 있다면 중력렌즈로 인해 배경 천체의 빛은 상하좌우 여러 방향으로 뻗어나간다. 결국 지구에서 봤을 때 렌즈 역할을 하는 천체 주변에는 똑같이 생긴 허상이 여러 개 만들어진다. 특히 이런 현상은 배경 천체가 마치 별처럼 작은 점으로 보이는 퀘이사일 때 더 극적으로 나타난다.

가운데 사진 속 노란 천체는 비교적 가까운 거리에서 중력렌즈를 일으키는 천체다. 상하좌우에 찍힌 하얀 점은 훨씬 먼 거리에 놓인 배경 퀘이사다. 놀랍게도 중력렌즈 효과로 인해 동일한 하나의 천체가 네 개의 허상으로 보인다. 마침 절묘하게 십자가를 이룬다. 이런 현상을 아인슈타인의 십자가라고도 부른다. 배경 퀘이사가 아주 절묘한 위치에 놓이면서 극적으로 만들어진 또 다른 아인슈타인의 마법을 감상해보자.

초신성 잔해 Sh2-240

날아다니는 스파게티 괴물, 일명 FSM(Flying Spaghetti Monster)은 아주 오랫동안 비밀스럽게 전해온 종교의 신이다. 어느 날 날아다니는 스파게티 괴물은 과음을 하고 제정신이 아닌 상태에서 4일 만에 천지를 창조했다고 전해진다. 창조를 마친 날아다니는 스파게티 괴물은 숙취에 찌들어 3일간 쉬었다. 그래서 날아다니는 스파게티 괴물교에서는 안식일이 3일이다. 날아다니는 스파게티 괴물교를 믿는 신자들을 파스타파리안이라고 부르며, 기도는 항상 "라멘"으로 끝난다. 신자들은 매일 면을 먹어야 한다. 초신성 잔해 Sh2-240은 날아다니는 스파게티 괴물이 실재한다는 것을 보여주는 성지로 여겨진다.

별 탄생 지역
NGC 346

3월
17일

새로운 별과 행성의 탄생은 지금도 우주 곳곳에서 벌어지고 있다. 우리은하 곁을 맴도는 작은 이웃 은하 중 소마젤란은하가 있다. NGC 346은 약 20만 광년 거리에 떨어진 소마젤란은하에 있는 별 탄생 지역 중 하나다.

제임스 웹이 근적외선카메라를 통해 아기 별들이 탄생하는 현장을 바라봤다. 사진 속 분홍빛 가스 필라멘트는 갓 태어난 뜨거운 별들의 별빛을 받아 1만 도 이상의 높은 온도로 달궈진 이온화된 수소 원자구름이다. 반면 주황빛 가스구름은 영하 200도의 낮은 온도로 차갑게 식은 밀도가 높은 수소 분자구름이다. 가스구름이 낮은 온도로 식으면 점점 높은 밀도로 반죽되며 별이 탄생한다. 그리고 갓 태어난 아기 별은 다시 사방으로 뜨거운 별빛을 비추면서 주변의 가스구름을 불어낸다. 사진 속에서 밝게 빛나는 가스 필라멘트는 아기 별의 별빛을 받아 불려나가는 가스구름의 모습을 보여준다. V자로 퍼져나가는 가스 필라멘트 한가운데 위쪽에 작은 점으로 빛나는 별들이 높은 밀도로 모여 있는 성단이 있다. 이 성단의 별들도 약 500만 년 전, 같은 과정을 거쳐 탄생했다. 제임스 웹은 이곳에서 별의 재료뿐 아니라 행성의 재료들도 확인했다.

SDSS 1430+13,
찻잔은하

영국의 철학자 버트런드 러셀은 이런 논제를 던졌다. 만약 누군가 지구와 화성 사이 궤도에서 찻주전자 하나가 타원 궤도로 태양 주변을 맴돌고 있다고 주장한다고 해보자. 그는 그 찻주전자가 너무 작아서 어떤 망원경에도 발견되지 않을 뿐이라고 주장한다. 그렇다면 누구도 그의 주장을 반증할 수 없게 된다. 그의 주장이 터무니없게 들릴지라도 반증이 불가능한 무적의 주장이 될 수 있다.

비록 러셀이 이야기한 우주 찻주전자의 존재는 확인하기 어렵지만, 그의 짝꿍 우주 찻잔은 발견된 것 같다. 이 사진은 허블 우주망원경으로 포착한 은하 SDSS 1430+13의 모습이다. 녹색의 둥근 고리 형체가 선명하게 보인다. 이것은 은하 중심에서 막대한 에너지를 방출하는 초거대 질량 블랙홀의 활동으로 인해 주변의 가스구름이 이온화되면서 만들어진 모습이다. 마치 찻잔의 둥근 손잡이처럼 보인다.

유클리드 딥필드

제임스 웹의 뒤를 이어 유클리드 우주망원경이 우주에 올라갔다. 유클리드는 제임스 웹에 비해선 크기가 작지만 더 넓은 화각으로 한꺼번에 넓은 영역의 우주 지도를 찍을 수 있다. 유클리드는 100억 광년 거리 이내의 모든 은하들의 분포 지도를 그리고, 우주에 질량이 어떻게 분포하는지, 시공간이 어떻게 휘어져 있는지 파악해 우주의 기하학을 완성할 예정이다. 그래서 기하학을 만든 수학자 유클리드의 이름이 붙었다. 이 사진은 궤도에 도착한 직후 유클리드의 상태를 점검하기 위해 촬영한 테스트 컷 중 하나다. 우리은하 속 수많은 별과 그 너머 배경 은하들이 함께 담겼다.

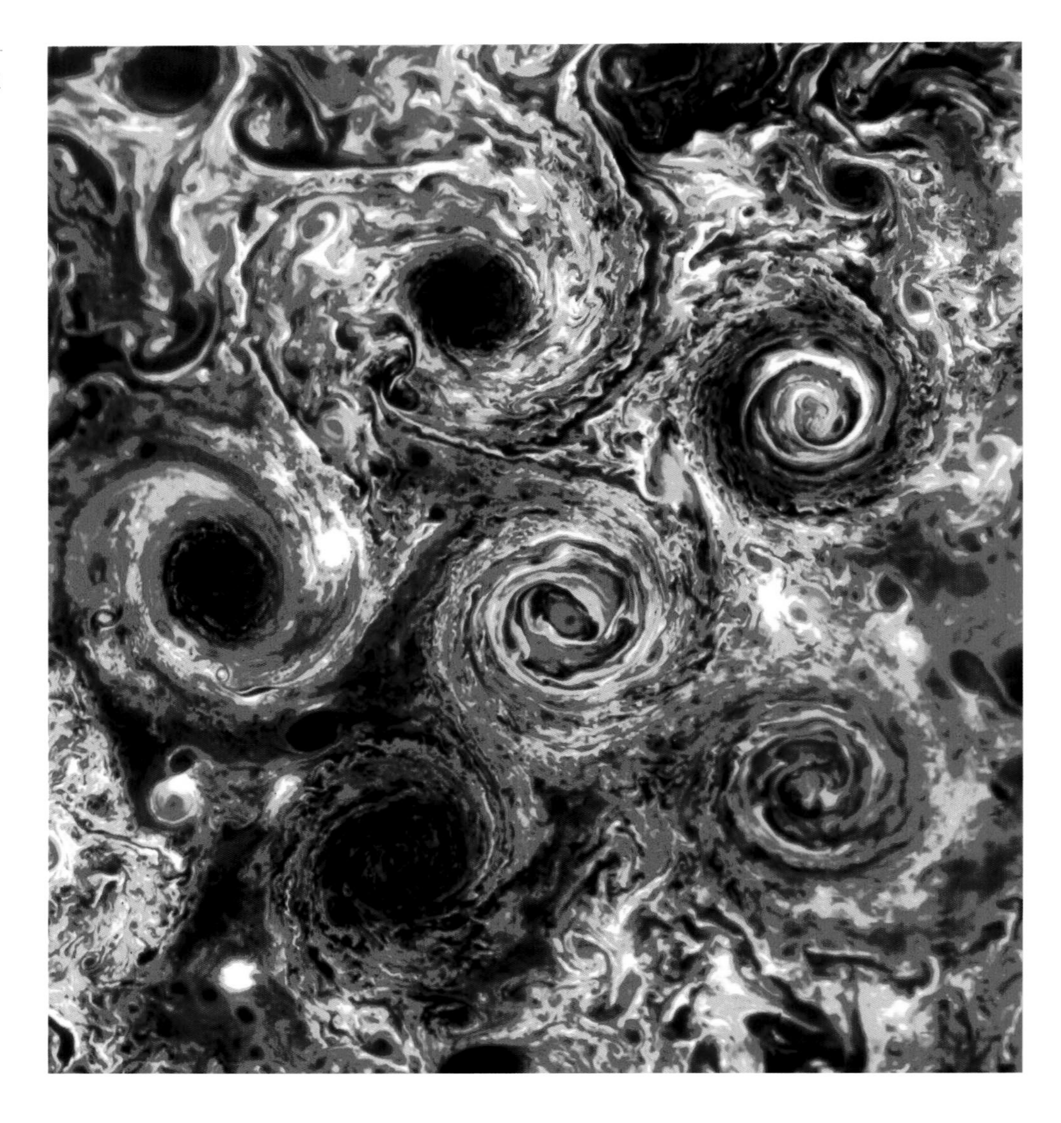

목성 곁을 맴도는 주노 탐사선이 목성의 남극 위를 지나가면서 포착한 놀라운 장면이다. 목성의 남극 표면 위로 여섯 개의 소용돌이가 함께 휘몰아치고 있다.

목성 남극의
소용돌이

타원은하 ESO 381-12

허블 우주망원경으로 포착한 타원은하 ESO 381-12의 모습이다. 타원은하의 가장자리가 여러 겹의 흐릿한 둥근 껍질로 싸여 있는 것처럼 보인다. 이는 이 은하가 비교적 최근까지 주변의 다른 은하와 충돌을 반복했다는 것을 보여준다.

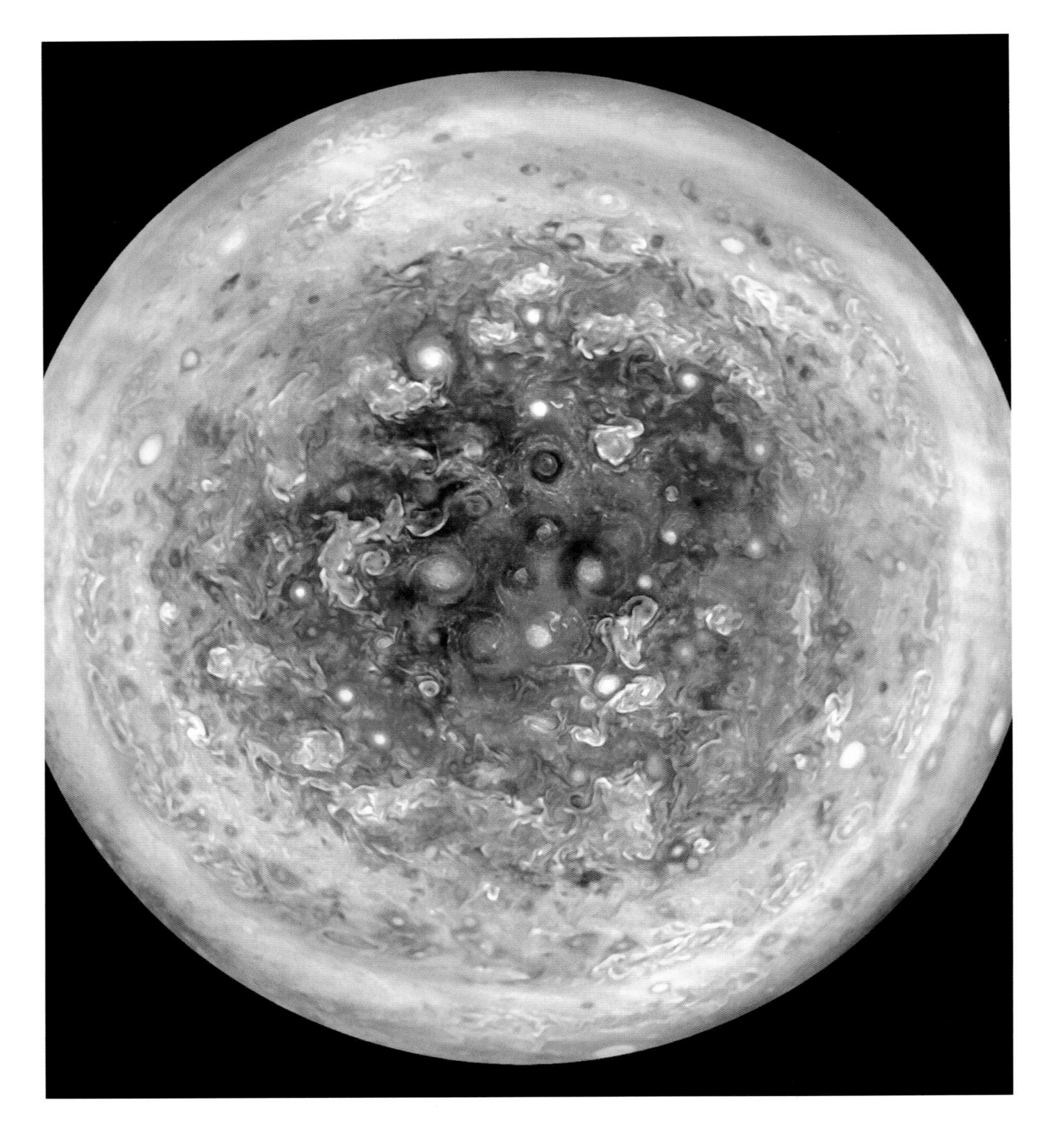

목성 남극의 소용돌이

주노 탐사선은 목성의 북극과 남극 위를 지나는, 거의 적도에 수직인 궤도를 그리면서 목성 곁을 돈다. 그래서 정확하게 목성의 북극과 남극을 내려다볼 수 있다. 이 사진은 주노가 목성 구름 표면에서 약 5만 2000킬로미터 거리를 두고 목성 곁을 지나가는 순간 내려다본 목성의 남극을 보여준다. 총 세 번 목성의 남극 위를 지나가는 동안 찍은 사진 세 장을 모아 완성했다. 목성의 푸르스름한 남극 지역에 있는 둥근 소용돌이들은 지름이 보통 1000킬로미터 정도다.

은하 NGC 5866

은하가 정말 완벽에 가깝게 옆으로 누워 있다. 은하를 옆에서 봤기 때문에 아주 얇게 보인다. 은하의 원반을 가득 채운 짙은 먼지구름이 그 속의 밝은 별빛을 가려 더욱 선명하게 보인다.

은하 UGC 10214

은하가 데굴데굴 굴러가면서
기다란 별 타래를 늘어뜨리고 있다.

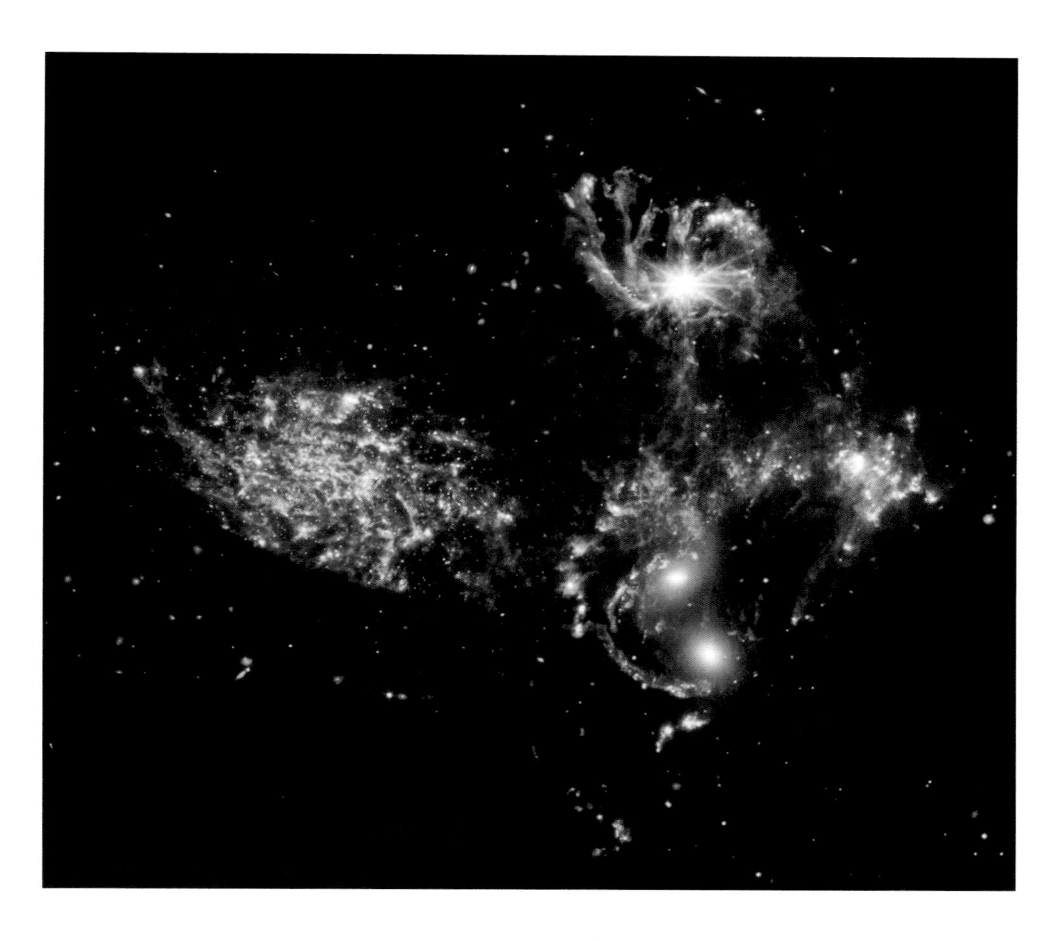

슈테팡의
오중주 은하

슈테팡의 오중주 은하들을 제임스 웹의 중적외선기기를 통해 바라본 모습이다. 먼지구름을 꿰뚫고 그 속에 가려져 있던 은하들의 뼈대를 더 선명하게 볼 수 있다. 가장 위에 보이는 은하 NGC 7319 중심에서 뚜렷한 막대 구조도 볼 수 있다. 은하 중심이 유독 밝게 빛나고 위아래 수직방향으로 붉은 가스 먼지가 뿜어져 나오는데, 이것은 은하의 중심에 살고 있는 초거대 질량 블랙홀이 에너지를 토해내는 흔적이다. 이 블랙홀은 태양의 2400만 배나 되는 질량을 갖고 있다. 한편 그 바로 아래 서로 가까이 붙어 있는 두 은하 NGC 7318A, NGC 7318B의 중심도 굉장히 밝게 빛난다. 두 은하가 한창 충돌하면서 각 은하의 중심에 살고 있는 초거대 질량 블랙홀이 상대방에게서 뺏어온 물질을 흡수하며 에너지를 토해내고 있기 때문이다. 빅뱅 직후 초기 우주에 잠시 존재했던 퀘이사도 이런 과정을 통해 탄생했을 것이라 추정한다.

큐리오시티의 셀카

3월 26일

화성 탐사 로버들은 모두 셀카를 찍는다. 2021년 3월 26일, 큐리오시티 탐사선은 6미터 높이로 솟은 머코우산 앞에서 셀카를 찍었다. 기다란 로봇 팔을 쭉 뻗어서 팔 끝에 있는 화성핸드렌즈카메라MAHLI의 방향을 조금씩 돌리면서 총 60장의 사진을 찍었다. 이후 사진을 모두 모으면 절묘하게 로봇 팔은 보이지 않게 로버의 셀카를 완성할 수 있다. 사진 속 큐리오시티 바로 옆 왼쪽을 보면 아주 작은 구멍이 있는데, 이것은 큐리오시티가 화성의 암석을 채취하기 위해 드릴로 파놓은 구멍이다.

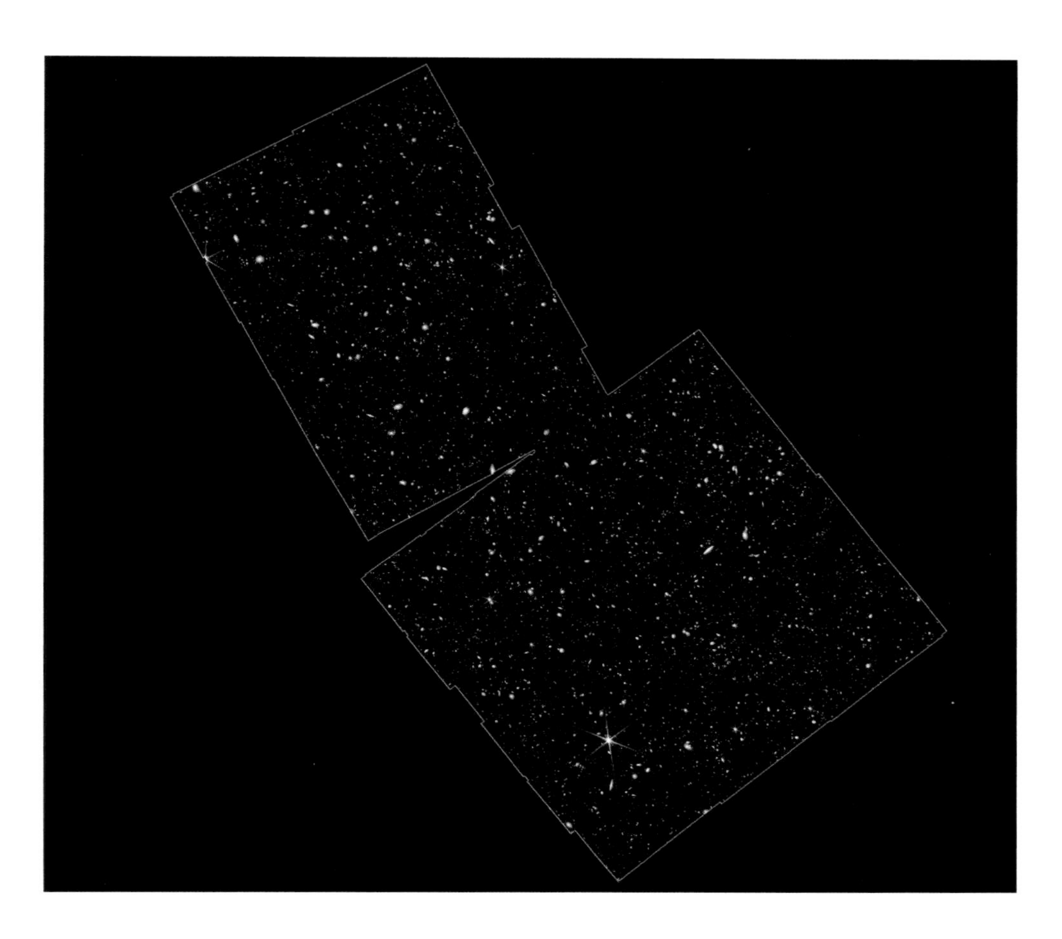

제임스 웹
JADES 딥필드 이미지

우주에 끝이 있을까? 그렇지 않다. 우주 공간 자체는 무한해서 끝없이 펼쳐져 있다. 하지만 빛을 통해 볼 수 있는 우주에는 분명 한계가 있다. 빛의 속도가 아무리 빠르다 한들 결국 유한한 속도를 갖고 있기 때문이다. 더 먼 거리에서 날아온 천체의 빛은 그 먼 거리를 빛의 속도로 날아오는 데 걸리는 시간만큼 과거의 모습을 간직하고 있다. 우주는 지금으로부터 138억 년 전 벌어진 빅뱅과 함께 시작되었다. 따라서 우리가 빛을 통해 볼 수 있는 가장 먼 우주의 순간은 지금으로부터 138억 년 전의 모습이다. 그 이상의 먼 과거는 존재하지 않았기 때문이다. 제임스 웹은 바로 이 관측 가능한 우주의 한계에 다다르고 있다. 제임스 웹 관측 데이터를 통해 초기 우주를 연구하는 관측 프로그램 JADES를 통해 이 새로운 울트라 딥필드 이미지를 완성했다. 밝게 빛나는 비교적 가까운 별과 은하들 사이 불그스름한 얼룩처럼 보이는 머나먼 은하들이 있다. 이 은하의 빛이 실제 파장에 비해 얼마나 길게 늘어졌는지를 비교하면 이 은하가 얼마나 멀리 있는지, 얼마나 먼 과거의 은하인지 알 수 있다. 놀랍게도 그중에는 빅뱅 이후 겨우 4억 년밖에 되지 않은 순간에 존재했던 은하의 모습이 숨어 있다.

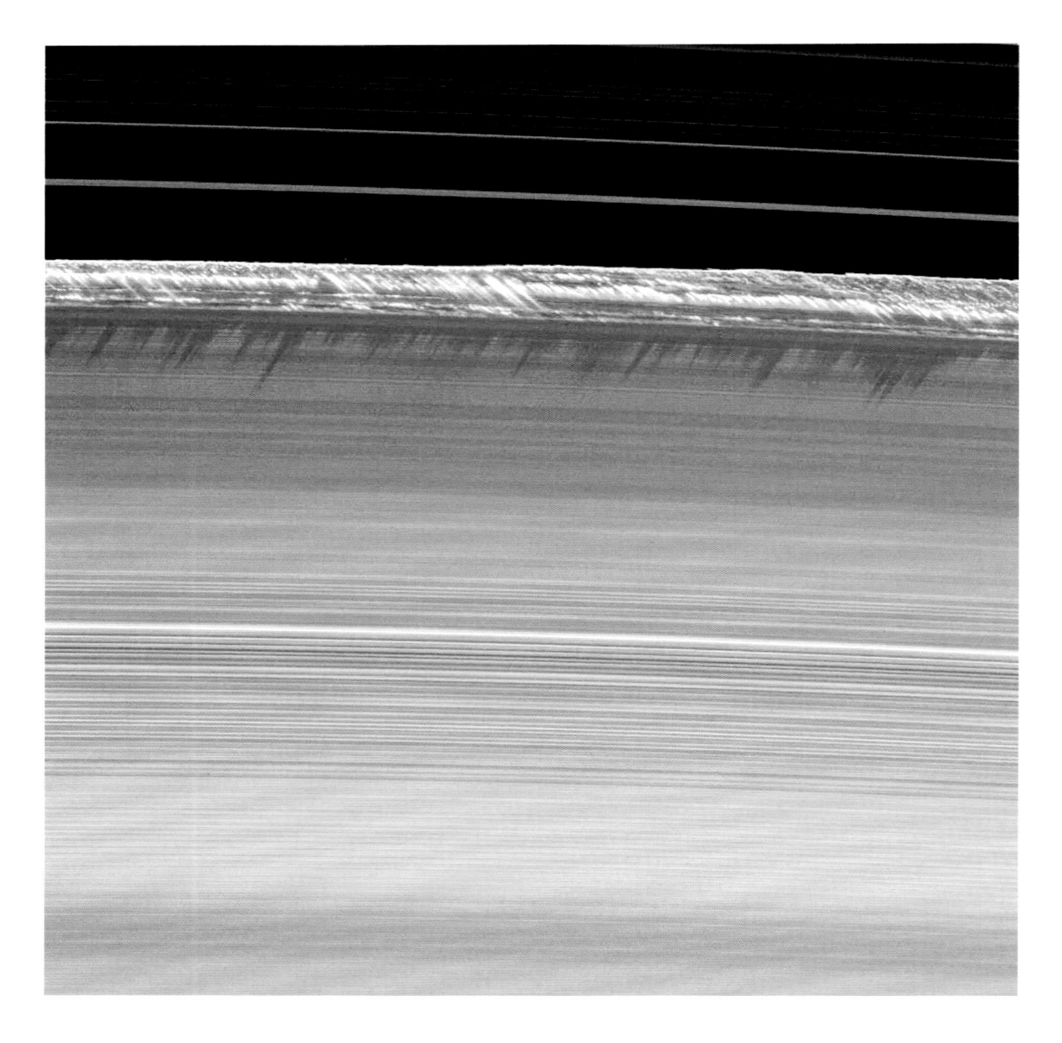

토성의 고리

토성 주변을 에워싼 고리는 굉장히 얇다. 그 두께는 평균 10미터 수준이다. 카시니 탐사선은 토성의 주요 고리 중 하나인 B 고리의 바깥 가장자리에서 고리 입자들이 위아래 수직방향으로 진동하는 모습을 포착했다. 태양빛이 비스듬하게 비치면서 B 고리 위 수직방향으로 진동하는 고리 입자들의 실루엣이 드리워졌다. 마치 해가 저무는 뉴욕 맨해튼의 스카이라인을 보는 듯하다.

호그의 천체

1950년 밤하늘에서 굉장히 동그란 천체가 발견되었다. 노란 중심부 주변에 푸른 별과 먼지 고리가 거의 완벽에 가까운 원을 그린다. 천문학자 아서 앨런 호그가 발견했다고 해서 이 천체를 '호그의 천체'라고 부른다. 하지만 당시 호그도 미처 알지 못했던 사실이 있다. 우연하게도 호그 천체 너머 또 다른 고리 모양의 은하가 먼 거리에 겹쳐 있다. 사진 속 호그 천체의 1시 방향에 또 다른 붉은 고리 은하가 보인다.

태양의 남극 표면

지구의 남극은 지구의 다른 곳에 비해 훨씬 춥지만 태양의 남극은 태양에서 가장 역동적이고 뜨겁다. 이 사진은 2022년 3월 30일, 유럽우주국의 태양 탐사선인 오비터가 태양에 가장 가까이 접근한 지 4일 뒤 포착한 태양 남극의 모습이다. 태양의 남극과 북극은 태양 자기장이 출발하는 곳으로, 태양 표면에서 일렁이고 분출되는 모든 불꽃은 태양의 자기장이 만든 작품이다. 태양의 운명은 자기장에 의해 결정된다. 태양의 자기장이 어떻게 형성되는지를 알기 위해서는 그 발원지인 태양의 남극과 북극을 자세히 봐야 한다. 사진 속 더 밝은 영역은 태양 내부에서 표면 바깥으로 자기장 다발이 뻗어나오며 내부 물질을 표면 위로 끌어올리고 있는 영역이다.

은하단 RCS2 032727-132623

여기 아주 푸짐한 음식이 준비되었다. 접시 가운데 노란 재료는 지구에서 약 50억 광년 거리에 놓인 은하단 RCS2 032727-132623을 구성하는 나이 많은 은하들이다. 그 주변에 훨씬 먼 거리에 있는 배경 은하의 푸른빛으로 만든 소스를 둥글게 발라 장식했다.

4월
1일

사진 속 많은 밝은 점들은 우리은하 안에 속한 훨씬 가까운 별들이다. 그런데 거대한 은하 하나가 별 흉내를 내고 있다. 사진 가운데 주변으로 뿌연 안개가 감도는 듯한 하얀 점을 보라. 이곳은 7500만 광년 거리에 자리한, 화로자리 은하단 중심에서 주변 은하들을 거느리고 있는 거대한 타원은하 NGC 1316이다.

화로자리 은하단,
타원은하 NGC 1316

타란튤라성운

4월 2일

독거미는 더 이상 징그럽지 않다. 이토록 아름다울 수 있다. 제임스 웹이 근적외선카메라를 통해 대마젤란은하에 있는 가장 가깝고 거대한 별 탄생 영역 중 하나인 타란툴라성운을 바라봤다. 사진 가운데에 푸르게 빛나는 어린 별들이 높은 밀도로 모여 성단을 이루고 있다. 이 성단 속 별들의 강렬한 빛으로 주변 먼지구름이 사방으로 불려나가면서 가스구름의 한가운데가 거대하게 텅 비워졌다. 먼지구름은 다시 높은 밀도로 반죽되고, 그 속에서 새로운 별이 연이어 탄생하게 된다. 사방으로 뻗은 가스 필라멘트의 모습을 멀리서 보면 마치 거미가 다리를 펼치고 있는 것 같다. 이곳이 '타란툴라'성운이라고 불리는 이유다. 푸른 성단의 왼쪽에서 노랗게 빛나는 밝은 별은 훨씬 미지근하고 나이가 더 많으며, 제임스 웹 사진 특유의 회절무늬를 뚜렷하게 보여준다.

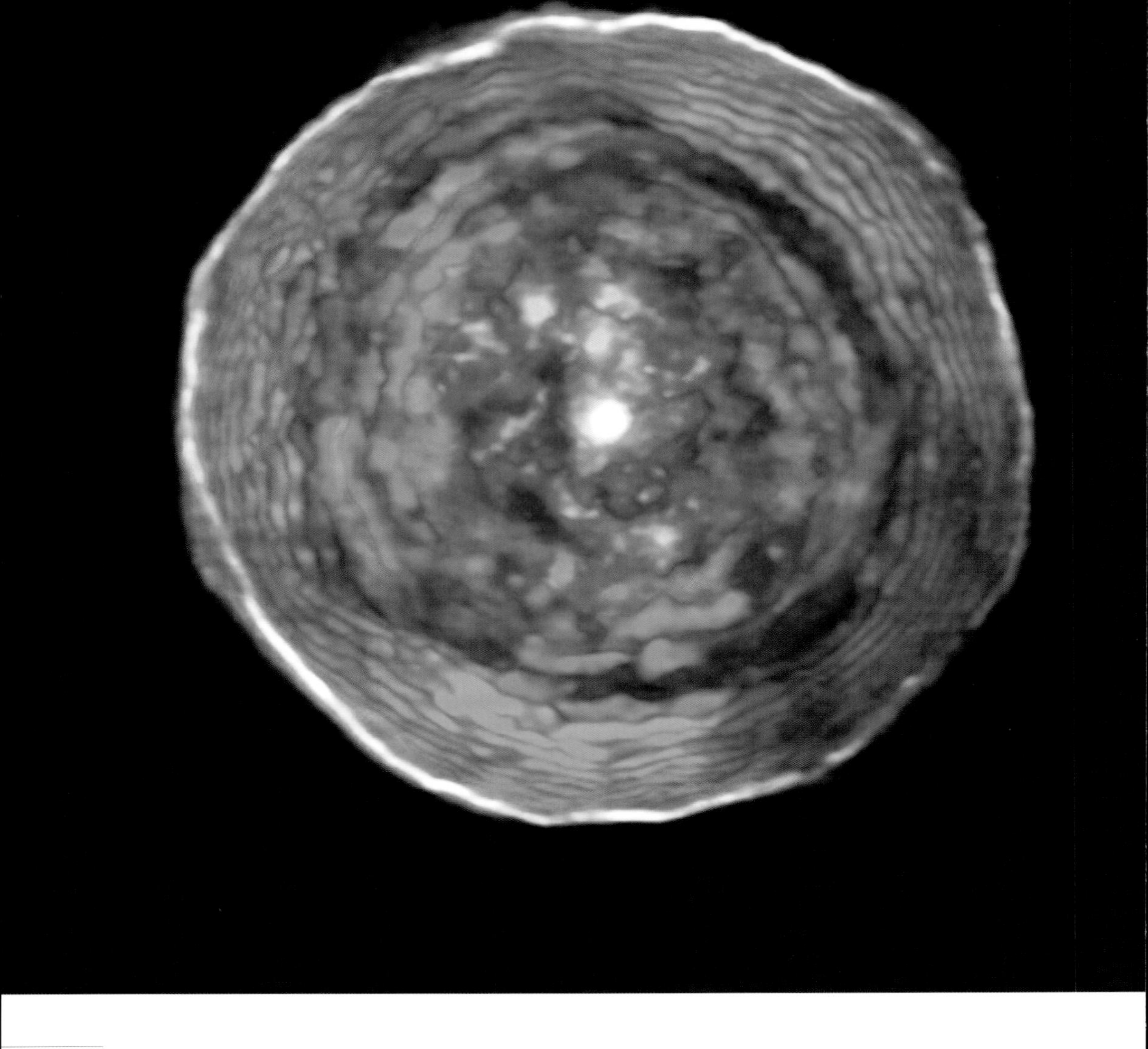

4월
3일

공기펌프자리 U 별

끊기지 않고 완벽한 원을 그리는 무지개를 본 적 있는가? 지구에서는 불가능하다. 대부분의 무지개는 결국 지평선에 닿으면서 끊기기 때문이다. 하지만 여기 정말 완벽하게 이어진 둥근 무지개가 등장했다. 대체 어떻게 이런 완벽한 원형 무지개가 만들어진 걸까?

빛도 움직이면 모습이 달라진다. 광원이 우리를 향해 다가오면서 빛을 내보내면 우리는 원래보다 더 파장이 짧은 푸른빛으로 보게 된다. 반면 광원이 멀어지면서 내보내는 빛을 본다면 원래보다 더 파장이 긴 붉은빛으로 보게 된다. 이것은 앰뷸런스가 다가왔다가 멀어지는 동안 사이렌 소리가 날카로운 고음(파장이 짧을 때)에서 느린 저음(파장이 길 때)으로 바뀌어 들리는 것과 같은 원리다. 이를 물리학에서는 '도플러 효과'라고 한다. 이러한 도플러 효과를 활용하면 현재 천체가 어떤 방향으로 이동하고 있는지를 파악할 수 있다.

이 사진은 남쪽하늘 공기펌프자리 U 별을 관측한 것이다. 이 별은 불안정한 진화 시기를 겪으면서 주변으로 자신의 외곽물질을 둥글게 불어낸다. 그리고 중심의 별이 여러 겹의 둥근 먼지 껍질로 에워싸여 있다. 천문학자들은 별을 감싼 먼지 껍질이 각각 어떤 방향으로 퍼져나가고 있는지를 확인하기 위해 도플러 효과를 활용했다. 그리고 그 결과를 시각적으로 사진에 표현했다. 사진의 가운데 푸른 영역은 먼지 껍질이 지구 쪽으로 다가오는 것을 의미한다. 먼지 껍질이 둥글게 팽창하면서 입체적으로 봤을 때 앞쪽 부분이 지구 쪽으로 다가오고 있기 때문이다. 반면 가장자리의 붉은 영역은 중심 별에서 먼지 껍질이 빠르게 멀어지고 있다는 것을 보여준다. 하나의 먼지 거품 속에서 다가오는 쪽과 멀어지는 쪽이 한데 어우러지면서 도플러 효과의 아름다운 무지개가 만들어졌다.

목성과 위성들

목성에도 고리가 있다. 토성에 비해 너무 얇고 희미해서 보기 어려울 뿐이다. 이전까지는 목성에 직접 방문했던 갈릴레오 탐사선과 주노 탐사선을 통해서만 목성의 희미한 고리를 확인할 수 있었다. 그런데 제임스 웹은 직접 목성에 가지 않고도 고리의 존재를 보여주었다. 사진 속 목성의 남극부터 북극까지, 좌우로 길게 흐르는 아름다운 구름 띠를 선명하게 볼 수 있다. 목성의 남반구 오른쪽에는 하얗고 거대한 소용돌이가 있는데, 이것은 태양계에 존재하는 가장 거대한 태풍 '대적점'이다. 이 태풍의 지름은 약 1만 6350킬로미터로, 지구 지름보다 더 크다. 태풍 하나 안에 지구가 쏙 들어가는 셈이다. 처음 발견 당시 이 대적점은 훨씬 더 크고 찌그러진 타원 형태였으나 지난 수십 년간 서서히 크기가 작아지고 둥근 원에 가까운 형태로 변하고 있다. 이런 거대한 태풍이 어떻게 수백 년 넘게 사라지지 않고 유지될 수 있는지, 태풍 속 구름의 색깔이 왜 붉은색인지는 아직 풀리지 않은 수수께끼다.

목성의 남극과 북극에서 밝게 아른거리는 빛이 보인다. 목성의 강한 자기장으로 인해 극지방에서 만들어진 오로라의 흔적이다. 특히 목성의 남극에 더 선명하고 밝게 보이는 영역이 있다. 이것은 목성의 가장 큰 4대 위성 중 하나인 이오 위성이 만든 흔적이다. 이오는 표면이 화산으로 덮인 화산 위성으로, 표면에서 분출된 화산 물질이 목성의 자기장을 따라 목성의 남극으로 흘러가면서 더 강한 빛을 만들어낸다. 사진 속 목성의 왼쪽에는 아주 작은 두 위성 아말테아와 아드라스테아가 보인다. 현재까지 목성 곁에서만 95개의 위성이 발견되었다.

초신성 잔해
카시오페이아 A

제임스 웹이 초신성 잔해 카시오페이아 A를 바라봤다. 수명을 다한 별이 폭발과 함께 사라지면서 우주 공간에 황, 산소, 아르곤과 같은 원소로 이루어진 가스구름을 토해냈다. 폭발의 충격파로 가스구름이 밀려나면서 높은 밀도로 반죽된 필라멘트를 볼 수 있다. 지금도 이 잔해는 사방으로 넓게 퍼져나가고 있다. 불이 갓 꺼진 캠프파이어 주변처럼, 사라진 초신성의 빈자리 주변에 뿌연 연기가 자욱하다.

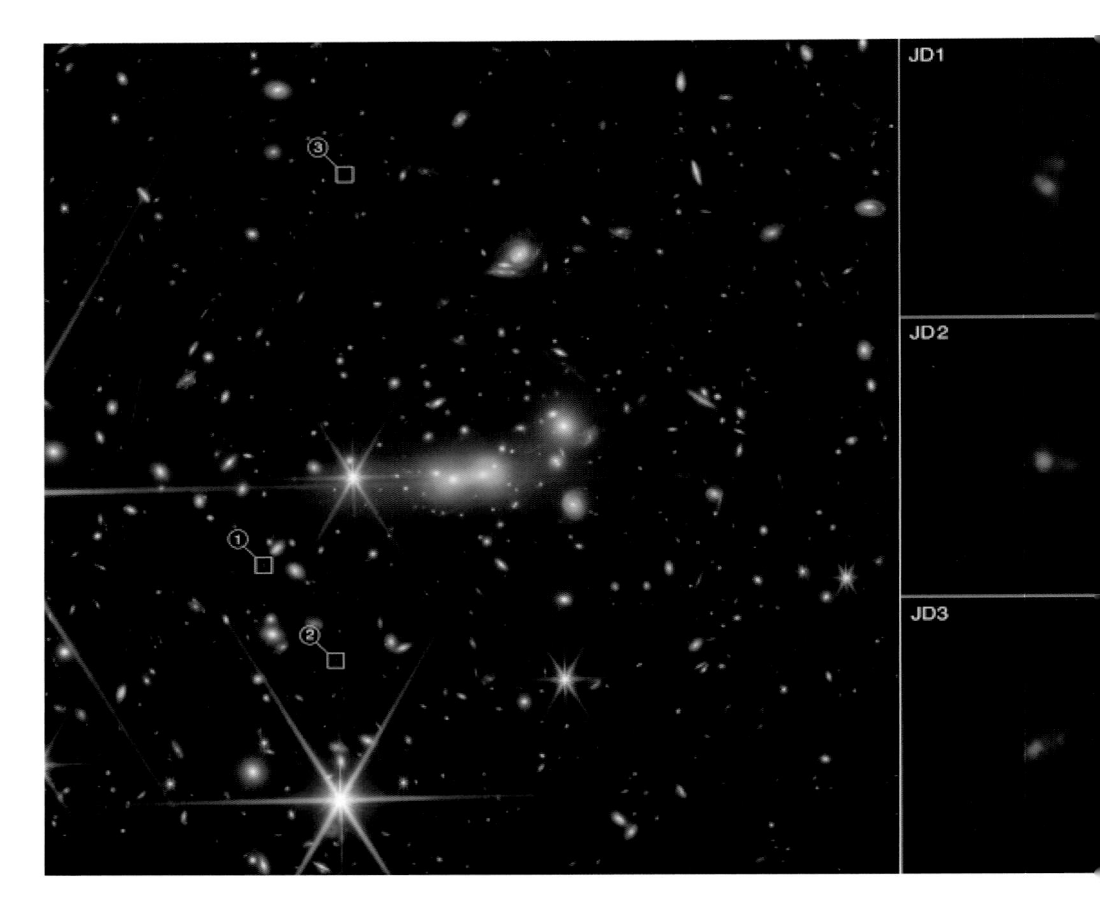

은하단 MACS0647 딥필드

이 사진은 제임스 웹의 근적외선카메라로 은하단 MACS0647 방향의 하늘을 담은 것이다. 노랗게 빛나는 은하단의 육중한 중력으로 인해 주변 시공간이 왜곡되어서 더 먼 배경 은하들의 허상도 볼 수 있다. 천문학자들은 이 은하단의 중력렌즈가 만들어낸 먼 우주의 허상 세 개를 발견했다. 사진 속에서 ① JD1, ② JD2, ③ JD3은 전혀 다른 위치에서 보이지만 놀랍게도 이들은 모두 같은 천체다. 이처럼 중력렌즈 효과가 벌어지면 머나먼 배경 천체의 허상이 한 곳이 아닌 이곳저곳에서 여러 개 나타나기도 한다. 세 허상 모두 상대적으로 조금 더 밝은 빛의 얼룩과 그 옆에 더 희미한 빛의 얼룩을 보인다. 앞서 허블 우주망원경으로 동일하게 이곳을 관측했을 때는 단순하게 하나의 얼룩으로 뭉쳐 보였지만, 제임스 웹으로 촬영한 이 사진은 사실 이곳이 크고 작은 두 개의 원시은하가 충돌하고 있는 현장일 수 있다는 가능성을 보여준다. 일부 천문학자들은 밝은 빛보다 그 옆의 더 희미한 얼룩이 이 은하에 있는 덩치 큰 성단일 가능성도 고려하고 있다.

남쪽고리성운

먼 미래에 태양이 죽으면 어떤 모습이 될까? 그 힌트를 이곳에서 찾을 수 있다. 제임스 웹이 약 2000광년 거리에 있는 남쪽고리성운을 바라봤다. 오래전 태양 정도의 질량을 갖고 있던 별이 죽으면서 남긴 장엄한 현장이다. 별의 핵융합 연료가 고갈되면서 별 내부는 붕괴했고, 그 반동으로 인해 별의 외곽을 덮고 있던 가스 껍질이 빠르게 사방으로 퍼졌다. 외곽층이 벗겨지면서 그 중심에 숨어 있던 별의 핵이 드러났다. 뜨겁지만 크기가 너무 작아서 희미하게 빛나는 별인 백색왜성이다. 또한 이곳의 별 잔해는 약간 찌그러진 타원 모양으로 퍼지고 있다. 가스 필라멘트 한 가닥이 우연히 그 가운데를 가로질러 지나가는데, 마치 8자 모양처럼 보인다는 뜻에서 이 성운을 팔렬성운이라고도 부른다. 사진의 왼쪽을 잘 보면 성운 외곽의 붉은 가스 필라멘트 너머 먼 거리에 숨어 있는 얇은 은하가 겹쳐 보인다. 원래는 둥글고 납작한 원반은하지만 거의 옆에서 누운 방향으로 보고 있기 때문에 얇게 보인다. 마치 은하가 바늘처럼 성운에 꽂힌 것 같다.

용골자리성운

신화 속 영웅과 신들은 밤하늘에 올라가 별자리가 된다. 밤하늘을 사랑하는 사람이라면 한 번쯤 나만의 별자리를 꿈꿨을 것이다. 그런데 그 꿈을 이룬 사람이 있다. 심지어 단순히 점 몇 개만 엉성하게 연결해놓고 마음의 눈으로 봐야만 보이는 별자리 수준이 아니다. 거대한 성운이 통째로 그의 얼굴과 똑 닮았다. 왼쪽 사진은 용골자리 방향으로 7600광년 거리에 있는 용골자리성운이다. 사람들은 이 둥근 가스구름의 윤곽을 보고 노벨문학상을 수상한 칠레 출신의 시인 가브리엘라 미스트랄의 얼굴을 떠올렸다. 옆에 있는 그의 얼굴과 비교해 보자! 정말 닮았는가?

화성 표면의
크리스마스 코브

화성 위에 젖은 낙엽이 한 장 떨어져 있는 걸까? 물론 화성에는 낙엽을 떨어뜨릴 나무도, 낙엽을 적실 만한 물도 없다. 화성 표면은 산화 철을 머금은 적철석으로 이루어져 있어서 화성이 붉게 물들었다. 큐리오시티 탐사선이 주변만큼 적철석 함량이 높지 않은 것처럼 보이는 암석을 하나 발견해 탐사선에 탑재된 먼지 제거 장치를 이용해서 암석을 덮은 모래 먼지를 살며시 닦아냈다. 그러자 그 아래 숨어 있던 붉은 암석이 드러났다. '크리스마스 코브'라는 별명으로 불리는 이 암석은 산화철을 머금고 있어서 붉고 짙은 보랏빛으로 물들어 있다.

화성의
블루베리 돌멩이

2004년 4월 오퍼튜니티 탐사선이 화성 표면에서 돌멩이를 발견했다. 여기서 이상한 점을 발견할 수 있는가? 그렇다. 지구에서 흔히 볼 수 있는 돌멩이가 화성에도 있다! 사진 속 돌멩이들은 부드럽고 둥근 모양이다. 보통 지구에서 돌멩이가 이렇게 둥근 모양을 갖기 위해서는 강이나 바다에서 물에 떠밀려 계속 굴러다니면서 마모되는 풍화와 침식을 겪어야만 한다. 그런데 분명 지금의 화성에는 강도 바다도 존재하지 않는다. 거친 파도도, 거센 바람도 없다. 지구에서만큼 강한 풍화와 침식을 기대할 수 없지만 분명 화성에는 약 3센티미터 크기의 크고 작은 둥근 몽돌들이 있다. 이것은 비록 지금은 화성에 물이 없지만 먼 과거에는 부드러운 몽돌을 깎을 수 있을 만큼 강과 바다가 존재했다는 것을 보여주는 가장 강력한 증거가 될 수 있다. 천문학자들은 화성에 존재하는 부드러운 몽돌이 블루베리 같다고 해서 '블루베리 돌멩이'라고 부른다.

제임스 웹의 테스트 컷

연습 삼아 찍어본 테스트 컷만으로도 감동을 줄 수 있을까? 2022년 4월 11일, 제임스 웹은 주경을 이루는 18개의 조각거울들을 정렬했다. 각 거울이 완벽하게 정렬되어야 거대하고 매끄러운 하나의 거울처럼 별빛을 모을 수 있으므로 천문학자들은 거울의 정렬 상태를 확인하기 위해 연습 삼아 밝은 별을 관측했다. 사진 가운데 밝게 빛나는 별은 약 2000광년 거리에 놓인 우리은하 속 별 2MASS J17554042+6551277이다. 별이 하나의 점으로 선명하게 보인다. 거울이 완벽하게 모두 정렬되었다는 뜻이다. 별 주변에 여덟 방향으로 뻗어나가는 긴 회절무늬도 보인다. 자세히 보면 더 긴 회절무늬가 사방에 여섯 개, 짧은 회절무늬가 양옆에 두 개 보인다. 긴 회절무늬는 제임스 웹의 거울이 육각형 모양이어서, 짧은 회절무늬는 작은 거울 부경의 지지대가 거울 일부를 가리면서 만들어진 것으로, 망원경의 거울 형태 때문에 어쩔 수 없이 생기는 현상이다. 이 회절무늬는 제임스 웹이 찍은 모든 사진에서 볼 수 있다. 제임스 웹이 자신의 모든 작품에 남기는 일종의 낙관인 셈이다. 이 사진에는 가운데 별 말고도 더 놀라운 것이 함께 찍혔다. 주변 배경 우주 속에 있는 아주 많은 은하들이다. 모두 수천만 수억 광년 이상 먼 거리에 떨어진 배경 은하들이다. 허블 우주망원경으로 찍은 허블 딥필드 속의 먼 은하들과 같다. 허블은 당시 딥필드를 찍기까지 무려 6개월 가까운 시간 동안 틈틈이 빛을 모아야 했다. 망원경이 빛을 담은 전체 노출 시간만 합해도 100만 초나 된다. 그런데 이 첫 테스트 컷을 찍기 위해 제임스 웹은 겨우 2100초 동안만 빛을 모았다. 물론 허블 딥필드 때처럼 본격적으로 먼 배경 우주를 제대로 찍은 것은 아니기 때문에 사진에 찍힌 배경 은하들의 수는 적다. 하지만 허블이 100만 초나 빛을 받고 나서야 볼 수 있었던 배경 은하의 모습을 제임스 웹은 단 2100초, 35분 만에 확인한 셈이다.

아폴로 16호 미션
파노라마 사진

1972년 4월 12일, 아폴로 16호 미션 동안 촬영한 파노라마 사진이다. 사진의 오른쪽에 달 착륙 모듈이 서 있다. 그 왼쪽에는 우주인 존 W. 영이 달 표면에 설치하기 위해 아폴로 달표면실험패키지ALSEP를 월면차에서 내리고 있다. 그 왼쪽에는 달에 꽂힌 성조기가 서 있다. 깃발은 펄럭이는 게 아니다. 주름진 채 그 모습 그대로 빳빳하게 걸려 있을 뿐이다. 달에서는 지구와 달리 대기가 없기 때문에 먼 배경의 지평선도 선명하게 보인다. 달 표면 위에 월면차가 돌아

다니면서 만든 바퀴 자국이 남아 있다. 또한 뒷배경 하늘에서 별이 보이지 않는 이유는 흰 먼지로 덮인 달 표면이 워낙 밝게 보이기 때문이다. 만약 굳이 뒷배경 하늘의 별을 찍기 위해 무리하게 카메라의 노출 시간을 늘렸다면 지나치게 밝은 달 자체의 빛으로 인해 사진이 타버렸을 것이다. 달 표면에 반사된 태양빛이 너무 밝아서 태양을 등지고 있는 달 착륙선 모듈의 그림자 진 부분까지 비친다.

소용돌이은하 M51

1889년 5월의 어느 여름날, 프랑스 남부의 작은 도시 생 레미에 위치한 정신병원으로 한 남자가 찾아왔다. 극심한 우울증으로 고생하고 있던 그는 그림 그리는 가난한 화가, 반 고흐였다. 고흐는 병원에 입원하기 전, 우연히 접한 한 천문학자의 삽화에 매료되어 있었다. 병원에 머무는 동안에도 이 천문학자의 그림들을 계속 바라보며, 병실의 좁은 창문 바깥의 우주를 상상했다. 고흐를 위로해주었던 건 바다 건너 아일랜드의 천문학자 윌리엄 파슨스가 그린 성운의 그림들이었다. 당시 파슨스는 자신이 직접 만든 거대한 망원경으로 하늘에서 아름답게 소용돌이치는 천체들의 모습을 자세히 기록했다. 대표적으로 거대한 소용돌이 옆에 또 다른 작은 빛 얼룩이 붙어 있는 은하 M51이 있다. 이 은하는 그 모습에 걸맞게 소용돌이은하라고도 부른다. 병원에서 고흐는 자신을 매료시킨 파슨스의 삽화를 떠올리며 정말 우주가 그의 삽화처럼 소용돌이치는 세계일지 모른다고 생각했다. 고흐는 자신이 느낀 경이로움을 캔버스에 담았다. 높이 솟은 사이프러스 나무 위로 금성과 초승달의 빛이 아름답게 소용돌이치는 풍경을 그렸다. 바로 우리가 고흐 하면 가장 먼저 떠올리는 역작 〈별이 빛나는 밤〉이다. 사실 이 이야기는 일부 천문학자와 물리학자들 사이에서 나오는 추측 중 하나지만 단순한 우연이라기에는 고흐의 그림 속 소용돌이 패턴이 소용돌이은하와 많이 닮았다. 물론 고흐는 자신이 본 삽화에 담긴 천체가 우리은하 바깥의 거대한 또 다른 은하라는 사실도, 또 그 은하들이 시간이 흐르면서 우리에게서 멀어지며 결국 영원한 어둠 속으로 사라질 것이란 사실도 알지 못했다.

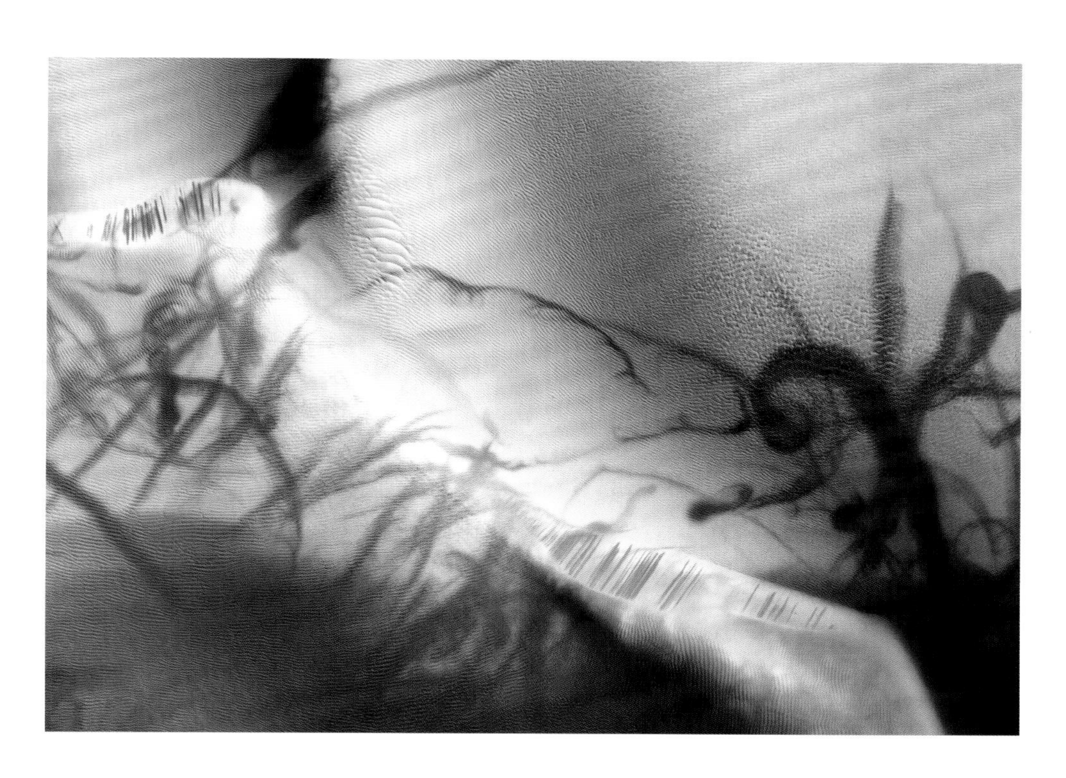

화성 표면의 사구

화성의 쇄골 위에 누군가 아름다운 헤나를 남겼다.

4월 15일

오리온성운

행성이라고 하면 어떤 이미지가 떠오르는가? 태양계 행성들이 태양 주변을 맴돌듯이 밝게 빛나는 별 곁에 붙잡힌 암석이나 가스 덩어리의 모습이 떠오른다. 하지만 오리온성운에서는 이러한 우리의 고정관념이 무너진다. 이 사진은 제임스 웹으로 바라본 오리온성운이다. 천문학자들은 어린 별들이 높은 밀도로 모여 있는 트라페지움성단 주변에서 놀라운 것을 목격했다. 그 어떤 별 곁에도 붙잡히지 않은 채 홀로 오리온성운 속 공간을 떠도는 떠돌이 행성들이 무더기로 발견된 것이다. 이들은 목성 정도의 질량을 가진 가스 덩어리다. 그중 40개는 혼자가 아닌 쌍을 이룬 채 떠도는 경우도 있다. 천문학자들은 이러한 천체에 목성 질량의 쌍천체Jupiter Mass Binary Objects라는 뜻에서 '점보JUMBO'라는 이름을 지어주었다. 하늘을 나는 거대한 코끼리 점보 주니어(덤보)처럼 이들도 육중한 질량을 가진 채 우주를 떠돌고 있다. 아마 이들도 원래는 태양계 행성들처럼 어떤 별 곁에 붙잡혀 있었으나 주변을 지나가는 다른 별과의 중력 상호작용으로 인해 궤도를 벗어나면서 홀로 우주를 떠돌게 되었을 것이다. 일부는 원래부터 작은 가스구름 속에서 홀로 반죽되어 만들어진 떠돌이 행성일 가능성도 있다.

추류모프-게라시멘코 혜성

로제타 탐사선에 탑재된 오시리스 카메라로 촬영한 추류모프-게라시멘코 혜성 표면의 아주 세밀한 모습이다. 로제타는 혜성 주변에서 아주 크게 찌그러진 타원 궤도를 그리며 맴돌았다. 혜성에 가장 가까이 접근하는 순간, 혜성 표면에서 겨우 2.1킬로미터 거리에서 사진을 찍었다. 혜성의 검은 표면에서 크고 작은 돌멩이들이 보인다.

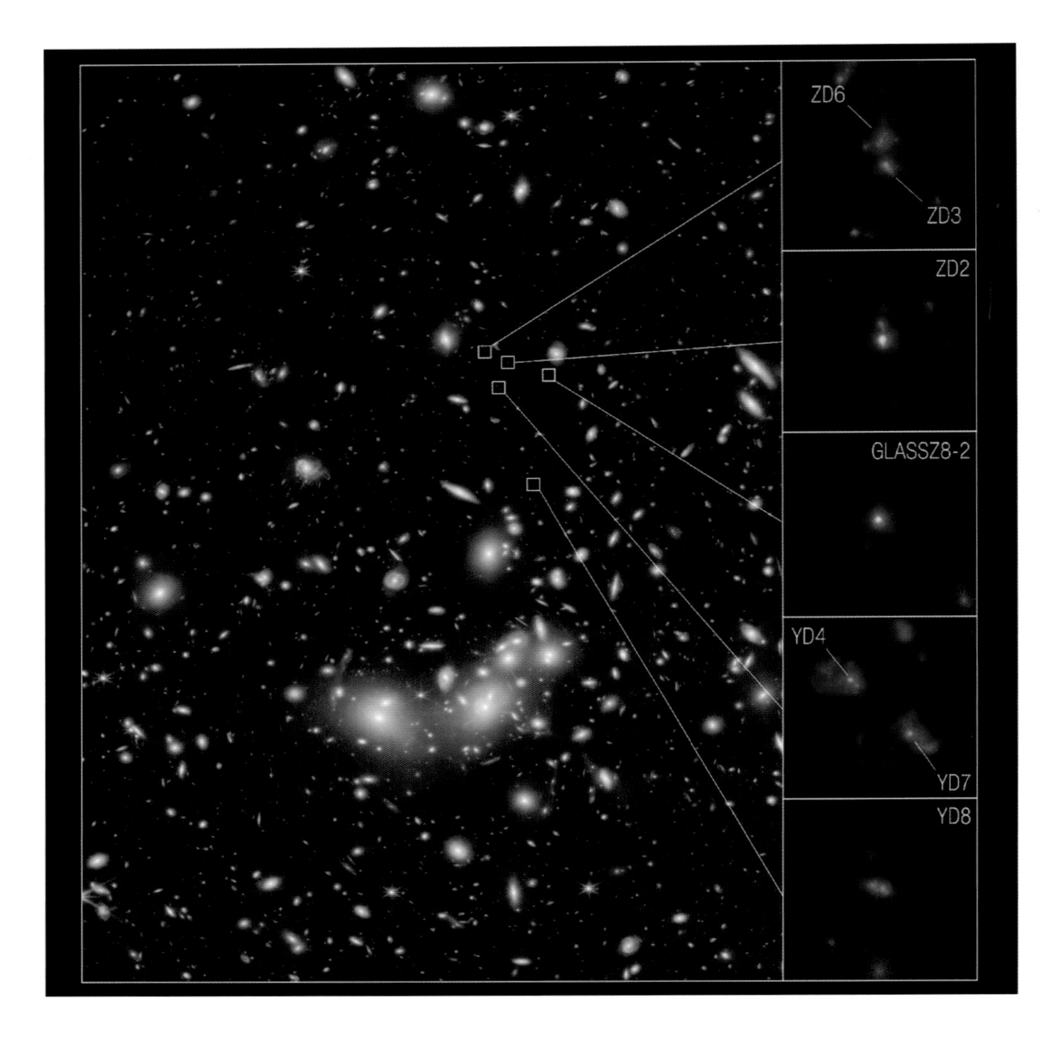

판도라은하단
Abell 2744

사람과 마찬가지로 별은 외로움을 싫어한다. 서로의 중력으로 함께 모여 거대한 별 무리인 성단을 이룬다. 외로움을 싫어하는 우주의 본능은 더 거대한 스케일에서도 마찬가지다. 은하들도 수백 수천 개가 모여 은하단을 이룬다. 제임스 웹은 빅뱅 이후 겨우 6억 5000만 년이 지난 시점부터 은하들이 함께 모여 살기 시작했다는 증거를 발견했다. 판도라은하단을 찍은 이 사진에서 유독 비슷한 방향에 모여 있는 흐릿한 은하 일곱 개를 포착했다. 더 흥미로운 사실은 이들이 모두 비슷한 거리에 놓여 있다는 점이다. 발견된 은하 일곱 개는 오늘날 가까운 거리에 놓인 거대 은하단 속 은하의 개수에 비하면 훨씬 적다. 이 사진은 거대한 은하들의 메트로폴리탄이 완성되기 한참 전, 이웃한 은하들이 하나둘 모여들어 은하의 작은 마을이 시작되는 순간을 포착한 것이다.

은하 Arp 220

약 7억 년 전, 거대한 두 나선은하가 서로의 중력에 이끌려 충돌하기 시작했다. 각 은하의 가스물질이 한데 뒤섞이면서 폭발적인 별 탄생이 이어졌다. 지금은 두 은하가 거의 하나로 반죽되어 따로 구분하기 어렵다. 이 충돌 현장은 2억 5000만 광년 거리에 있는 Arp 220 은하다. 충돌 현장의 한가운데 약 5000광년 너비에 걸쳐 높은 밀도로 어린 별들이 모인 거대한 성단 200여 개가 분포한다. 범위는 우리은하 지름의 5퍼센트에 불과하지만 그 좁은 영역 안에 밀집된 가스물질의 양은 우리은하가 품은 가스 전체에 맞먹는다. 한꺼번에 태어났던 어린 별들은 죽음도 비슷한 시기에 맞이했다. 이 은하의 너비 500광년도 안 되는 좁은 영역 안에서 100개가 넘는 초신성이 폭발했다.

빈번한 별의 탄생과 초신성 폭발로 인해 은하를 가득 채운 가스물질이 아주 밝게 달궈져 강렬한 적외선을 내뿜는다. 태양에 비해 수조 배나 더 밝은 적외선이다. 이처럼 적외선 파장에서 유독 많은 에너지를 방출하는 은하를 발광적외선은하ULIRG라고 한다. 특히 적외선으로 우주를 보는 제임스 웹에 이러한 천체는 아주 탐나고 눈부신 타깃이다. 사진 속 한가운데 선명하게 남은 여섯 방향의 회절 잔상이 그 강렬함을 더한다.

화성에 추락한 퍼서비어런스 탐사선의 잔해

화성에 추락한 UFO일까? 아니다. 이것은 인간이 보낸 화성 탐사선의 잔해다. 2021년 2월 18일, 화성에서 생명체의 흔적을 찾기 위해 퍼서비어런스 탐사선이 착륙했다. 그 과정에서 착륙선을 담은 캡슐과 낙하산은 분리되어 화성 표면에 버려졌다. 퍼서비어런스에는 특별한 손님이 함께 타고 있었다. 역사상 처음으로 지구가 아닌 화성의 하늘을 비행하는 것을 시도한 작은 헬리콥터 인제뉴어티다. 인제뉴어티는 몇 번의 시도 끝에 성공적으로 화성의 하늘을 날았다. 이 사진은 2022년 4월 19일, 인제뉴어티가 스물여섯 번째 비행을 하면서 퍼서비어런스가 남긴 잔해 주변을 지나갈 때 촬영한 사진이다. 사진 아래쪽으로 부서진 캡슐과 멀리 왼쪽 위로 빨간색과 흰색으로 칠해진 낙하산이 보인다. 이제 인류는 지구뿐 아니라 다른 행성에도 쓰레기를 버리고 있다.

라그랑주 2(L2)
포인트를 향해 가는
제임스 웹

라그랑주2(L2) 포인트에서 궤도를 도는 망원경은 제임스 웹이 처음이 아니다. 이미 앞서 2013년 가이아 우주망원경이 L2 포인트에 도착했다. 가이아는 지구와 함께 태양을 중심으로 큰 궤도를 그리면서 우리은하 속 수십억 개 별들의 정확한 거리와 움직임을 관측하고 있다. 가이아가 L2 포인트에 도착한 지 9년이 지나고 나서야 가이아의 외로움을 달래줄 새로운 친구 제임스 웹이 찾아왔다. 먼저 L2 포인트를 중심으로 궤도를 돌고 있던 가이아가 뒤이어 도착한 제임스 웹을 바라봤다. 제임스 웹의 위치는 녹색 화살표로 표시되어 있다. 멀리 크고 작은 별들을 배경으로 제임스 웹이 희미하게 보인다. 우주망원경들끼리 반가운 눈맞춤을 했을 것이다. 이 사진은 제임스 웹이 예정대로 L2 포인트 주변 궤도에 무사히 도착했다는 것을 보여주는 인증샷이기도 하다. 물론 실제로 가이아와 제임스 웹은 아주 멀리 떨어져 있다. 두 우주망원경이 서로 부딪칠 걱정은 할 필요 없다.

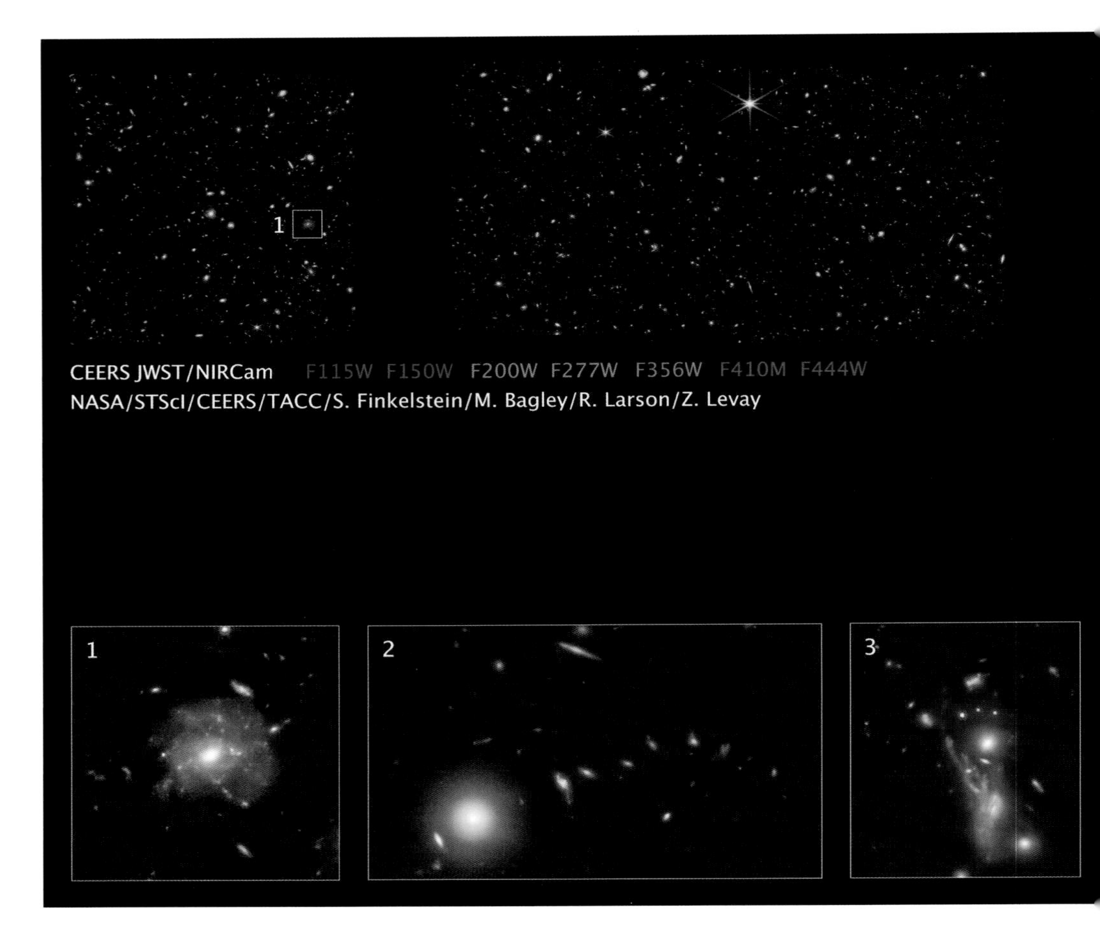

제임스 웹
CEERS 딥필드

제임스 웹으로 진행되고 있는 가장 대표적인 관측 프로젝트 중 하나로 우주진화조기방출과학CEERS이 있다. 지구 하늘에서 보이는 보름달이 통째로 들어가고 남을 정도로 넓은 영역의 하늘에서 딥필드를 완성할 계획이다. 우리에게 익숙한 허블 우주망원경의 울트라 딥필드가 보름달 면적의 50분의 1 정도에 해당하는 영역을 담았는데, 이보다 더 거대하고 넓은 하늘에서 더 깊고 먼 우주의 빛까지 담는 계획이 진행 중이다. 이 새로운 딥필드를 완성하기 위해 제임스 웹은 북두칠성의 국자 손잡이 모양 부근의 밤하늘을 겨냥했다. 겨우 단 하루 동안 빛을 모아 관측한 총 690여 장의 프레임에 담긴 밤하늘에는 놀라운 은하들이 가득 담겼다. 그중에는 무려 134억 년 전의 모습을 간직하고 있는 빅뱅 직후 초기 은하의 모습이 담겨 있다. 우주진화조기방출과학 프로젝트를 이끌고 있는 천문학자 스티븐 핀켈스타인은 이 은하에 딸의 이름을 붙여 '메이시의 은하'라는 이름을 지어주었다. 천문학자인 아빠가 딸에게 해줄 수 있는 가장 멋진 선물이었을 것이다. 이 광활한 사진 속에는 또 다른 흥미로운 은하들이 숨어 있다. 한번 찾아보자.

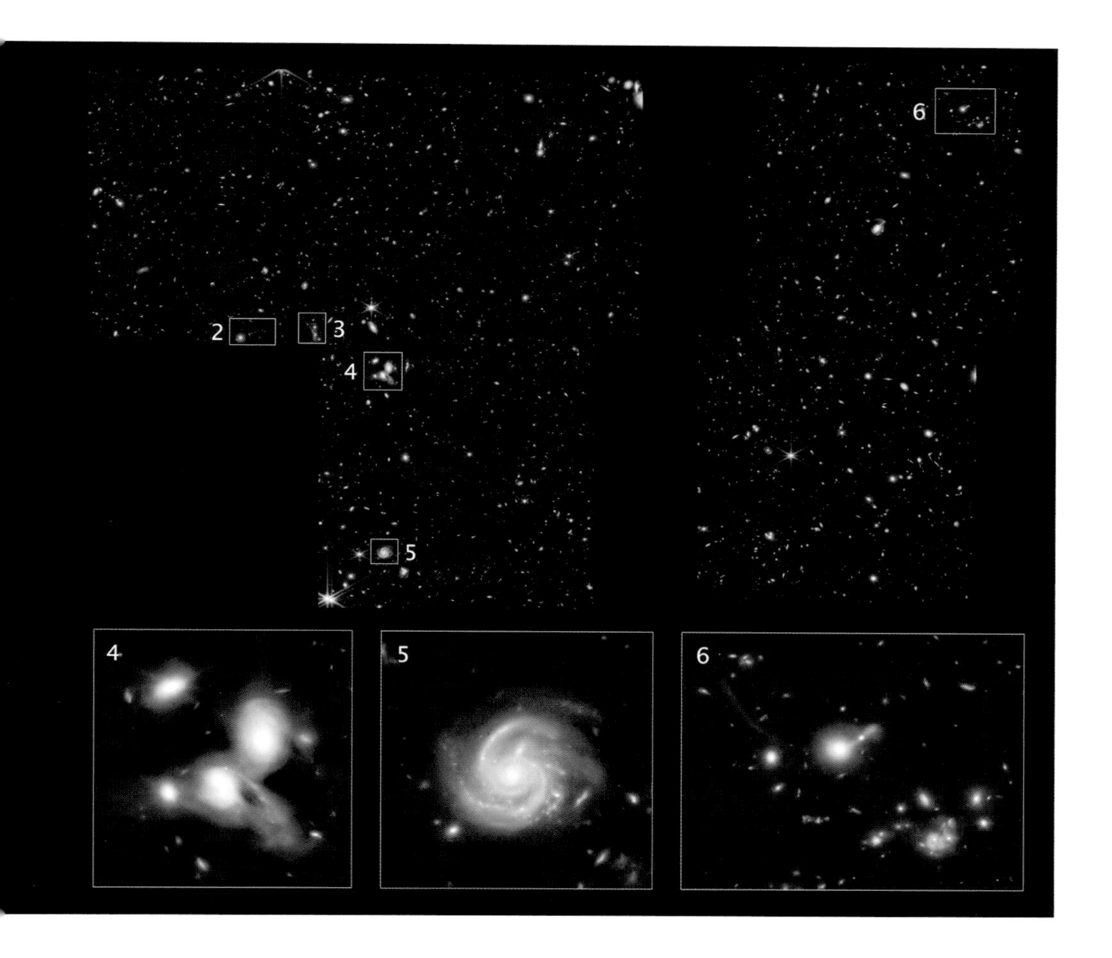

숨은 은하 찾기:
1. 푸른 장미
2. 먹이를 먹는 팩맨
3. 크라켄
4. 체리
5. 솜사탕
6. 올챙이

4월
22일

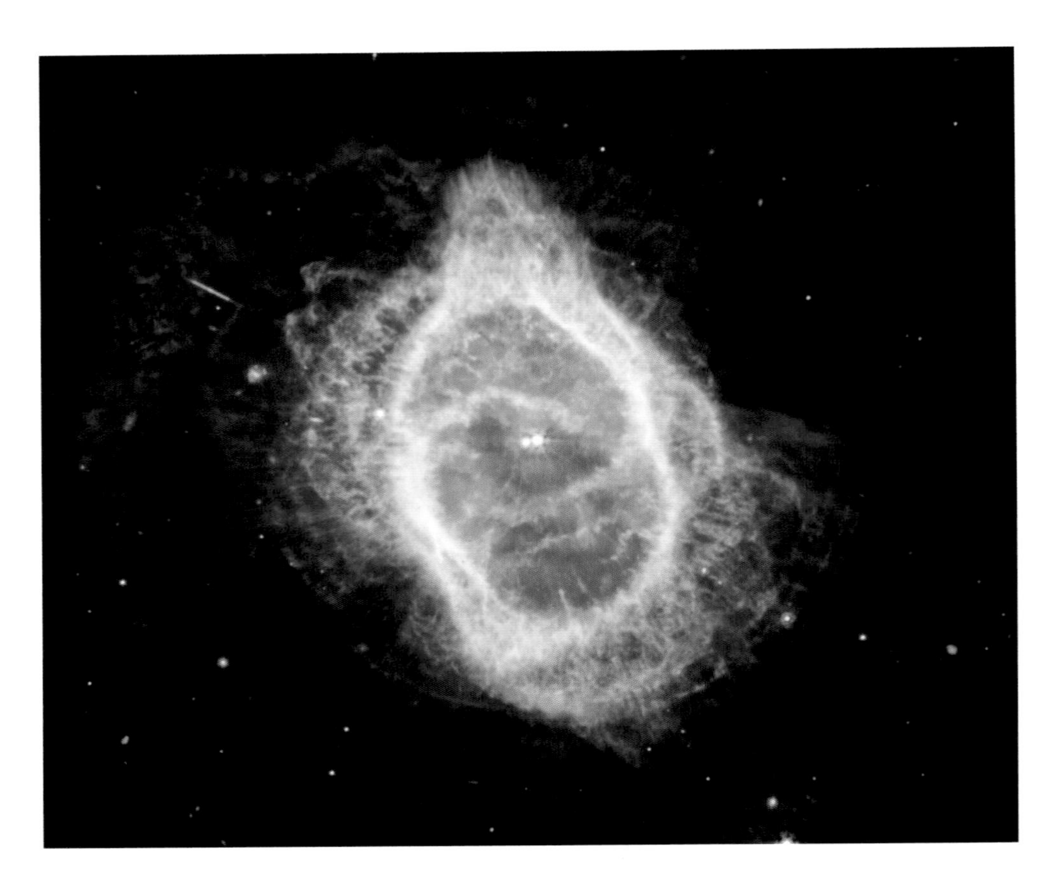

남쪽고리성운

제임스 웹이 중적외선기기를 통해 죽어가는 별을 감싼 가스구름을 들여다봤다(4월 7일 참고). 성운 속에 숨어 서서히 죽음을 맞이하고 있는 백색왜성의 모습이 드러났다. 사진 가운데에 주황색 별과 흰색 별이 보인다. 얼핏 보면 오른쪽의 흰색 별이 이 성운을 만들고 죽은 백색왜성이라고 생각할지 모르지만 그렇지 않다. 백색왜성은 왼쪽에 있는 주황색 별이다. 백색왜성은 느리게 죽어가는 별이기 때문에 계속 그 주변에 가스물질을 내뿜고, 백색왜성을 감싼 먼지구름이 미지근하게 달궈지면서 조금 더 붉은 적외선 빛을 방출한다. 그래서 백색왜성은 이름과 다르게 주황색으로 보인다. 반면 오른쪽에 있는 흰색 별은 아직 활발하게 핵융합을 하고 있는 동반성이다. 옆에서 천천히 죽어가는 별을 바라보고 있다. 이미 죽어버린 별과 아직 살아 있는 별. 둘을 헷갈리지 말자.

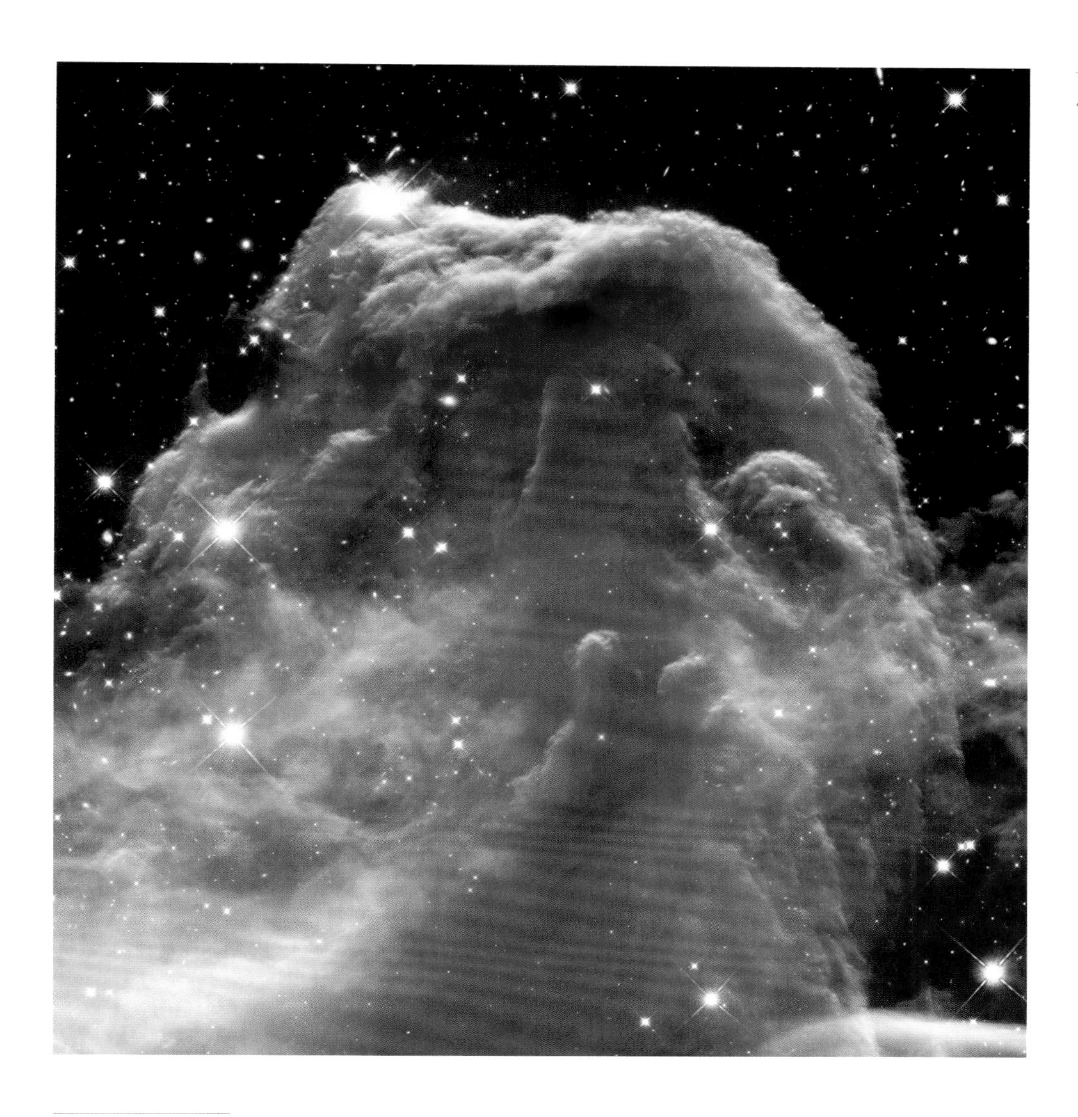

말머리성운

체스판 위의 나이트 말을 똑 닮은 거대한 우주 먼지기둥이 솟아 있다. 말머리성운이라 불리는 이 먼지기둥에서는 말의 목젖부터 정수리까지가 무려 4광년 거리에 이른다.

인사이트 착륙선의 태양광 패널

화성을 탐사하는 로버들에 가장 치명적인 재앙은 화성에서 부는 먼지바람이다. 모든 탐사 로버들은 화성의 하늘에 비치는 태양빛으로 전력을 충전하는데, 탐사 로버의 태양광 패널에 먼지가 쌓이면 충전 효율이 빠르게 떨어진다. 2018년 화성에 착륙했던 인사이트 탐사선도 화성의 먼지바람을 피하지 못했다. 2022년 4월 24일 화성에서 1211일째를 맞이하던 날, 인사이트는 양옆의 태양광 패널에 붉고 고운 화성의 먼지가 쌓이고 있음을 확인했다. 안타깝게도 이 먼지를 치울 방법이 없었다. 천문학자들은 그저 또다시 새로운 바람이 지나갈 때 쌓여 있는 먼지가 함께 날아가기만을 기다렸다. 하지만 이 먼지는 사라지지 않았다. 인사이트의 전력이 빠르게 떨어지기 시작했고 결국 2022년 12월 15일, 착륙 이후 불과 4년 만에 교신이 끊겼다. 그리고 NASA는 인사이트 미션의 공식 종료를 선언했다. 2012년에 화성에 착륙해 지금까지 10년 넘게 무사히 화성 곳곳을 누비며 탐사를 이어가고 있는 큐리오시티 탐사선과 비교하면 너무나 짧게 미션이 끝나버린 셈이다. 지금도 인사이트에서는 아무런 신호도 날아오지 않고 있다.

은하 Arp 142

"펭귄은 한번 사랑한
사람 곁을 절대 떠나지 않아."
_〈파퍼씨네 펭귄들〉

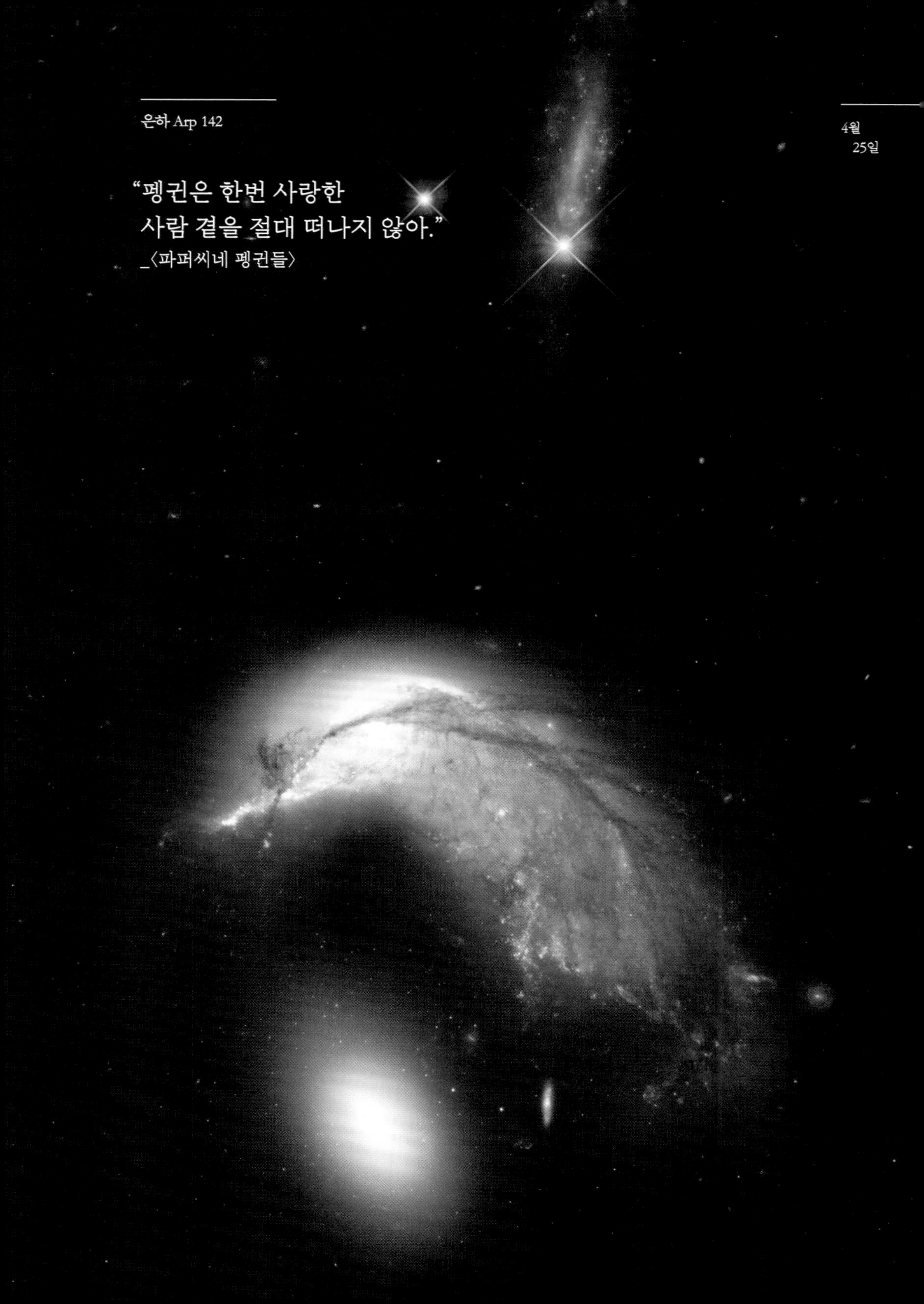

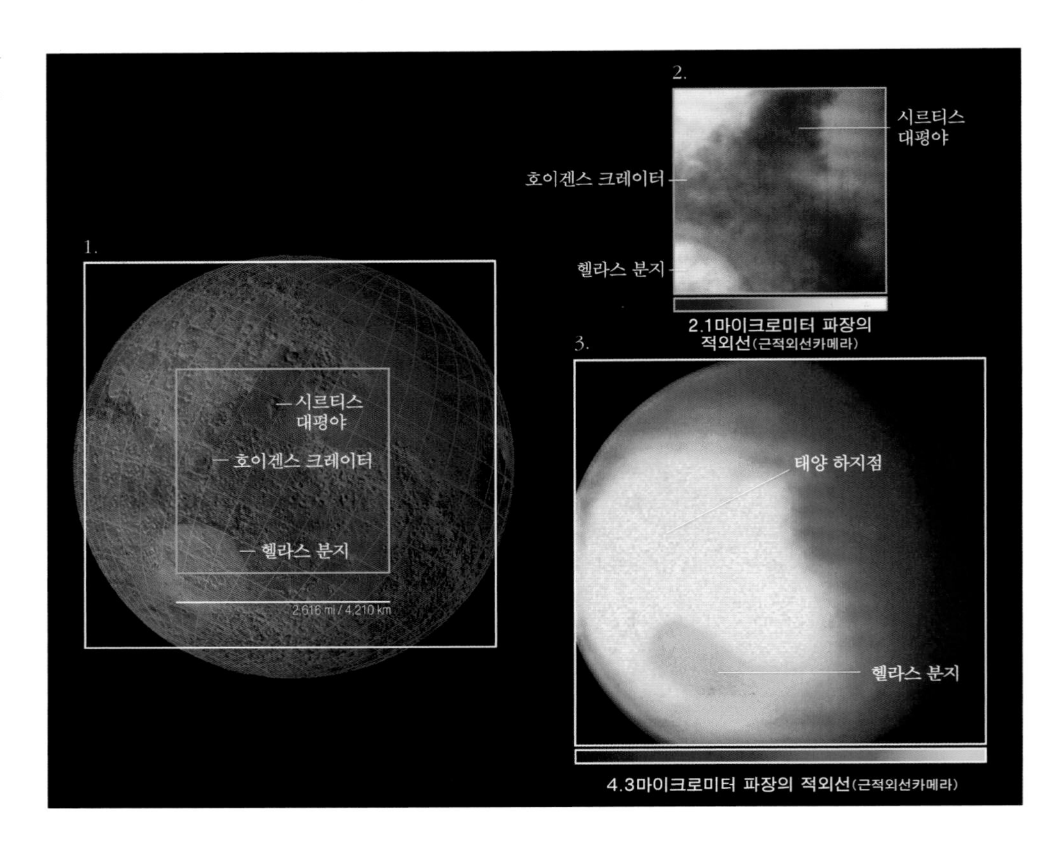

화성 시르티스 대평야

화성은 지구에서 가장 가까운 행성 중 하나다. 하지만 역설적이게도 그렇기 때문에 오히려 제임스 웹에는 가장 까다로운 타깃이다. 일단 거리가 멀지 않다 보니 화성이 굉장히 밝게 보인다. 자칫하면 제임스 웹의 센서가 망가질 정도로 위험해서 최대한 짧은 노출 시간으로 화성을 담아야 한다. 또한 화성 위치가 꽤 빠르게 움직이는 것처럼 보인다. 제임스 웹의 자리에서 화성은 대략 1초에 30밀리각초 정도 움직이는데, 이는 17시간 안에 보름달 하나 너비를 이동하는 셈이다. 실제로 천문학자들은 제임스 웹을 설계할 때부터 망원경이 시야를 돌릴 수 있는 최대 속도 한계를 딱 이 화성의 움직임을 기준으로 제작했다(발사 이후 제임스 웹의 관측 준비 과정에서 천문학자들은 더 빠른 소행성을 타깃으로 연습한 적이 있다. 이때 제임스 웹은 기존의 설계 스펙보다 두 배 더 빠른, 초당 67밀리각초로 움직이는 소행성까지 추적하는 데 가까스로 성공하기도 했다. 제임스 웹의 성능을 최대한 끌어모은 결과였다). 물론 망원경이 계속 방향을 틀면서 빠르게 도망가는 화성을 추적하게 되면, 그만큼 연료를 많이 써야 한다. 그래서 자주 노릴 수 없는 귀한 타깃이기도 하다.

제임스 웹은 자신의 성능을 한계까지 발휘해야 찍을 수 있는 이 까다로운 화성을 지난 2022년 9월 5일 포착해냈다. 관측 당시 화성은 지구로부터 약 1억 4000만 킬로미터 거리에 떨어져 있었다. 거의 태양-지구 사이 거리와 비슷하다. 약 25도 기울어진 화성의 자전축이 태양 반대쪽으로 쏠려 있을 때, 화성의 남반구에 여름이 찾아온 시기였다.

제임스 웹의 근적외선카메라는 정면으로 보이는 화성의 동쪽 반구 중심부를 바라봤다. 워낙 가까운 천체다 보니 시야 안에 큼직한 화성 일부만 담겼다. 마그마가 굳어지며 어둡게 채워진 시르티스 대평야와 화성 남반구에 있는 가장 거대한 충돌 분화구인 헬라스 분지의 일부가 담겼다(1, 2번 사진).

특히 4.3마이크로미터 파장의 적외선으로 찍은 사진을 보면 태양빛을 받고 있는 화성의 낮 부분에서 뚜렷한 온도 분포의 차이를 볼 수 있다(3번 사진). 태양빛을 바로 받고 있는 곳은 훨씬 뜨거운 반면, 태양빛이 닿지 않는 극지방은 훨씬 온도가 낮다. 특히 겨울을 보내고 있는 북반구 쪽으로 갈수록 온도가 빠르게 떨어진다. 재미있는 건 움푹 파인 헬라스 분지의 적외선 세기가 약하게 보인다는 점이다. 하지만 이건 분지 안쪽의 온도가 낮아서 그런 게 아니다. 이 분지는 주변에 비해 약 7킬로미터 더 깊게 파여 있어서 분지 바로 위 대기가 살짝 더 두껍고 주변보다 대기압도 더 높다. 특히 4.3마이크로미터 파장의 적외선은 화성의 대기권에 제일 많이 포함된 이산화탄소가 잘 흡수하는 빛이다. 즉, 움푹 파인 분지 위에 조금 더 두꺼운 이산화탄소 대기층이 덮여 있다 보니, 뜨겁게 달궈진 분지 표면에서 방출되는 적외선 빛 일부를 그 위의 대기 중 이산화탄소가 흡수해버린 것이다. 그래서 적외선 이미지에서 헬라스 분지가 조금 더 어둡게 보인다.

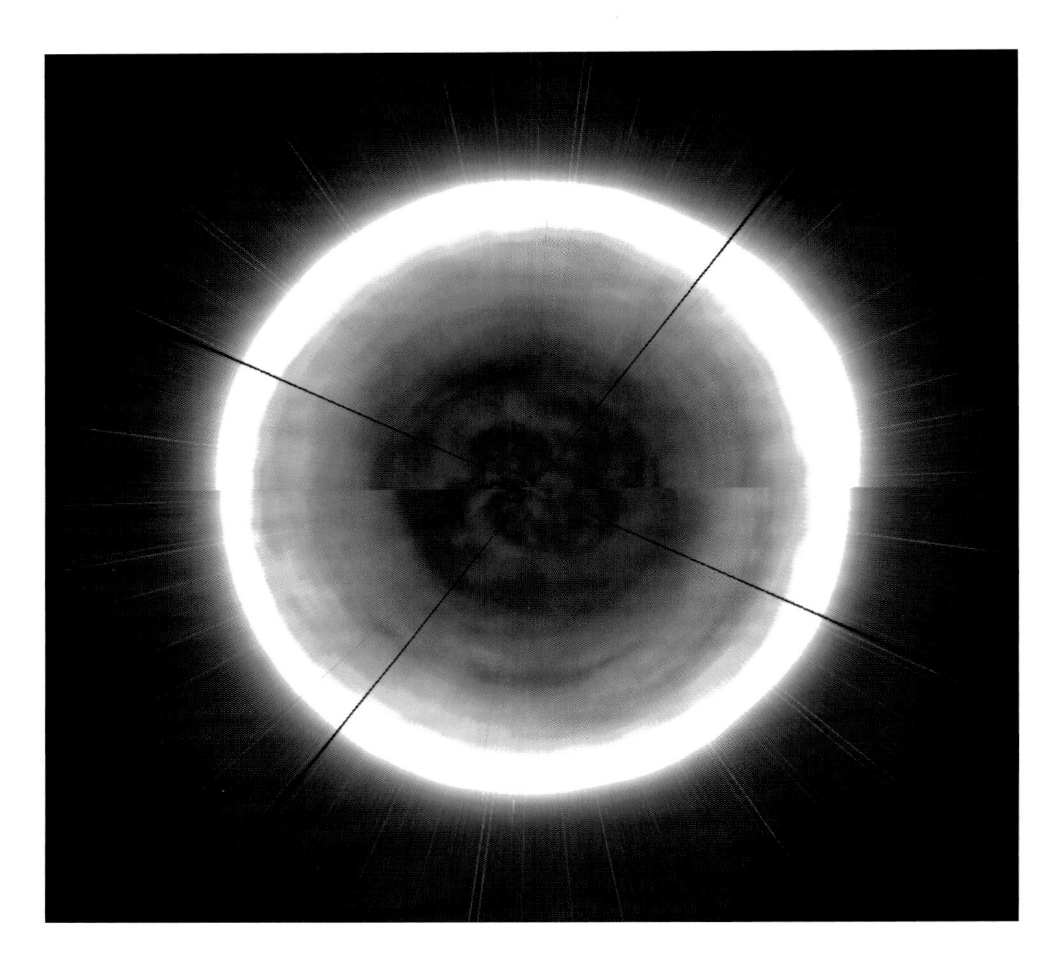

태양의 북극

태양의 극지방은 태양의 다른 영역에 비해 탐사가 거의 되지 않은 미지의 영역이다. 그동안 태양을 방문한 탐사선 대부분이 태양 주변을 도는 행성들과 마찬가지로 태양의 적도 위를 돌면서 태양을 관측했기 때문에 태양의 극지방을 지나가면서 그 모습을 직접 볼 수 있는 기회는 거의 없었다. 그렇다면 태양의 북극 위에서 태양을 바라본다면 그 모습은 어떨까? 천문학자들은 유럽우주국의 태양 탐사선 프로바-2의 관측 이미지를 활용했다. 프로바-2로 찍은 태양 표면 이미지 중에서 특히 위도가 낮은 북극에 가까운 영역의 이미지들을 활용했다. 이 사진은 인공적으로 이미지를 늘리고 둥글게 모아서 만든 태양 북극의 모습이다.

솜브레로은하 M104

정말 전형적인 UFO의 모습을 하고 있는 은하 M104다. 중심에 둥글고 펑퍼짐하게 높은 밀도로 별들이 모여 있다. 그 외곽에는 별과 먼지로 이루어진 얇은 은하 원반이 에워싸고 있다. 아마 이 은하의 원반에도 복잡하게 휘감긴 나선팔이 있을 것이다. 다만 지구 위치에서는 은하가 옆으로 살짝 기울어진 방향이기 때문에 나선팔이 뚜렷하게 보이지는 않는다. 천문학자들은 그 모습이 마치 멕시코 모자를 옆에서 본 것과 닮았다고 생각해서 이 은하를 솜브레로은하라고 부른다.

성단 IC 348의 가운데 영역

별과 행성의 경계는 어디일까? 거대한 먼지구름이 중력으로 수축하고 반죽되면서 별이 되기도 하고 행성이 되기도 한다. 별과 행성의 운명을 결정하는 건 처음에 반죽되기 시작한 덩어리의 질량이다. 충분히 무겁다면 중력 수축으로 중심 온도가 충분히 뜨거워져 핵융합 반응을 통해 스스로 빛을 내는 별이 될 수 있다. 질량이 가볍다면 수축해봤자 중심 온도를 충분히 끌어올리지 못하고, 빛나지 못한 채 미지근하게 식어간다. 이렇게 질량이 작아 미처 별이 되지 못한, 스타 데뷔에 실패한 별 지망생을 갈색왜성이라고 부른다. 지금까지 발견된 갈색왜성은 보통 목성의 10배에서 50배 사이의 질량을 갖고 있다. 아무리 실패한 별이더라도 이 정도 질량은 되어야 멀리서 관측할 수 있을 정도로 미지근한 적외선을 내뿜을 수 있기 때문이다. 그간 천문학자들은 갈색왜성으로 존재할 수 있는 가장 가벼운 질량의 한계가 목성 질량의 10배 수준일 것이라 생각했다. 이보다 더 가볍다면 그건 갈색왜성이 아니라, 덩치 큰 가스 행성이라고 봐야 한다는 게 그간의 상식이었다.

2024년 1월, 최근 제임스 웹은 갈색왜성이 훨씬 가벼울 수도 있다는 새로운 증거를 발견했다. 제임스 웹은 페르세우스자리 방향으로 약 1000광년 거리에 있는 어린 성단 IC 348을 관측했다. 이곳에는 태어난 지 500만 년밖에 되지 않은 어린 별들이 400개 정도 모여 있다. 바로 이곳에서 너무나 작은 갈색왜성 세 개가 발견되었다. 미지근하게 달궈진 채 식어가고 있는 이 갈색왜성의 온도는 섭씨 약 800에서 1500도 사이이다. 이 정도로 열을 내는 건 기껏해야 목성 질량의 3~8배 수준이라는 것이다. 이번에 발견된 세 개의 갈색왜성 중 가장 가벼운 것은 목성 질량의 겨우 3~4배 수준이다. 이 정도면 갈색왜성이라기보다 덩치 큰 가스형 행성이라고 생각될 정도다. 발견은 행성과 별의 경계에 대한 우리의 상식을 크게 뒤흔든다. 이번에 새로 발견된 가벼운 갈색왜성들은 이제 막 반죽된 아주 어린 갈색왜성으로, 이들이 더 꾸준히 주변 물질을 끌어모으고 성장하면서 우리에게 익숙한 더 큰 질량의 갈색왜성이 되는 것일 수 있다. 즉, 제임스 웹은 행성과 별 그 경계의 새로운 진화 단계를 거쳐가는 아주 어린 갈색왜성의 반죽 순간을 포착한 셈이다!

화성의 붉은 사막

지금의 화성은 붉게 메마른 사막이다. 지난 50년에 걸친 지속적인 화성 탐사를 통해 화성도 과거에는 지구처럼 호수와 바다가 존재했을 가능성을 확인했다. 과거 화성을 채우고 있었을 물은 모두 사라졌고, 지금은 물 대신 모래가 화성의 미약한 바람을 타고 날아다니며 화성 표면 위에서 물결치고 있다. 큐리오시티 탐사선은 화성에서 1647일째를 보내던 날인 2017년 4월 25일, 크고 작은 모래 언덕이 넘실거리는 사구로 가득한 지형을 담았다. 지금은 이곳에 물이 모두 사라졌지만 '오건킷 해변'이라고 불린다.

체임버에 들어가는 제임스 웹 거울

일해라 꿀벌! 일해라 엔지니어!

화성의 머레이 뷰트 절벽

큐리오시티 탐사선은 지금도 쉬지 않고 매일 조금씩 이동하며 화성을 탐사하고 있다. 지독한 워커홀릭이다. 큐리오시티가 화성의 샤프산 주변 언덕에서 자신에게 너무나 잘 어울리는 곳을 발견했다. '머레이 뷰트'라고 부르는 이곳에는 아주 얇게 깎인 암석들이 겹겹이 쌓여 있다. 이곳은 원래 작은 모래 입자들이 쌓인 부드러운 사암 절벽이었는데 바람을 타고 날아온 모래 입자들이 지속적으로 언덕 표면을 깎으면서 책상 위에 쌓인 서류 더미를 떠올리게 하는 독특한 모습이 되었다. 화성은 지구보다 바람 세기가 훨씬 약하지만 긴 세월이라면 화성의 암석도 풍화와 침식을 당할 수 있다. 산더미같이 쌓인 논문과 자료들이 가득한 연구실에서 밤샘 연구로 지쳐 있는 워커홀릭 천문학자들에겐 너무나 익숙한 풍경이었을 것이다.

아폴로 11호 지구 오름

"지구는 부서지기 쉬워 보였다."

_마이클 콜린스(아폴로 11호 우주인)

달 표면 위를 거닐었던 동료 두 명이 달 착륙 모듈의 상승부를 타고 위로 올라왔다. 동료들을 기다리고 있던 아폴로 11호의 우주인 마이클 콜린스는 궤도선과 착륙 모듈의 도킹을 준비했다. 그 순간 둥근 잿빛의 달 지평선 너머로 푸른 지구가 떠올랐다. 콜린스는 멀리 지구를 배경으로 남은 두 명의 동료가 서서히 위로 올라오는 장면을 80밀리미터 렌즈 카메라로 담았다. 이 사진에는 전 인류를 통틀어 단 한 명, 콜린스만 찍히지 않았다. 콜린스 자신을 제외한 이 세상에 존재하는 모든 인류를 담은 사진이다. 콜린스는 이 순간만큼은 아담 이래로 가장 외로웠던 사람이었다. 아폴로 11호 우주인들이 지구에 돌아간 이후, 기자회견에서 기자들은 콜린스에게 다른 두 명의 동료만 달에 발자국을 남기고 와서 서운하지 않은지를 물었다. 이 질문에 대해 콜린스는 비록 아쉬웠지만, 대신 자신은 두 명의 동료가 보지 못한 달의 뒷면까지 직접 볼 수 있었다고 답했다.

5월
4일

총알은하단
1E 0657-556

오랫동안 천문학자들은 우주에 보이지 않는 암흑물질이 있을 거라고 생각해왔다. 많은 은하가 단순히 겉으로 보이는 별과 먼지구름을 고려했을 때보다 압도적으로 강한 중력을 행사하기 때문이다. 암흑물질은 빛을 흡수하지도, 발산하지도 않는다. 오직 중력을 통해서만 존재를 유추할 수 있다. 하지만 아직 그 정체가 무엇인지는 밝혀지지 않았다. 그렇다면 정말 빛으로는 볼 수 없는 유령 같은 물질이 존재하는 걸까?

이곳은 그 유령이 실재한다는 것을 보여준다. 이 사진은 허블 우주망원경으로 찍은 은하단 1E 0657-556의 모습이다. 그 위에 X선으로 관측한 뜨거운 가스물질의 분포를 분홍색으로 표현했고, 은하단 주변 중력렌즈의 허상으로 유추한 은하단 속 암흑물질의 분포는 파란색으로 표현했다. 흥미로운 점은 분홍색 가스물질과 파란색 암흑물질의 분포가 크게 어긋나 있다는 점이다. 그 이유는 이곳 두 개의 은하단이 빠르게 정면 충돌하고 있기 때문이다.

원래는 두 은하단 모두 암흑물질과 가스물질의 분포가 일치했으나 오른쪽과 왼쪽에서 두 은하단이 빠르게 충돌하면서 그 분포가 틀어진 것으로 보인다. 가스물질은 밀도가 높아지면 그 충돌면에서 온도가 올라가고 반죽된다. 그 결과 속도가 정체되며 그 자리에 머무른다. 두 은하단이 부딪힌 충돌면 근처에 분홍색 가스물질 분포가 몰려 있는 까닭이다. 반면 암흑물질은 상호작용하지 않고 그대로 충돌면을 통과해서 파란색 암흑물질의 분포는 충돌면에서 각각 오른쪽과 왼쪽으로 멀리 벗어나 있다. 이후 충돌면을 통과한 암흑물질의 중력에 이끌려 다시 가운데 정체되어 있던 가스물질이 끌려가게 된다. 사진 속에서도 가장 오른쪽의 파란 암흑물질에 그 바로 왼쪽의 분홍색 가스물질이 끌려가는 것을 볼 수 있다. 오른쪽으로 뾰족하게 끌려가는 분홍색 가스물질 분포가 마치 빠르게 날아가는 총알의 모습 같아서 이곳을 총알은하단이라고도 부른다. 암흑물질이 정말 물질로서 존재한다는 것을 보여주는 놀라운 현장이다. 물론 여전히 암흑물질의 정체는 아무도 모른다.

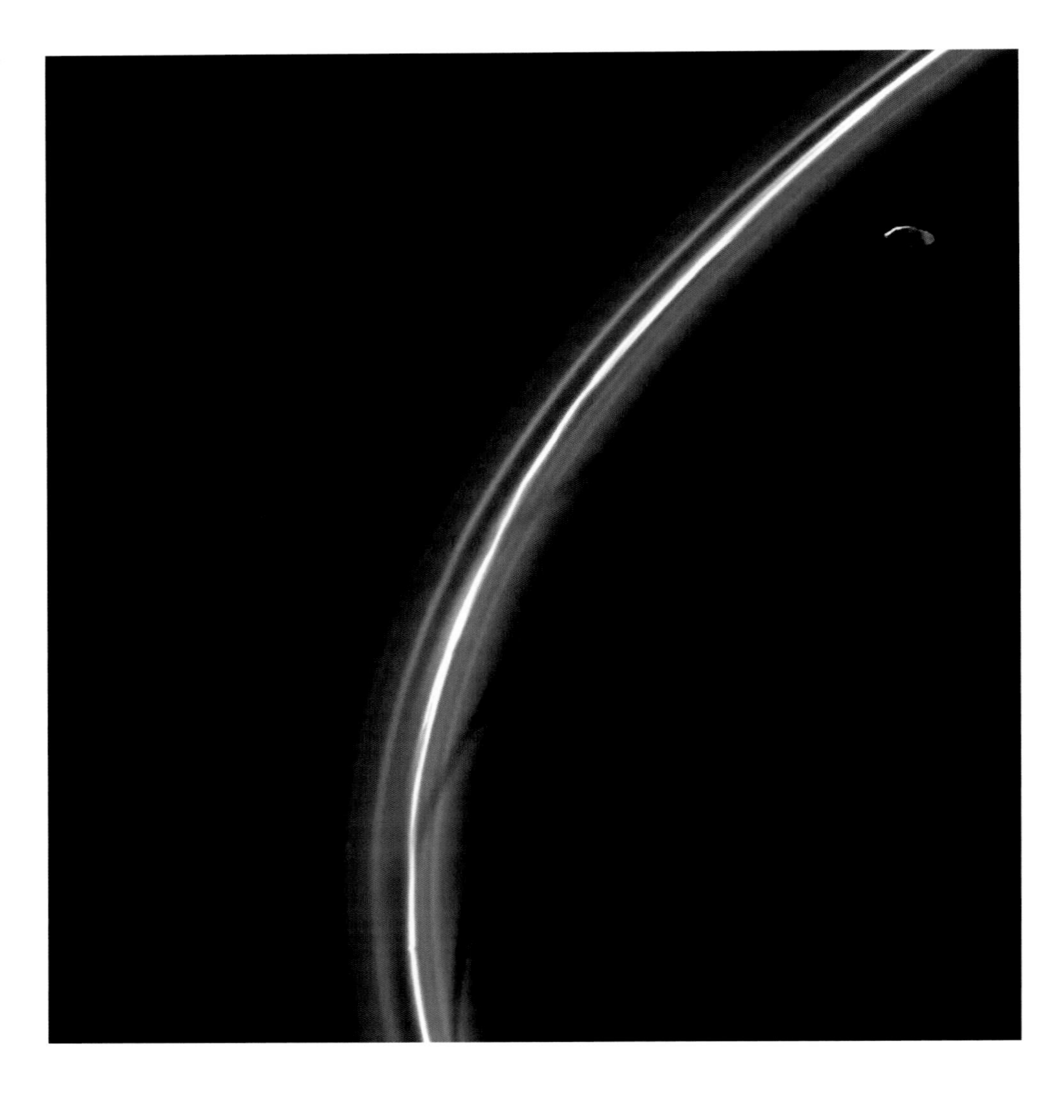

토성의 F 고리와
프로메테우스 위성

토성의 두껍고 가는 수많은 고리들은 어떻게 흐트러지지 않고 계속 유지되는 걸까? 그 이유는 고리를 구성하는 입자들이 경로를 이탈하지 않도록 토성의 고리 안팎에서 감시하는 양치기들이 있기 때문이다. 토성 고리 중 외곽에 있는 F 고리 안쪽에서 작은 위성 프로메테우스가 맴돌고 있다. 프로메테우스는 고리 입자들보다 훨씬 빠르게 움직여서 자신보다 바깥에서 조금씩 뒤처지는 고리 입자들이 더 바깥으로 빠져나가지 않도록 이끌어주는 역할을 한다. 이처럼 고리 입자들이 흐트러지지 않고 계속 그 경로를 유지하도록 지켜주는 위성을 양치기 위성이라고 한다.

은하단 Abell 370
딥필드

허블 우주망원경으로 찍은 딥필드 중 하나다. 그런데 사진이 이상하다. 곳곳에 하얀 곡선이 잔뜩 찍혀 있다. 이것은 태양계를 떠도는 소행성들이 남긴 흔적이다. 허블 우주망원경은 지구 주변을 빠르게 맴돌며 우주를 관측한다. 그 와중에 소행성들이 멀리 떨어진 배경 은하를 무대로 빠르게 망원경 시야 앞을 지나간다. 망원경 자체의 움직임과 소행성의 움직임이 함께 섞이면서 사진에는 여러 소행성이 남긴 흔적이 둥근 곡선 모양으로 담겼다.

5월
7일

검은눈동자은하 M64

은하 M64의 중심은 유독 짙은 먼지 띠로 에워싸여 있다. 더 흥미로운 사실은 M64의 안쪽과 바깥쪽이 정반대 방향으로 회전한다는 점이다. 은하 외곽의 가스 원반은 은하 중심의 원반과 반대 방향으로 회전한다. 이것은 이 은하에 오래전 또 다른 작은 은하가 중력에 이끌려 충돌했다는 것을 의미한다. 이미 그 작은 은하는 모두 파괴되어 M64에 스며들었다. 천문학자들은 이곳을 우주의 검은 눈동자 또는 악마의 눈동자라고 부른다.

마녀머리성운

오리온성운 한쪽에는 어린 뜨겁고 푸른 별빛이 주변의 먼지구름에 반사되면서 만들어진 독특한 모습이 있다. 동화 속 턱이 긴 마녀의 얼굴을 옆에서 바라본 것처럼 느껴진다. 그래서 이곳을 마녀머리성운이라고 부른다.

5월
9일

안드로메다은하 원반

이 사진은 허블 우주망원경으로 완성한 역대 최고 해상도의 안드로메다은하 사진이다. 무려 15억 픽셀이다! (여기 수록한 사진은 해상도에 한계가 있지만 원본 사진은 거의 끝없이 확대해 볼 수 있다. 온라인에서 확인해보시길.) 사진에 담긴 영역은 거대한 안드로메다은하의 일부분이며, 이 영역의 실제 규모는 약 4만 광년에 달한다. 이 사진 한 장 안에만 1억 개가 넘는 별들과 수천 개의 성단이 담겨 있다. 별 하나하나가 다 구분되어 보이는 이 놀라운 안드로메다은하의 모습은 조르주 쇠라의 점묘화를 떠올리게 한다. 먼 옛날 처음으로 망원경으로 하늘을 올려다보며 그저 뿌옇게만 보이던 은하수가 실은 수많은 작은 점으로 채워진 세상이었다는 것을 발견했던 갈릴레오가 얼마나 경이로움에 벅차했을지 이해가 되는 듯하다.

5월
10일

성에로 덮인 화성 표면

팔 짧은 통통한 티라노가 화성 위에 누워 있다.

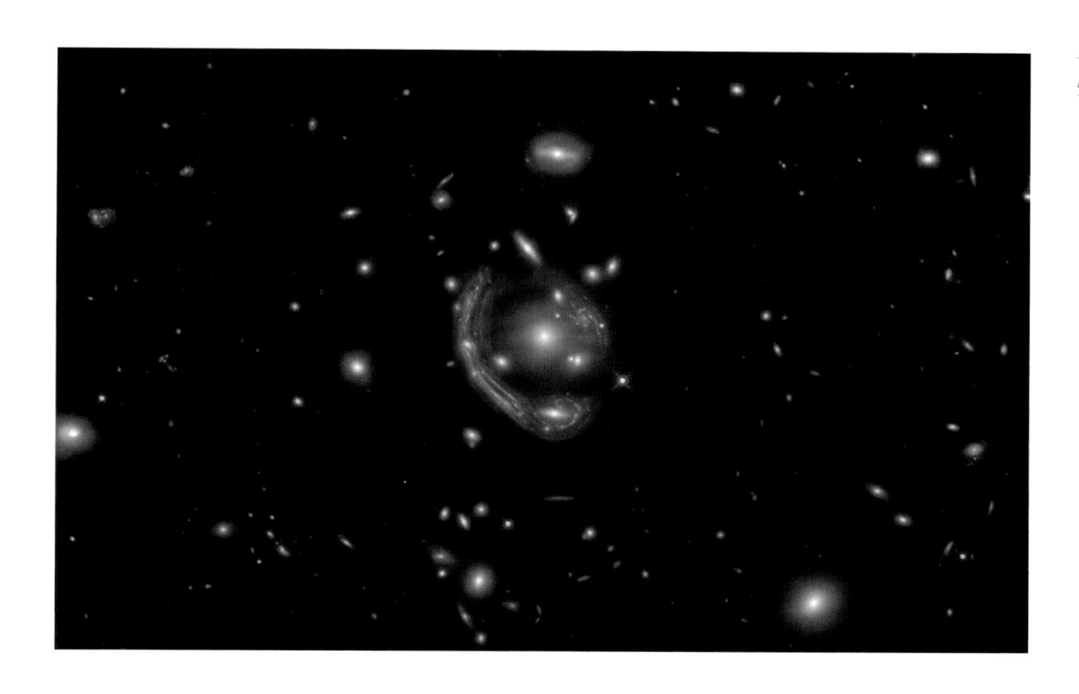

아인슈타인의 고리 GAL-CLUS-022058s

"시간과 공간은 부드럽고 사치스럽고 고독하며
편집증적이고 비판적인 카망베르 치즈일 뿐이다."

_살바도르 달리(화가)

초현실주의를 대표하는 화가 살바도르 달리는 1931년 그를 상징하는 걸작 〈기억의 고집〉을 완성했다. 흘러내리는 듯한 흐물흐물한 시계의 모습이 인상적인 작품이다. 많은 사람은 이 작품이 시간과 공간의 상대성을 표현한다고 해석했다. 그리고 당시 상대성 이론을 발표했던 물리학자 아인슈타인의 이론에서 영감을 받았을 거라 추측했다. 이에 대해 달리는 강하게 반발했다. 그는 아인슈타인이 아니라 태양빛을 받아 녹아버린 카망베르 치즈를 보고 영감을 받은 것이라 이야기했다. 달리에게 영감을 준 것이 아인슈타인인지 치즈인지는 알 수 없다. 다만 아인슈타인의 상대성 이론에 따른 중력렌즈 효과는 우주의 모습을 치즈처럼 녹아버리게 만든다.

5월
12일

퍼서비어런스 탐사선의 증인 샘플 튜브

그동안 대부분의 화성 탐사는 단순히 로봇을 통해 사진을 찍거나 로봇에 탑재된 간단한 실험 장비로 간접적인 분석을 하는 수준이었다. 그러나 퍼서비어런스 탐사선은 화성의 암석에 직접 구멍을 뚫어 흙과 암석 샘플을 수집해 작은 튜브 안에 보관하여 2026년에서 2028년 사이 퍼서비어런스 주변으로 새로 착륙할 착륙선에 그동안 수집한 샘플 튜브를 전달하고, 이 튜브는 둥근 캡슐에 실린 채 그대로 지구 대기권을 뚫고 지상으로 돌아올 예정이다. 이를 통해 지구에서 기다리고 있는 인간 천문학자들은 손으로 직접 그 샘플을 분석할 수 있게 될 것이다. 화성 샘플 귀환 프로그램을 통해 천문학자들은 화성의 암석과 대기 성분이 정말 인간이 정착을 시도할 만한 조건인지를 면밀하게 분석할 예정이다.

이 사진은 이 원대한 계획을 준비하면서 퍼서비어런스가 미리 화성 바닥 위에 떨어뜨려놓은 샘플 튜브 중 하나다. 퍼서비어런스에 연결된 2미터 길이의 기다란 로봇 팔 끝에 달린 왓슨WATSON 카메라로 촬영한 것이다. 이 튜브는 다른 샘플 튜브와 한 가지 큰 차이가 있다. 다른 튜브들은 샘플을 채집한 후에 뚜껑을 열어 샘플을 담지만, 이 튜브는 화성에 착륙하는 순간부터 계속 뚜껑을 열어둔 채 화성 대기 성분과 흙먼지들을 모았다. 이게 왜 필요할까? 지구에서 이미 본체에 화학 성분이 묻어 있을 수 있고, 화성 표면에 착륙할 때 역추진 로켓에서 분사된 엔진 가스로 인해 착륙지 주변이 오염될 수도 있다. 만약 이러한 오염 여부를 따로 조사하지 않고 지구로 돌아온 화성 샘플을 분석한다면, 화성에서 발견된 화학 성분이 정말 화성의 것인지 오염된 결과인지를 구분할 수 없다. 그래서 천문학자들은 이후의 샘플 분석을 더 철저하게 하기 위해 착륙 과정에서부터 계속 뚜껑을 열어두고 탐사 로버의 활동 자체로 오염되는 성분을 채집하기 위한 '증인Witness' 튜브를 따로 만들어둔 것이다. 사진 속 작은 튜브는 머지않아 지구에 도착할 화성 샘플에서 발견될지 모르는 흥미로운 화학 성분이 탐사 로버 때문에 오염된 결과가 아니라 실제 화성에 존재하는 놀라운 성분이라는 것을 입증해주는 강력한 증인이 될 것이다.

5월
13일

화성

타코야키가 아니다. 허블 우주망원경으로 촬영한 화성의 모습이다. 화성의 붉은 표면과 거뭇한 협곡, 그리고 뿌연 구름의 모습까지 선명하게 보인다. 마요네즈와 가다랑어포라도 뿌려준다면 꽤 맛있을 것 같다.

은하 Arp 273

"너의 장미꽃이 그토록 소중한 것은 그 꽃을 위해
네가 공들인 시간 때문이야."

_《어린 왕자》

초거대 망원경 VLT

망원경이 하늘 위로 노란 빔을 쏘고 있다. 지구로 쳐들어온 외계인 우주선을 공격이라도 하는 걸까? 그렇지 않다. 이 노란 레이저는 거대 망원경들이 별을 더 정밀하게 관측하기 위해 사용하는 기발한 꼼수다. 지상 망원경으로 별을 관측할 때는 치명적인 한계가 있다. 결국 지구상 어디에서 별을 보더라도 항상 그 위에는 지구 대기권이 두껍게 덮여 있다는 점이다. 단순히 비와 구름 같은 날씨 문제가 아니다. 아무리 날씨가 맑아도 대기권의 존재 자체는 천문 관측에 치명적이다. 대기는 가만히 있지 않는다. 계속 미세하게 흐르고 대류한다. 우주에서 날아온 별빛이 복잡하게 요동치는 대기권을 통과하면서 빛이 날아오는 경로도 조금씩 틀어진다. 우리가 눈으로 별을 봤을 때 별이 반짝거린다고 생각하는 이유도 같은 원리다. 만약 대기권이 없는 달에 가서 별을 본다면 별은 전혀 반짝거리지 않는다. 그냥 하늘에 가만히 고정된 밝은 점으로만 보인다.

이러한 대기권의 방해를 해결하기 위해 천문학자들은 하늘 위에 가짜 별을 만든다. 고출력의 나트륨 레이저 빔을 성층권 정도까지 쏘면 하늘에 노랗게 빛나는 가짜 별이 만들어진다. 그리고 실제 보고 싶은 천체와 가짜 별을 함께 관측한다. 가짜 별은 천문학자들이 만든 빛이기 때문에 그 실제 빛의 모습이 어떠한지를 잘 알고 있다. 따라서 대기권에 비친 가짜 별빛이 대기 산란과 난류를 거치며 어떻게 변형되는지를 보면 실시간으로 대기권이 빛의 경로에 어떤 식으로 영향을 주고 있는지 계산할 수 있다. 이렇게 파악한 대기권의 영향을 다시 실제 관측하고자 하는 별의 관측 이미지에 적용한다. 그러면 마치 대기권이 없는 달에서 관측한 것처럼 훨씬 깔끔한 관측 이미지를 얻을 수 있다. 이러한 관측 기술을 천문학에서는 적응 광학이라고 한다.

현재 운용 중인 지름 수 미터의 거대한 지상 망원경들은 대부분 이 방식을 쓰고 있다. 그래서 매일 관측할 때마다 망원경 돔 위로 하늘 높이 레이저 빔이 발사되는 풍경을 볼 수 있다. 혹시라도 망원경 근처를 지나가다 그런 풍경을 보게 되더라도 외계인과 전쟁을 하는 것은 아니니 걱정하지 마시길!

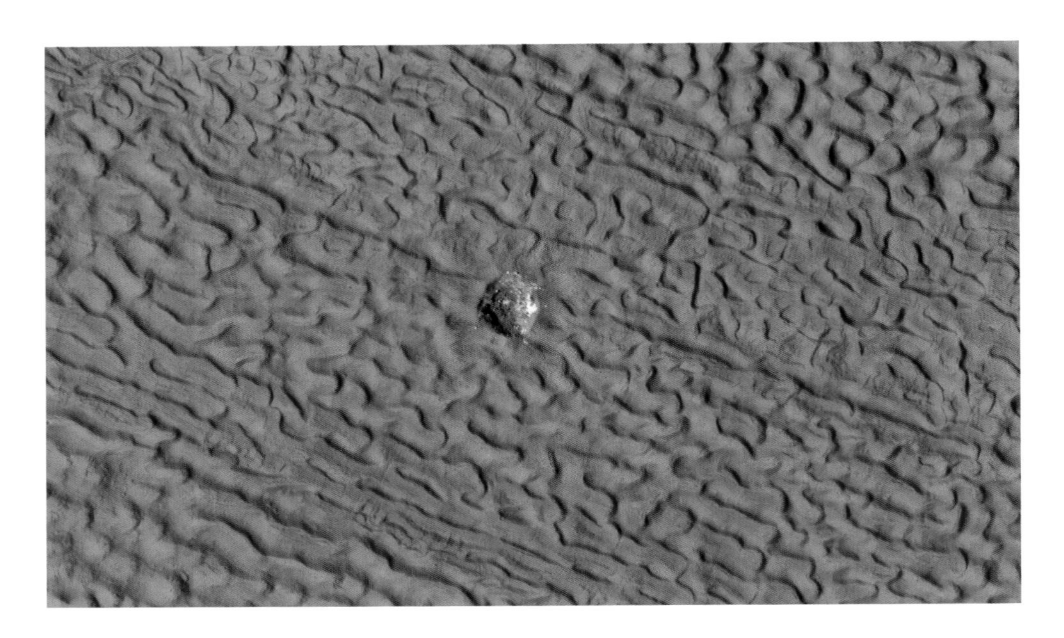

화성 '뇌' 지형에 파인 크레이터

붉게 물든 화성의 모래밭 위에 누군가 둥근 함정을 파놓았다! 2010년 10월까지만 해도 이런 것은 없었다. 그런데 2012년 5월, 똑같은 지역을 촬영한 화성정찰궤도선은 그사이 새롭게 생긴 지름 45미터 크기의 귀여운 크레이터를 발견했다. 천문학자들은 운석이 떨어지면서 생긴 것으로 보고 있다. 부드러운 모래로 덮인 덕분에 운석 충돌의 충격은 그리 격렬하게 퍼지지 않았다. 대신 둥근 크레이터 속에 일부 파편들만 하얀 가루가 되어 남아 있다.

은하단 Abell 3827

허블 우주망원경으로 관측한 은하단 Abell 3827의 모습이다. 이 은하단은 유독 천문학자들의 눈길을 끌었다. 은하단 한가운데 완벽에 가깝게 배경 은하가 일그러지며 그려진 독특한 중력렌즈의 허상이 포착되었기 때문이다. 노란 은하들로 둘러싸인 은하단 중심에 희미하고 길게 찌그러진 파란 배경 은하의 허상이 보인다.

토성 주변을 맴도는 수십 개의 위성 중 하나인 미마스다. 미마스의 지름은 약 400킬로미터다. 토성의 위성 중 꽤 작은 편에 속한다. 하지만 골프공치고는 아주 크다고 볼 수 있다.

미마스 위성

큐리오시티 탐사선이 화성에 판 구멍

만약 화성에서 골프를 친다면 지구에 비해 약한 중력 덕분에 더 먼 비거리까지 공을 날릴 수 있다. 하지만 큐리오시티 탐사선이 화성에 파놓은 구멍 속에 골프공을 집어넣는 건 더 어려울지 모른다. 화성에서 279일째를 맞이하던 날인 2013년 5월 19일, 큐리오시티는 화성 암석에 처음으로 구멍을 뚫었다. 앞선 화성 탐사는 대부분 탐사 로봇의 카메라로 화성 표면의 겉모습만 확인하거나 작은 삽으로 표면의 흙을 조금 쓸어 담는 수준에 그쳤다. 하지만 큐리오시티는 화성 암석 속의 성분을 파악하기 위해 직접 드릴로 구멍을 뚫는다. 채취한 암석 샘플은 큐리오시티의 거대한 몸통 안에 들어 있는 화학 실험 장치를 통해 분석된다. 어쩌면 암석 속에 숨어 있던 미생물들의 흔적을 찾게 될지도 모른다. 큐리오시티가 화성에서 처음으로 채취한 암석 샘플에는 2011년에 사망한 화성탐사프로젝트의 부매니저 이름을 따 '존 클라인'이라는 별명이 지어졌다. 이 구멍의 지름은 1.6센티미터, 깊이는 6.6센티미터 정도다. 골프 마니아들에겐 아쉽게도 구멍 크기가 너무 작다. 골프공은커녕 놀이용 유리구슬조차 간신히 들어갈 크기다.

나선은하 NGC 7469

은하를 여섯 명이 나눠 먹을 수 있을까? 제임스 웹이 페가수스자리 방향으로 약 2200만 광년 거리에 있는 크고 아름다운 나선은하 NGC 7469를 바라봤다. 이 은하는 지름이 9만 광년에 달한다. 우리은하보다 살짝 작다. 사진의 왼쪽 모퉁이에 이웃 은하 IC 5283의 일부가 희미하게 보인다. 이 은하의 중심부는 아주 밝게 빛나고 있다. 은하 중심에 주변 가스물질을 난폭하게 집어삼키며 막대한 에너지를 토해내고 있는 초거대 질량 블랙홀이 숨어 있기 때문이다. 은하 외곽부터 중심까지 길게 붉은 가스 필라멘트가 이어져 있으며, 은하 중심의 괴물에게 가스물질이 유입되고 있다. 이렇게 은하 중심 핵에서 활발한 블랙홀이 활동하고 있는 것을 활동성 은하핵AGN이라고 부른다. 은하 중심의 괴물은 시속 6400만 킬로미터의 속도로 아주 빠르게 뜨겁게 달궈진 가스물질을 토해내고 있다. 그 에너지가 너무 강해서 제임스 웹이 훨씬 가까운 우리은하 속의 별을 찍었을 때처럼 사방으로 뻗어나가는 회절무늬가 만들어졌다. 여섯 방향으로 길게 뻗어나가는 회절무늬와 양옆으로 짧게 뻗어나가는 두 가닥의 회절무늬를 모두 볼 수 있다. 은하 중심을 기준으로 5시 방향에서 빛나는 거리상 더 가까운 하얀색 별에도 똑같은 회절무늬가 보인다. 한편 은하 중심에서 약 1500광년 정도 거리에서 둥근 별들의 고리가 보인다. 이 고리를 따라 어린 별들이 왕성하게 탄생하고 있다. 이 은하는 중심의 초거대 질량 블랙홀, 그리고 주변 고리의 활발한 별 탄생 흔적을 동시에 보여주는 가장 역동적인 곳 중 하나다.

수성 마그리트
크레이터

수성의 남반구에 있는 마그리트 크레이터다. 벨기에 출신의 초현실주의를 대표하는 화가 르네 마그리트의 이름을 붙였다. 그 이름에 걸맞게 아주 초현실적인 모습을 하고 있다. 아래에 가장 큰 크레이터가 있고 바로 위 양옆에 두 개의 작은 크레이터가 붙어 있다. 큰 귀를 가진 생쥐 캐릭터가 떠오른다. 자신들의 저작권을 건드린 곳이라면 지구 끝까지 쫓아간다는 디즈니가 과연 수성까지 쫓아올 수 있을까?

은하 NGC 2798과
NGC 2799

은하가 은하를 뱉고 있는 것인가? 사실은 정반대다. 왼쪽의 푸른 은하와 오른쪽의 노란 은하는 사실 서로 멀어지는 것이 아니라 서로의 중력에 이끌려 충돌하는 중이다. 거대한 두 은하의 중력으로 인해 각 은하의 형태가 길게 늘어지면서 마치 침을 뱉는 듯한 건방진 모습이 만들어졌다.

고리성운

라플레시아는 지구에서 가장 거대한 꽃으로 유명하다. 꽃잎을 펼치면 그 최대 크기가 80센티미터를 훌쩍 넘을 정도다. 하지만 우주에는 그와 비교할 수 없을 정도로 거대한 꽃이 피어 있다. 제임스 웹이 거문고자리 주변 고리성운을 중적외선기기로 관측했다. 훨씬 더 낮은 온도로 미지근하게 달궈진 먼지 필라멘트의 모습까지 세밀하게 담았다. 지구의 라플레시아는 시체가 썩는 듯한 악취를 풍기는 것으로도 유명한데, 고리성운도 특유의 냄새를 풍기고 있을지 모른다. 성운의 먼지 필라멘트 속에는 탄소를 기반으로 구성된 방향족 화합물들이 많이 발견되기 때문이다.

은하 NGC 3147

"이미지는 사상이 아니다.
그것은 빛나는 마디 점, 즉 덩어리다.
그것은 사상이 그것으로부터, 그것을 통해,
그것 속으로 끊임없이 돌진하기 때문에
내가 소용돌이라고 부르지 않을 수 없는 것이다."

_에즈라 파운드(시인, 비평가),
소용돌이파Vorticism라는 새로운 문화 사조에 대한 평론에서

화성의 대니얼슨 크레이터

"보조개가 주름살이 되어도 난 네 곁에 있을 거야."

_〈업〉

화성정찰궤도선이 고해상도이미지실험 카메라로 포착한 화성의 대니얼슨 크레이터 속 퇴적암이 쌓여 있는 모습이다. 아주 많은 퇴적암들이 규칙적으로 나란하게 쌓여 있다. 이것은 이 지형이 운석 충돌처럼 사방으로 튀어나간 파편이 쌓이는 불규칙한 방식이 아니라, 무언가 아주 일관된 현상을 통해 만들어졌다는 것을 의미한다.

은하 NGC 4302와 NGC 4298

우리은하는 별과 먼지가 납작한 원반 모양을 이루는 원반은하, 또는 나선은하로 구성되어 있다. 나선은하는 어느 각도로 보는지에 따라 모습이 크게 달라지는데, 이 사진은 그 극단적인 두 가지 모습을 동시에 보여준다. 왼쪽의 은하 NGC 4302는 완벽하게 옆으로 누워 있어서 은하 원반이 아주 얇게 보인다. 원반의 한가운데 높은 밀도로 모여 있는 얇은 두께의 먼지 원반도 뚜렷하게 보인다. 밝은 별빛 사이로 스며든 먼지 가닥의 실루엣도 선명하다. 먼지 띠는 밝은 별빛을 흡수하고 더 파장이 긴 붉은빛으로 재방출하므로 이 은하가 더 붉게 보이는 것이다. 오른쪽의 은하 NGC 4298은 살짝 비스듬하게 누워 있어서 원반 속의 뜨겁고 푸른 별빛이 그대로 관측된다. 원반의 중심에서 외곽까지 복잡하게 휘감겨 있는 먼지 띠의 모습도 볼 수 있다. 두 은하 모두 5500만 광년 거리에 떨어져 있다. 즉, 우연히 같은 방향에 겹쳐 보이는 것이 아니라 이 둘은 실제로 비슷한 거리에 놓인 채 서로의 중력을 느끼는 중이다.

5월
27일

호문쿨루스성운

중세 유럽의 연금술사들은 정액 속에서 존재한다고 믿었던 작은 사람 호문쿨루스Homunculus를 인공적으로 사람으로 완성시키려 했다. 16세기 독일의 연금술사 파라켈수스가 제안한 레시피는 다음과 같다. 우선 밀폐된 유리병에 남성의 정액을 담는다. 그리고 그 병을 따뜻한 말의 대변 속에 넣어 보관한다. 오랜 시간이 지나면 병 속에 작은 형체가 만들어지는데, 거기에 사람의 혈액에서 채취한 성분을 몇 방울 넣어주면 살아 있는 작은 생명체가 탄생한다는 것이다. 오늘날로 치면 일종의 신비스러운 인공 배양 실험을 했다고 볼 수 있다. 물론 당연히 성공했을 리가 없다.

하지만 끈질긴 연금술사의 노력 끝에 드디어 호문쿨루스가 태어났다. 용골자리 방향으로 7500광년 거리에 있는 호문쿨루스성운은 마치 갓난아기처럼 머리와 몸통 크기가 거의 비슷한 2등신 인간 같아 보인다. 그래서 이곳을 작은 사람이라는 뜻의 호문쿨루스성운이라고 한다. 얼핏 보면 이곳은 이미 무거운 별이 진화를 마치고 거대한 초신성 폭발을 일으키고 남긴 잔해처럼 보이지만 흥미롭게도 아직 중심의 별은 죽지 않았다. 1841년 초신성 폭발에 버금갈 정도로 밝은 섬광이 한 차례 포착되었으나 아직 별은 완전하게 사라지지 않았다. 죽음을 앞두고 격렬하게 물질을 계속 토해내고 있다. 그 결과 양쪽으로 두 개의 거대한 가스 거품이 만들어졌다.

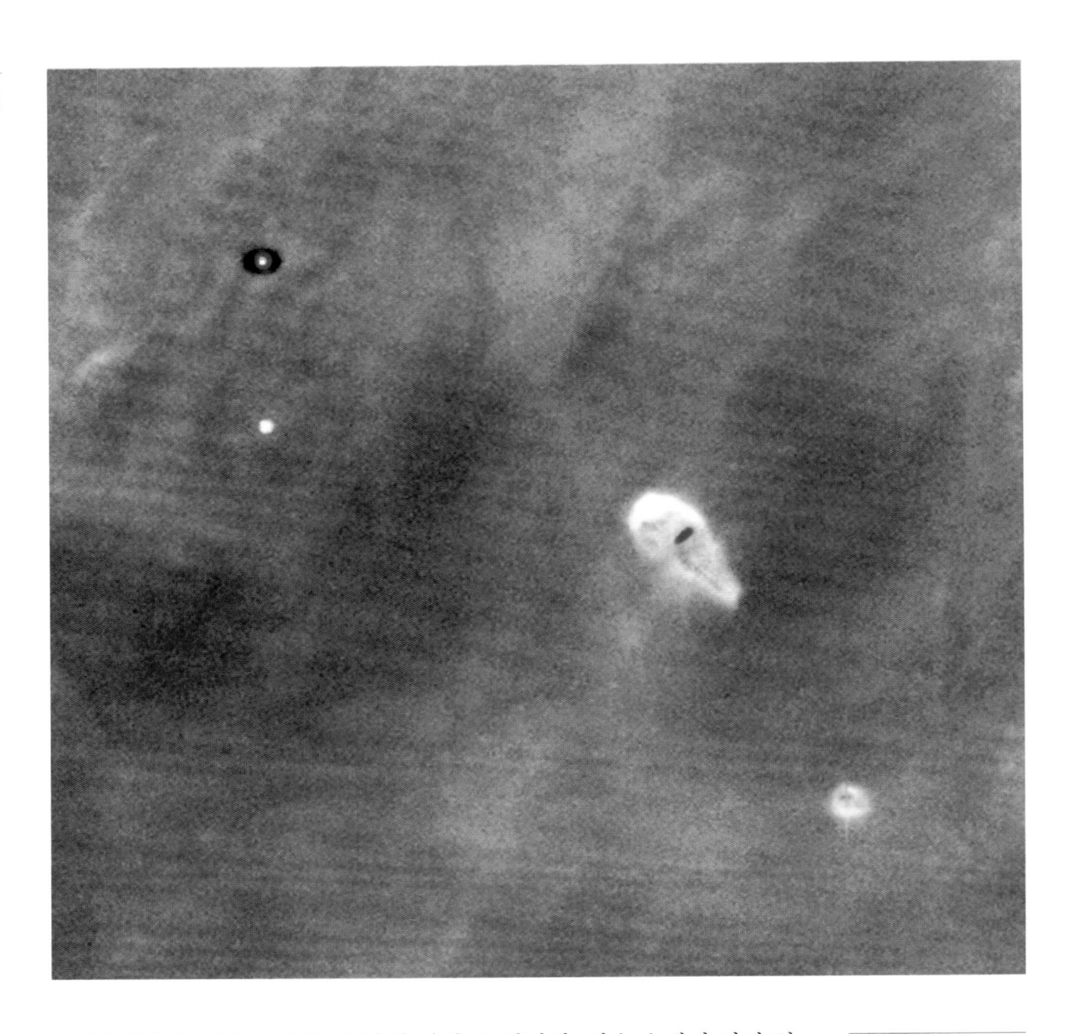

오리온성운의
프로플리드

오리온성운은 가장 가까운 별 탄생 지역 중 하나다. 성운 속에서 어린 별들이 새롭게 탄생하는 현장을 쉽게 볼 수 있다. 사진 속에 거꾸로 뒤집힌 물방울을 닮은 형체가 보인다. 그 속에는 비스듬하게 누워 있는 얇고 작은 먼지 원반이 있다. 그 원반 중심에서 어린 별이 반죽되고 있다. 어린 별이 원반 너머 우주 공간으로 강력한 항성풍을 토해내면서 먼지 원반 주변의 성간 물질이 둥글게 불려나간다. 그런데 별이 가만히 있지 않고 한쪽으로 움직이면서 에너지를 토해내기 때문에 대칭적이지 않은 물방울 모양으로 주변 물질이 불려나가게 된다.

추류모프-게라시멘코 혜성

추류모프-게라시멘코 혜성 표면을 담았다. 표면 위에 착륙한 피레이 착륙선이 찍은 사진이라 생각할 수 있다. 그러나 이 사진은 혜성 주변을 맴돌았던 로제타 탐사선으로 찍은 것이다. 혜성 표면이 아닌 멀리서 그 주변을 맴돌았던 탐사선이 어떻게 이렇게 표면을 찍을 수 있었을까? 이 순간은 2014년 11월 12일, 피레이 착륙선이 혜성 착륙에 아슬아슬하게 성공한 이후 두 번째로 이루어진 혜성 착륙 순간이었다. 물론 제대로 된 착륙이라기보다는 표면에 닿자마자 교신이 끊겨버린 추락에 가까웠다. 이것은 로제타가 혜성 표면에 닿기 직전 찍은 마지막 사진이다. 혜성 표면과의 거리는 겨우 16킬로미터였다. 혜성에 아주 가까이 접근한 덕분에 사진의 1픽셀은 30센티미터에 해당한다.

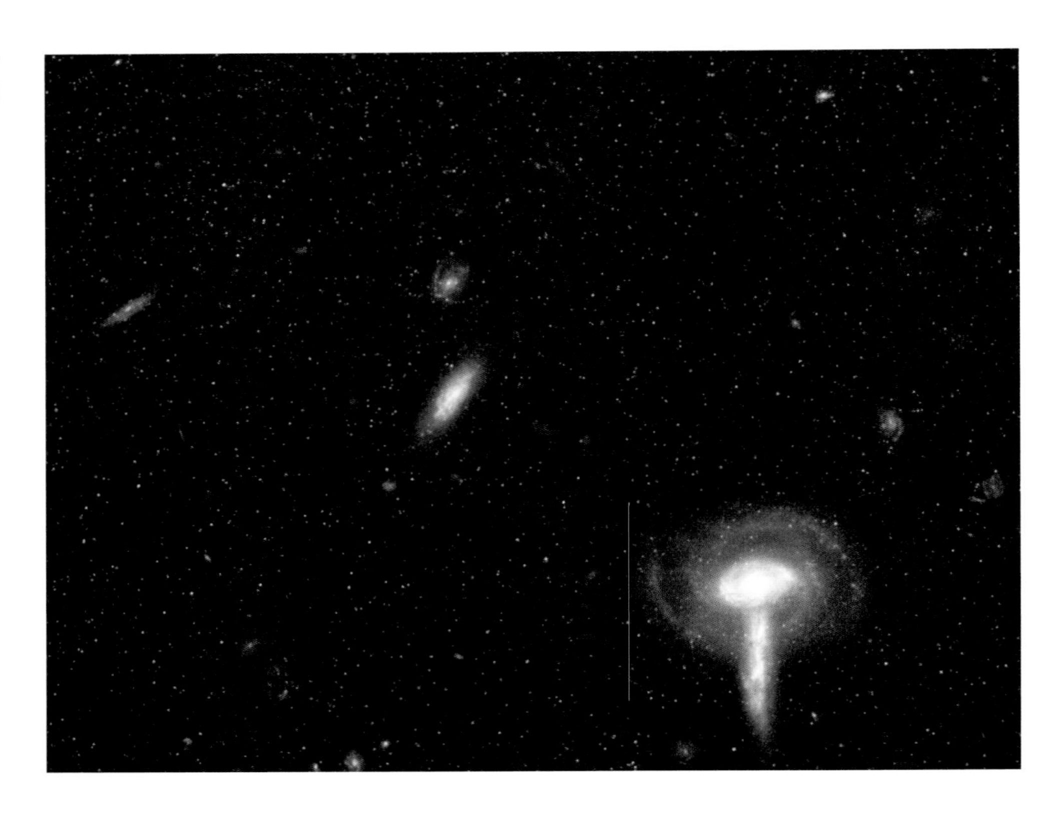

은하 M81

우주가 나에게 묻는다.
"너 T야?"

이아페투스 위성

다스베이더(〈스타워즈〉에 등장하는 인물)는 죽지 않았다. 그의 거대한 전투용 인공위성 데스스타도 재건되었다! 우주의 독재자가 숨어 있는 그의 비밀 기지는 현재 토성 주변을 맴돌고 있다. 둥근 외형 가운데 적도를 따라 작게 솟은 산맥이 보인다. 그래서 더더욱 금속의 둥근 인공 구조물처럼 보인다. 게다가 위성의 표면 위에 행성 파괴 빔을 쏘기 위해 마련된 둥근 발사대까지 보인다. 인간 천문학자들은 이곳을 토성의 위성 이아페투스라고 부른다. 하지만 속지 마라! 이것은 분명 데스스타다!

은하 JW100

동화 속 헨젤과 그레텔이 뒤로 빵가루를 흘리듯 은하 간 공간을 헤엄치는 은하들은 그 뒤로 길게 가스물질의 흐름을 남긴다. 천문학자들은 은하 뒤로 흘러나오는 가스 꼬리의 모습이 해파리의 촉수를 닮았다고 생각했다. 그래서 흐르는 유체에 의해 받게 되는 압력, 즉 램 압력을 받는 이런 은하들을 해파리 은하라고 부른다.

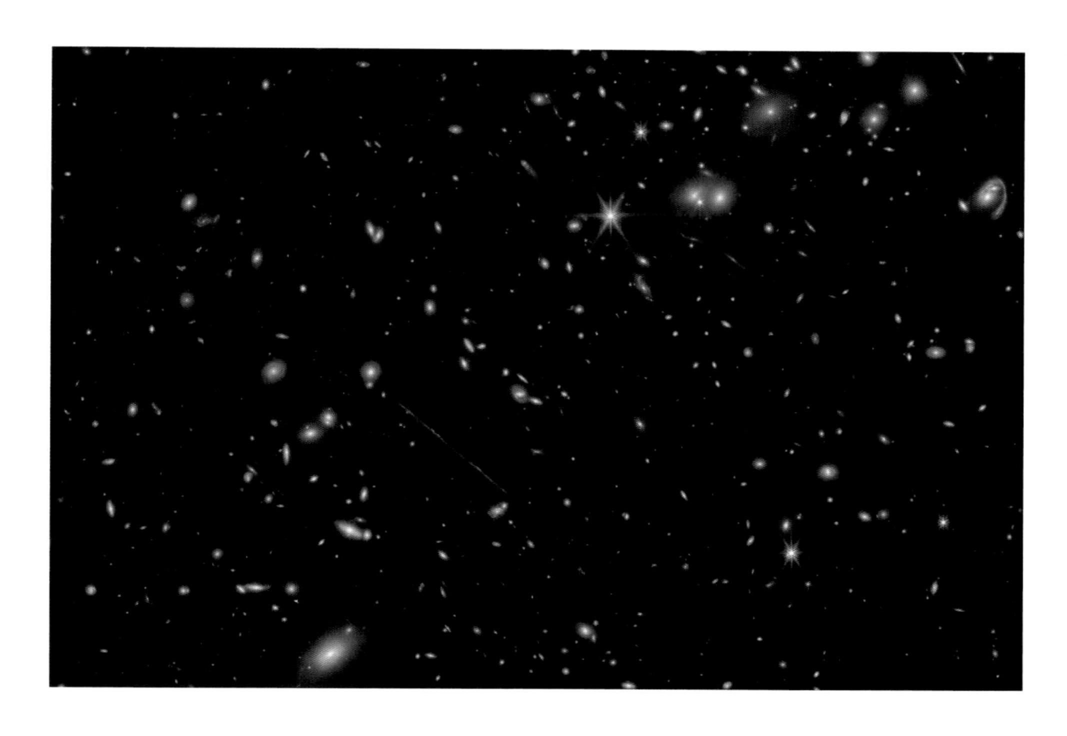

엘고르도은하단

“치즈가 265가지나 있는 나라를 어떻게 단합시키겠는가?”

_샤를 드 골(프랑스 정치인, 작가)

중력은 우주의 시공간을 치즈처럼 만든다. 길게 늘어지고 왜곡된 시공간을 따라 빛은 마치 치즈처럼 녹아내린다. 제임스 웹이 76억 광년 거리에 있는 거대한 ACT-CL J0102-4915 쪽 하늘을 바라봤다. 이곳은 비슷한 거리에 놓인 은하단 중에서 가장 거대하고 무겁다. 은하단 속 은하들의 전체 질량만 태양 질량의 3000조 배에 달한다! 그래서 천문학자들은 이곳을 스페인어로 ‘뚱뚱보’를 의미하는 ‘엘 고르도El Gordo’라는 별명으로 더 많이 부른다. 거대한 질량만큼 그 주변의 시공간도 다양하게 왜곡되어 있다. 제임스 웹은 은하단 곳곳에서 만들어진 먼 배경 우주의 중력렌즈 허상을 포착했다. 사진 가운데에서 살짝 왼쪽 아래에 아주 길게 늘어진 배경 은하의 허상이 보인다. 한편 사진의 오른쪽 위에는 엘고르도은하단 속의 한 은하를 둥글게 휘감은 듯한 모습의 허상도 볼 수 있다. 이 외에도 사진 속에는 각양각색의 모습으로 왜곡되고 늘어진 다양한 중력렌즈 ‘치즈들’이 숨어 있다.

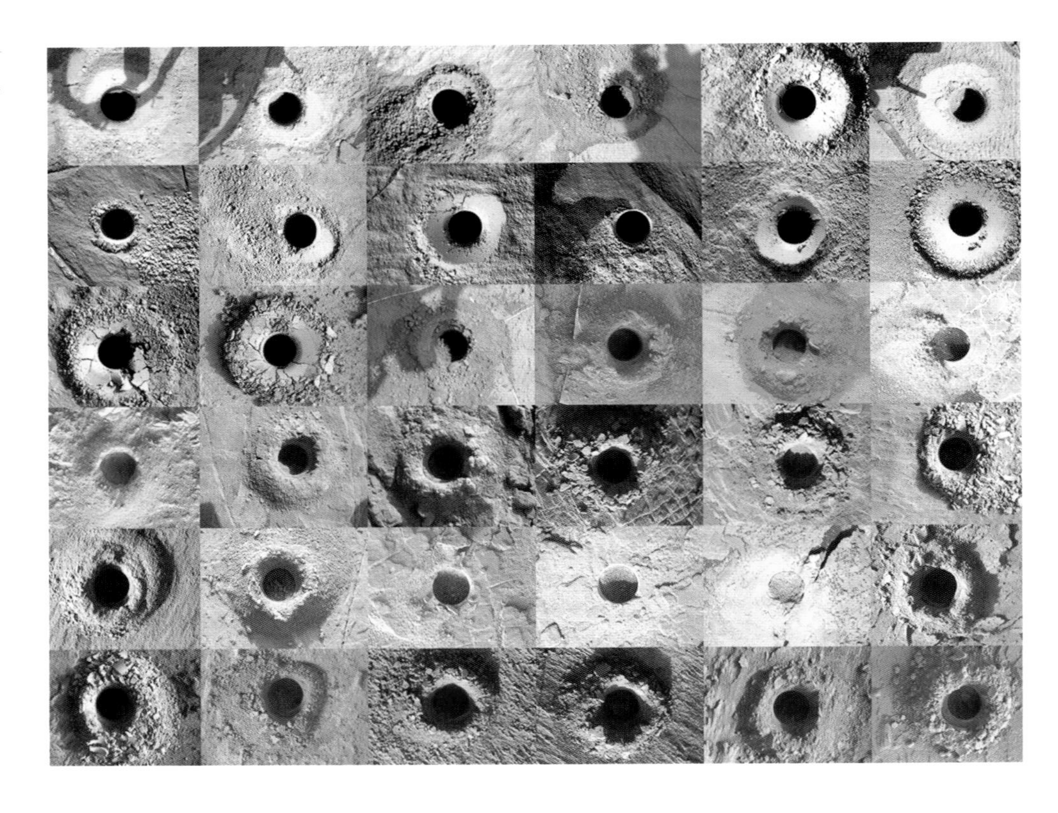

큐리오시티가
파놓은 구멍

감자가 잘 익었는지 확인하려면 젓가락으로 감자를 찔러봐야 한다. 큐리오시티 탐사선은 감자처럼 불그스름하고 울퉁불퉁한 화성 표면 이곳저곳을 찔러보고 있다. 이 사진은 큐리오시티가 화성 토양 샘플을 얻기 위해 화성 표면에 뚫어놓은 36개의 구멍들이다. 화성에도 과거에는 지구 못지않은 강과 바다가 존재했다는 증거를 발견했지만 아쉽게도 이 많은 구멍 속에서 화성에 생명체까지 존재한다는 것을 보여주는 증거는 발견되지 않았다.

유령은하 M74

섬뜩한 모습 때문에 이곳은 유령은하라는 별명을 갖고 있다. 무서워할 필요 없다. 이곳에 진짜 유령은 살지 않는다. 제임스 웹이 적외선으로 바라본 은하 M74의 모습은 새로 태어난 별빛으로 인해 미지근하게 달궈진 먼지구름의 분포를 더 선명하게 보여준다. 특히 이 은하는 지구에서 봤을 때 은하 원반이 거의 정면을 향한다. 그래서 은하 원반의 나선팔을 아주 또렷하게 볼 수 있다. 은하 중심부터 외곽까지 먼지 필라멘트가 나선팔을 따라 복잡하게 얽혀 있다. 그런데 은하 원반 중간중간 가스 먼지가 둥글게 불려나간 구멍들을 볼 수 있다. 사진의 오른쪽 아래에 가장 큰 구멍이 보인다. 오래전 진화를 다 마친 별들이 한꺼번에 초신성이 되어 터지면서 주변 먼지구름이 둥글게 불린 흔적이다. 그리고 그 먼지구름의 가장자리를 따라 새로운 별들도 탄생한다. 죽음이 또 다른 탄생으로 이어지는 우주의 장엄한 순환 과정을 고스란히 보여준다. 재미있게도 이 은하의 중심에서는 초거대 질량 블랙홀의 징후가 보이지 않는다. 대신 은하 중심에는 먼지구름이 직사각형 모양으로 불려나가면서 생긴 구멍 속에 성단이 바글바글 모여 있다. 이렇게 은하 중심에 모인 성단을 '핵 성단'이라고 한다. 일부 천문학자들은 이 은하의 중심에 더 놀라운 비밀이 숨어 있을 것이라 이야기한다. 어쩌면 정말 우연하게도 이 은하의 중심과 같은 방향으로 아주 먼 곳에 또 다른 배경 은하가 겹쳐 보이고 있을 가능성이 있다.

나선성운

우주의 모습을 담은 알록달록하고 아름다운 사진을 볼 때마다 한 가지 떠오르는 물음이 있다. 정말 우주로 나가 눈으로 봐도 우주가 똑같이 화려하게 보일까? 아쉽게도 그렇지는 않다. 본질적으로 사람의 눈과 망원경, 카메라가 세상을 보는 방법에는 큰 차이가 있기 때문이다. 우리의 눈은 빛을 저장하지 못하지만 카메라는 빛을 차곡차곡 담아둘 수 있다. 긴 노출 시간만 주면 아무리 희미한 빛이라도 더 밝게 볼 수 있다. 우주를 관측하는 망원경에 탑재된 카메라도 똑같다. 또 사람의 눈은 아주 좁은 파장 범위인 가시광선만 볼 수 있지만 망원경은 가시광선 외에도 적외선, 자외선, 전파 등 아주 다양한 빛을 감지한다. 다만 천문학자들은 이 빛의 정보를 시각적으로 더 쉽게 볼 수 있도록 인위적으로 다양한 색을 입혀 사진을 완성한다.

오래전 태양과 같은 별이 진화를 마치고 외곽 물질을 둥글게 불어내며 남긴 행성상성운인 이 아름다운 나선성운의 이미지도 같은 방식으로 완성했다. 성운 속 다양한 화학 성분을 더 확연하게 구분하기 위해 파란색, 노란색, 빨간색 등 다양한 색을 입혔다. 그 독특한 모습 때문에 이곳은 '신의 눈동자'라는 별명이 붙었다. 망원경이든, 사람의 눈이든 여전히 우주의 눈동자는 우리를 압도한다.

천왕성과 위성들

천왕성은 자전축이 거의 옆으로 누운 채로, 마치 공이 바닥 위를 굴러가는 것처럼 자전한다. 마침 천왕성의 고리가 하나도 가려지지 않는 방향으로 누워 있을 때 제임스 웹이 천왕성을 바라봤다. 천왕성 극지방에 있는 하얀 구름이 보이고, 천왕성을 에워싼 다섯 겹의 고리 사이 빈 간극도 선명하게 확인할 수 있다. 천왕성 주변을 맴도는 크고 작은 위성들이 마치 푸른 보석처럼 반짝인다. 가장 왼쪽부터 순서대로 티타니아, 아리엘, 퍽, 미란다, 움브리엘, 오베론이다. 위성이 여섯 개가 아니라 다섯 개만 보인다고? 천왕성의 고리 바로 왼쪽 아래를 잘 보면 아주 희미하게 숨어 있는 작은 위성인 퍽을 찾을 수 있을 것이다. 놀랍게도 태양계 행성 천왕성을 찍은 사진이지만 태양계를 훨씬 벗어난 먼 우주에 숨어 있는 배경 은하들의 모습까지 한 사진에 담겨 있다.

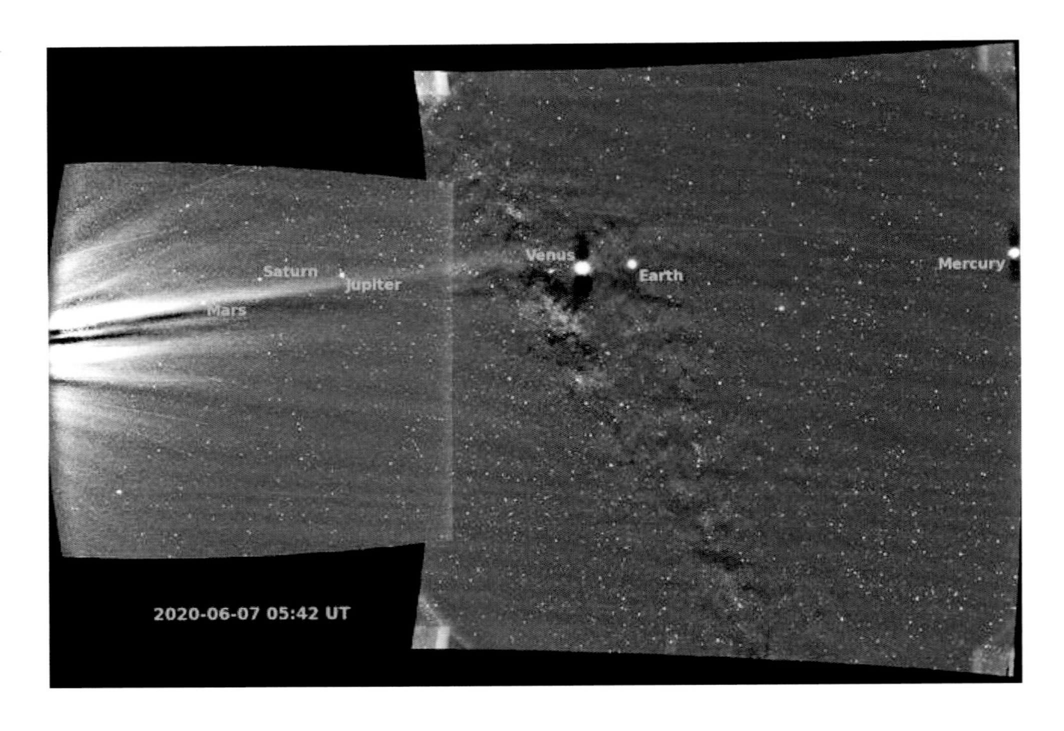

태양계와 은하수

1990년 보이저 1호는 해왕성 궤도 너머 태양계 끝자락에서 태양계 행성들의 가족사진을 찍었다(6월 28일 참고). 한편 파커 태양 탐사선은 태양계 가장 안쪽에서 태양계 가족사진을 찍었다. 2020년 6월 7일, 태양에 가장 가까이 접근한 파커 태양 탐사선은 태양이 방출하는 태양풍 입자들 사이에서 태양빛을 반사하며 밝게 빛나는 행성들의 모습을 담았다. 가장 왼쪽부터 화성, 토성, 목성, 금성, 지구, 그리고 수성이다. 두꺼운 이산화탄소 대기권으로 덮인 금성은 태양빛을 가장 많이 반사한다. 게다가 금성은 태양에서 두 번째로 가까운 행성이다. 그래서 사진 속에서 가장 밝게 보인다. 보이저 1호가 찍은 태양계 가족사진에서는 화성이 너무 어두워 미처 담기지 못했지만, 다행히 파커 태양 탐사선이 새롭게 찍은 사진에는 희미한 화성이 밝게 퍼지는 태양 빛줄기 속에 아슬아슬하게 담겼다. 반면 이번 사진에는 거리가 너무 멀고 방향이 많이 벗어나 있던 천왕성과 해왕성은 보이지 않는다. 그나마 금성과 지구 방향 너머 아주 먼 거리에서 대각선으로 흐르는 은하수의 모습을 확인할 수 있다.

발사 전
제임스 웹 모습

제임스 웹은 허블 우주망원경과 달리 아주 먼 거리까지 날아갔기 때문에 우주인이 직접 올라가서 수리할 수 없다. 고장이 나더라도 그대로 방치하는 수밖에 없다. 따라서 굳이 우주복을 입고 제임스 웹의 수리를 대비한 훈련을 할 필요도 없다. 그런데 왜 우주복을 입은 우주인들이 제임스 웹 주변을 어슬렁거리고 있는 걸까? 사실 사진 속 옷은 우주복이 아니라 독성물질로부터 보호하기 위한 보호장구다. 제임스 웹의 본체 안에는 총 168킬로그램의 하이드라진 연료와 133킬로그램의 산화제가 있는데, 이 성분은 굉장히 위험한 독성물질이어서 엔지니어들은 유독 가스를 흡입하지 않도록 마치 우주복처럼 안에 공기를 주입한 자체 공기 보호 앙상블SCAPE 수트를 착용한 것이다.

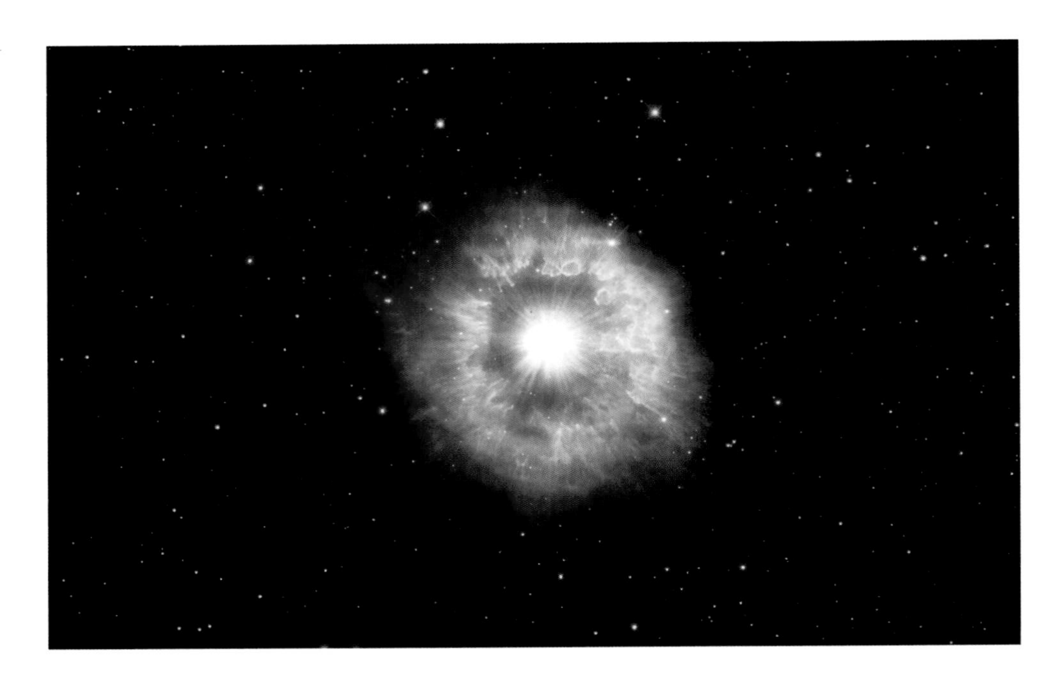

용골자리 AG 별

지구에서 2만 광년 떨어진 용골자리 AG 별은 삶과 죽음의 경계에 서 있다. 내부의 핵융합 반응이 멈추면서 약 만 년 전 별은 사방으로 막대한 물질을 토해냈다. 이 물질의 질량만 태양의 10배를 넘는다. 그렇게 퍼져나간 먼지구름의 지름은 약 5광년으로, 태양에서 가장 가까운 별인 프록시마 센타우리까지의 거리보다 더 길다. 현재 이 별은 내부에서 강력한 자외선 빛을 내뿜고 있다. 너무나 강렬해서 별이 형태를 유지하지 못하고 터져버릴지도 모른다. 아직까지는 자신의 육중한 중력으로 터지지 않고 형태를 잘 유지하고 있다. 물론 아직까지는.

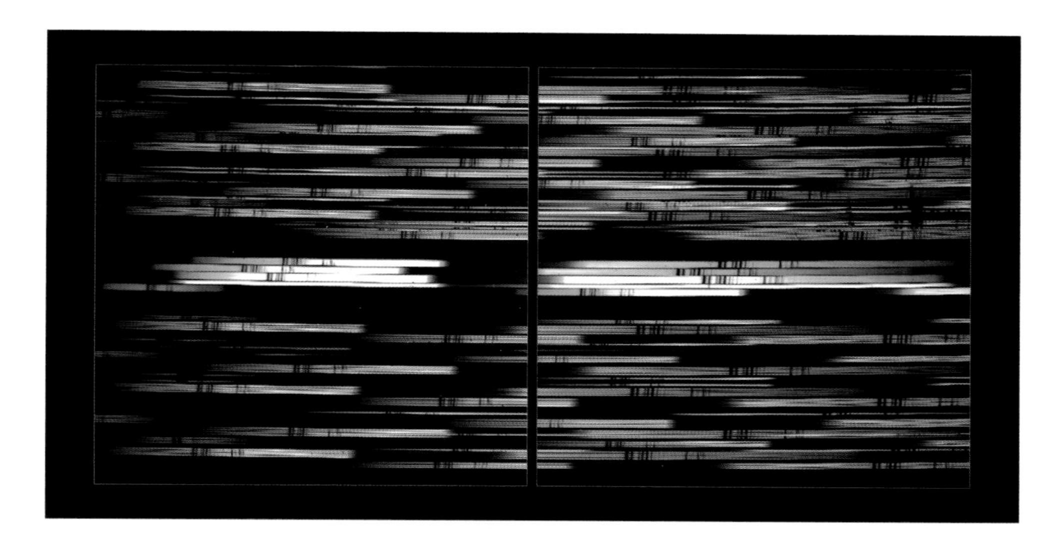

제임스 웹으로 관측한 별들의 스펙트럼

제임스 웹은 허블 우주망원경에 비해 훨씬 파장이 긴 적외선 영역에서 우주를 관측한다. 단순히 이미지만 찍는 것이 아니라 조금씩 다른 파장 범위에 걸쳐 빛의 에너지가 어떻게 분포하는지 세부적인 스펙트럼을 관측하는데, 이를 위해 제임스 웹에는 근적외선 분광기가 탑재되어 있다. 이렇게 파장에 따른 빛의 세기 분포를 분광이라고 한다. 어릴 적 하얀 형광등 빛을 프리즘에 통과시켜서 무지갯빛 스펙트럼을 만드는 것과 같은 원리다. 이 사진은 근적외선 분광기의 성능을 점검하기 위해 찍은 테스트 사진이다. 원활한 테스트를 위해서 근적외선 분광기가 최대한 많은 별빛을 담을 수 있도록 별이 바글바글한 우리은하 중심부를 겨냥하고 찍었다. 별마다 기다란 스펙트럼을 하나씩 만들었다. 각 별의 스펙트럼 띠의 위치가 조금씩 어긋나 있는 것은 실제 별들의 위치를 반영한다.

별을 구성하는 원소들은 특정한 파장의 빛을 더 많이 흡수한다. 따라서 별의 스펙트럼으로 어떤 파장의 빛이 어둡게 보이는지를 확인하여 별의 대기를 구성하는 화학 성분을 유추할 수 있다. 말 그대로 별의 화학적 DNA를 추출하는 과정인 셈이다. 그 모습이 마치 사람의 DNA를 전기영동으로 분리한 것처럼 보이는 건 단순한 우연은 아닐 것이다.

구상성단 NGC 6397

제임스 웹과 유클리드 우주망원경에는 중요한 공통점이 있다. 둘 다 여섯 방향으로 뻗어나가는 빛의 잔상을 보인다. 거울을 지지하고 있는 지지대와 거울의 형태로 인해 빛이 사방으로 퍼지는 잔상 현상이다. 유클리드로 찍은 이 사진을 보라. 유독 밝게 빛나는 가까운 거리의 우리은하 속 별들에서 뚜렷한 잔상무늬 패턴이 보인다. 한편 우리은하 속 별 너머 배경 우주에 숨어 있는 납작한 원반 은하들도 볼 수 있다.

안드로메다은하

낯설게 보일지 모르지만 이곳은 우리에게 아주 익숙한 천체다. 우리은하 바깥 가장 가까운 이웃 은하인 안드로메다은하의 모습이다. 다만 이 사진은 자외선 빛을 보는 갈렉스 우주망원경으로 촬영한 것이다. 가시광선보다 파장이 짧은 자외선은 아주 뜨겁게 빛나고 있는 어린 별들에서 주로 방출된다. 그래서 이 사진은 안드로메다은하 속에서 갓 탄생한 별들의 분포를 더 선명하게 보여준다. 파란색과 하얀색이 혼합된 채로 둥글고 길게 이어진 고리들은 그곳이 높은 밀도로 어린 별들이 탄생하고 있는 지역임을 알려준다. 반면 은하 원반 중심의 노란 영역은 비교적 나이가 더 많은 미지근한 별들의 분포를 보여준다. 어린 별들의 분포를 통해 안드로메다은하 원반의 나선팔 구조가 더 선명하게 드러난다.

목성과 가니메데 위성의 그림자

목성의 구름 표면 위에서 알록달록한 구름 띠와 소용돌이가 휘몰아치고 있다. 그런데 왼쪽 부분에 거대한 검은 소용돌이가 보이는가? 사실 이건 목성 곁을 돌고 있는 가장 큰 네 위성 중 하나인 가니메데 위성이 태양빛을 가리면서 생긴 그림자다. 가니메데는 약 110만 킬로미터 떨어진 거리에서 목성 궤도를 돌고 있다. 목성의 둥근 표면과 태양빛이 비치는 비스듬한 각도로 인해 목성 구름 표면 위에 가니메데의 그림자가 길게 찌그러진 타원 모양으로 그려졌다. 그림자가 드리운 구름 표면 위에서 목성의 하늘을 바라본다면 거대한 위성 하나가 태양을 완벽하게 가리고 지나가는 개기일식을 볼 수 있을 것이다. 너무 신기해할 것도 없다. 목성에서 가니메데에 의한 일식은 일주일에 한 번씩 찾아온다.

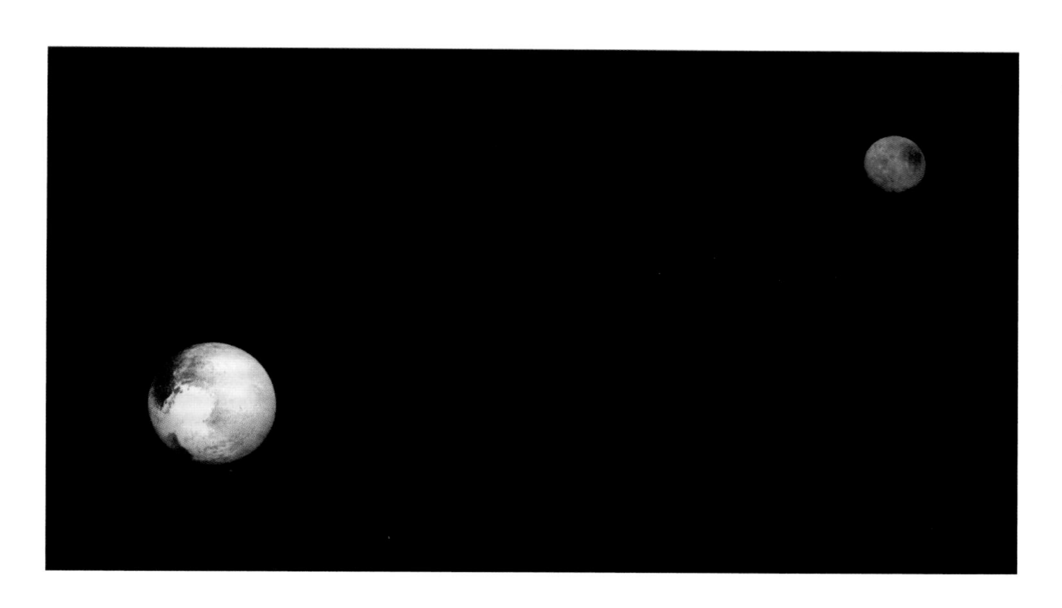

명왕성과 카론 위성

어떻게 해야 수성부터 해왕성까지 다른 행성들은 그대로 두고, 명왕성만 행성의 지위를 박탈시킬 수 있을까? 2006년 프라하에 모인 천문학자들은 이 문제를 두고 깊게 고민했다. 그리고 묘안을 떠올렸다. 바로 명왕성 곁을 도는 위성을 핑계로 명왕성을 쫓아내는 것이다.

명왕성은 작은 크기에 어울리지 않게 위성이 다섯 개나 발견되었다. 그중 가장 큰 카론 위성은 명왕성 지름의 절반 정도로, 명왕성 입장에서는 꽤 버거운 위성이다. 그 결과 카론은 명왕성을 중심에 두고 그 주변을 돌지 않는다. 대신 명왕성과 카론 모두 둘의 질량중심점을 중심으로 함께 맴돈다(카론이 명왕성에 비해 그리 가볍지 않은 탓에 둘 전체의 질량중심점은 명왕성 바깥에 놓인다). 그래서 명왕성과 카론은 중심 행성과 주변 위성이라기보다는 서로가 함께 곁을 맴도는 이중 행성이라고 보는 것이 더 타당하다. 명왕성은 주변 위성 전체를 거느리고 있는 중심 행성이라기에는 주도적이지 않다. 천문학자들은 바로 이 부분을 문제 삼았다. 이러한 고민 끝에 2006년에 태양계 행성이 되기 위한 새로운 조건이 만들어졌다.

1. 태양 주변을 맴돌고 있어야 한다.
2. 질량이 충분히 무거워서 둥근 형태를 갖고 있어야 한다.
3. 다른 천체 곁을 맴도는 위성이 아니어야 한다.
4. 주변 궤도에서 주도적인 궤도를 유지하고 있어야 한다.

명왕성은 네 번째 조건을 충족하지 않으므로 행성 지위에서 쫓겨났다. 이 사진은 2015년 7월 13일과 14일, 뉴허라이즌스 탐사선이 명왕성에 가장 가까이 접근하기 하루 전에 명왕성과 그 곁을 도는 위성 카론의 모습을 담은 것이다.

6월
15일

인사이트 착륙선의 지진계

화성으로 이주해 정착하겠다는 인류의 오랜 꿈은 슬프게도 실현될 수 없을지도 모른다. 화성으로의 이주를 가로막는 가장 큰 장벽은 바로 화성의 미약한 자기장이다. 지구의 경우 내부의 맨틀과 핵이 활발하게 요동쳐서 주변에 강력한 자기장 보호막을 두를 수 있다. 태양이 쉬지 않고 태양계 사방으로 강력한 태양풍과 우주 방사선 입자들을 토해내고 있지만 지구의 자기장이 지상 생태계를 지켜주고 있다. 하지만 화성은 이미 수억 년 전에 거의 모든 지질활동이 멈췄고 자기장도 사라졌다. 태양풍에 고스란히 노출됨으로써 화성은 이미 오래전 화성을 덮고 있던 대기권과 바다가 사라진 것으로 추정된다.

2018년 11월 26일, 화성에 착륙한 인사이트 착륙선은 앞선 화성 탐사선들과 다른 특별한 임무를 맡았다. 단순히 화성 표면의 사진을 찍고 암석 샘플을 분석하는 것만이 아닌 화성 내부를 탐사하는 임무다. 물론 거대한 화성을 과일처럼 반으로 쪼개볼 수는 없다. 대신 화성 전역에 울려 퍼지는 지진파 탐사를 통해 화성 내부 맨틀과 핵의 밀도와 분포를 파악할 수 있다. 마치 수박을 직접 쪼개지 않고 통통 두드려서 수박이 얼마나 단단하게 잘 익었는지를 파악하는 것과 같다. 지금의 화성은 지질활동이 거의 없기 때문에 지구에서처럼 지각판이 움직이는 지진은 일어나지 않지만 화성에 운석이 떨어지면 그 충격이 화성 전역에 퍼질 때 지진파를 감지할 수 있다. 이 사진은 인사이트가 챙겨간 둥근 지진계를 화성 표면에 올려둔 모습을 찍은 것이다. 이 지진계는 운석 충돌로 인한 지진파뿐 아니라 화성 표면에서 미세하게 부는 바람으로 인한 진동까지 감지한다.

구상성단 NGC 6397

수십만 개가 넘는 별들이 이 한 장의 사진 속에 담겨 있다. 이 사진은 유클리드 우주망원경으로 바라본 구상성단 NGC 6397의 모습이다. 나이가 어리고 뜨거운 푸른 별부터 나이가 많고 미지근한 노란 별까지 다양한 세대의 별들이 높은 밀도로 둥글게 모여 있다. 별들이 둥글게 주먹밥의 밥알처럼 모여 있는 이런 형태를 구상성단이라고 부른다. 구상성단은 빅뱅 직후 만들어진 구조 중 하나로, 초기 우주의 추억을 고스란히 간직하고 있는 우주의 화석이다.

은하 NGC 3314

은하 두 개가 겹쳐 보인다고 해서 항상 두 은하가 충돌하는 것은 아니다. 우주는 너무나 거대하기 때문에 거리로 인한 착시 효과로 우리를 속이곤 한다. 사진 속 두 은하는 사실 겹쳐 보일 뿐 전혀 다른 거리에 놓인 별개의 은하들이다. 푸르게 소용돌이치는 은하가 첫 번째 은하이고, 그 너머 훨씬 먼 거리에 살짝 비스듬하게 누워 있는 은하가 두 번째 은하이다.

6월
18일

용골자리성운

“산은 땅의 불멸의 기념비다.”

_너새니얼 호손(소설가)

체셔 고양이 은하단

"여기서 어느 길로 가야 하는지 알려줄래?" 앨리스가 물었다.
"그건 네가 어디로 가고 싶은지에 달렸지." 고양이가 말했다.
"어디로 가고 싶은지는 아직 생각해보지 않았는데…." 앨리스가 말했다.
"그럼 어느 길로 가든 상관없지!" 고양이가 말했다.
"…하지만 어딘가 도착하고 싶어." 앨리스가 설명을 덧붙였다.

그러자 고양이는 다시 이렇게 말했다.
"넌 틀림없이 도착하게 되어 있어. 계속 걷다 보면 어디든 닿게 되거든."

6월
20일

은하단 SDSS
J1226+2149

시공간이 휘어져 있다는 사실을 이렇게나 분명하게 보여줄 수 있을까? 제임스 웹이 중력렌즈 효과를 활용해 우주 끝자락 머나먼 은하들의 모습을 담았다. 제임스 웹의 근적외선카메라로 담은 이 사진의 오른쪽에 하얗게 빛나는 타원은하들로 이루어진 은하단이 있다. 이곳은 머리털자리 방향으로 약 63억 광년 거리에 있는 은하단 SDSS J1226+2149다. 은하단의 육중한 중력으로 주변 시공간이 왜곡되어서 그 너머의 배경 우주에 숨어 있는 초기 은하의 허상들이 일그러지고 괴기한 모습으로 보인다. 초기 은하들 속에서 좀 더 밝게 빛나는 작고 붉은 반점들이 보이는데, 이것은 먼 은하에서 벌어지는 활발한 별 탄생의 순간을 보여준다. 오른쪽 부분에는 은하단 중심의 밝은 타원은하를 향해 빨려가는 듯한 모습의 붉은 은하가 보인다. 마치 길게 치즈가 늘어진 부채꼴 모양의 피자 조각이 떠오른다. 그 왼쪽에는 또 다른 붉은 뱀이 입을 벌린 채 작고 흰 은하를 잡아먹으려 하고 있다.

오리온성운

오리온성운 속 별빛이 폭포처럼 흘러내린다. 프로플리드 올챙이들이 한창 반죽되고 있는 폭포 아래의 오른쪽 바위에 개구리가 앉아 있다.

6월
22일

고리성운

여름철 밤하늘에는 선명한 은하수가 길게 흐른다. 은하수를 사이에 두고 두 개의 밝은 별 베가와 알타이르가 빛난다. 두 별은 오늘날의 별자리를 기준으로, 각각 거문고자리와 독수리자리에서 가장 밝은 별이다. 오래전 동아시아에서는 이 두 별이 은하수를 사이에 두고 떨어져 있는 하늘의 연인이라 생각했다. 과거에는 거문고자리의 베가를 직녀성, 독수리자리의 알타이르를 견우성이라고 불렀다. 1만 2000광년 두께의 은하수를 사이에 두고 멀리 떨어져 있는 우주급 '롱디 커플'의 이야기다.

직녀성이 있는 거문고자리 주변에는 독특한 성운이 있다. 알록달록한 가스구름이 동그랗게 퍼져 있는 이곳은 그 모습 때문에 반지 또는 고리성운으로 불린다. 이 성운은 지구에서 약 2500광년 거리에 있으며, 지름의 크기는 약 2~3광년이다. 직녀의 손가락이 상당히 굵었던 모양이다. 오래전 태양 정도로 가벼운 별이 진화를 마치고 폭발하며 고리성운을 남겼다. 이런 성운은 멀리서 봤을 때 마치 태양계 행성처럼 둥근 원반의 모습으로 보여서 행성상성운으로 분류한다.

제임스 웹이 근적외선카메라로 이 고리성운을 관측했다. 중심에서 오래전 폭발한 별의 충격파로 인해 뜨겁게 달궈진 수소 분자로 채워져 있어서 성운의 중심부는 푸른빛으로 보인다. 고리성운의 가장자리에는 충격파와 주변 성간물질이 뒤엉켜 만들어진 필라멘트가 복잡하게 퍼져 있다. 화려한 나선 모양의 필라멘트가 주변에 이어지는데, 그 이유는 중심에서 폭발한 별이 혼자가 아니었기 때문일 수 있다. 중심의 별이 지구와 명왕성 거리 정도에 떨어진 다른 별을 함께 거느린 채 궤도를 돌면서 사방으로 물질을 토해냈고, 궤도를 돌면서 별이 물질을 불어낸 결과 지금의 아름다운 예술작품이 완성된 것이다. 가장 뚜렷하게 보이는 고리성운의 둥근 가장자리에서는 탄소를 기반으로 구성된 무거운 분자들이 많이 발견된다. 가장자리를 따라 높은 밀도로 새롭게 반죽된 구름 덩어리 2만여 개도 찾을 수 있다.

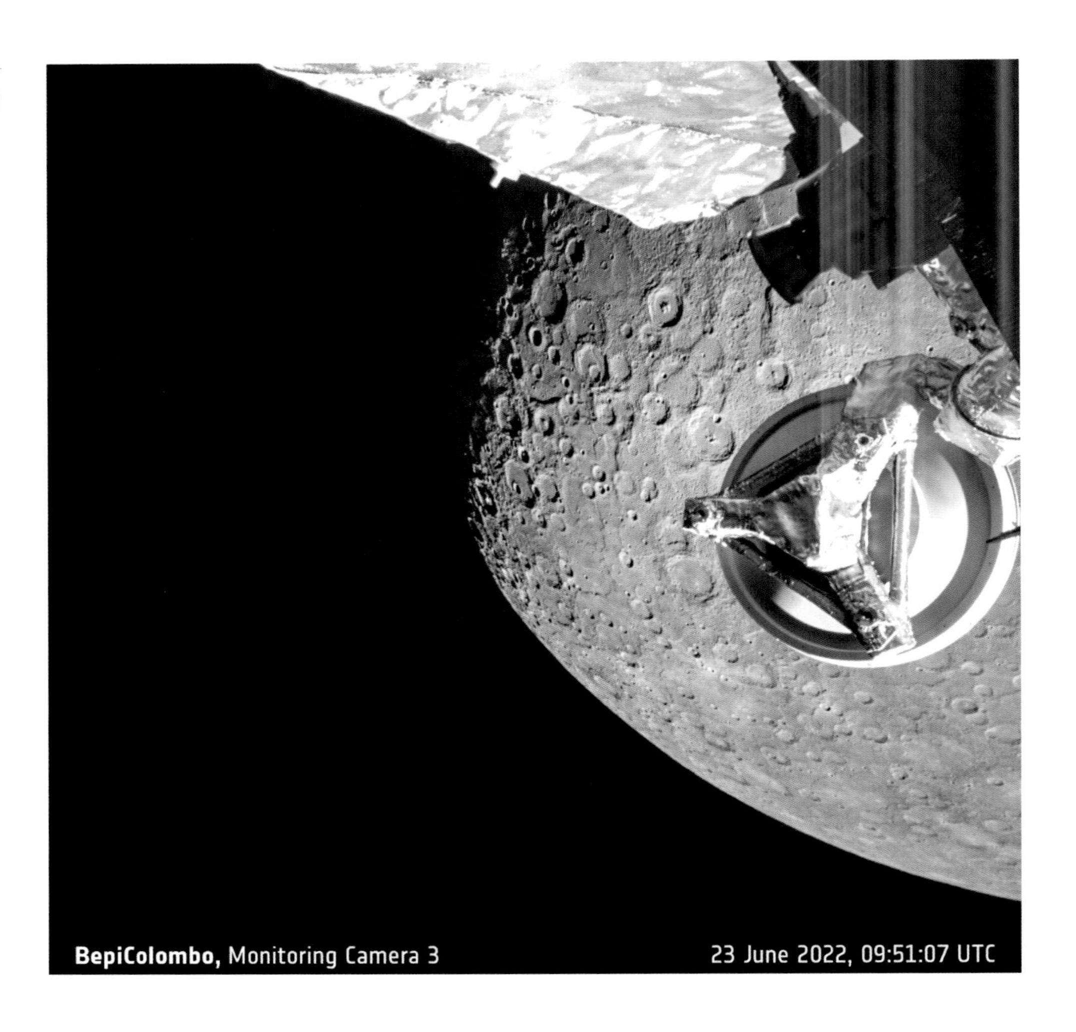
BepiColombo, Monitoring Camera 3
23 June 2022, 09:51:07 UTC

수성

이곳은 달이 아니다. 태양계의 가장 안쪽 행성인 수성이다. 지구보다 바깥 행성을 방문하는 것에 비해 안쪽 행성을 방문하는 것이 훨씬 까다로워서 그동안 화성에는 아주 많은 탐사선이 방문했지만 수성에는 지금까지 단 두 번의 탐사만 이루어졌다. 이 사진은 수성을 향해 떠났던 베피콜롬보 탐사선이 2022년 6월 23일 수성 곁을 지나가던 중 포착한 장면이다. 베피콜롬보는 수성 표면에서 겨우 1460킬로미터 거리를 두고 가까이 접근하면서 수성의 모습을 담았다. 사진 오른쪽 가운데 둥글게 보이는 것은 탐사선의 고성능 안테나다. 또한 다양한 크기의 크레이터가 보인다. 수성 표면이 달과 비슷한데, 수성도 달처럼 대기권이 없어 모든 운석이 그대로 표면에 충돌해 크레이터가 생긴 것이다.

이 크레이터들에는 다양한 아티스트의 이름이 붙었다. 사진 속 베피콜롬보의 안테나 바로 왼쪽의 크레이터는 히니 크레이터다. 1995년 노벨 문학상을 탔던 아일랜드 출신의 시인 셰이머스 히니의 이름이 붙었다. 히니 크레이터의 내부는 매끄러운 용암지대로 덮여 있다. 지금은 화산 활동이 벌어지고 있지 않지만 수성도 과거에는 지질학적으로 역동적인 세계였다는 것을 보여준다. 히니 크레이터 위에는 브라질 화가 타르실라 두 아마라우의 이름이 붙은 아마라우 크레이터가 있다. 아마라우 크레이터 중심에는 작은 산이 솟아 있다. 사진 속 둥근 수성의 왼쪽 가장자리를 따라 위에서 아래로 각각 호주의 음악가 퍼시 그레인저와 클라리스 베킷, 칠레의 시인 파블로 네루다, 인도의 화가 암리타 셰르길의 이름을 붙인 크레이터가 이어져 있다.

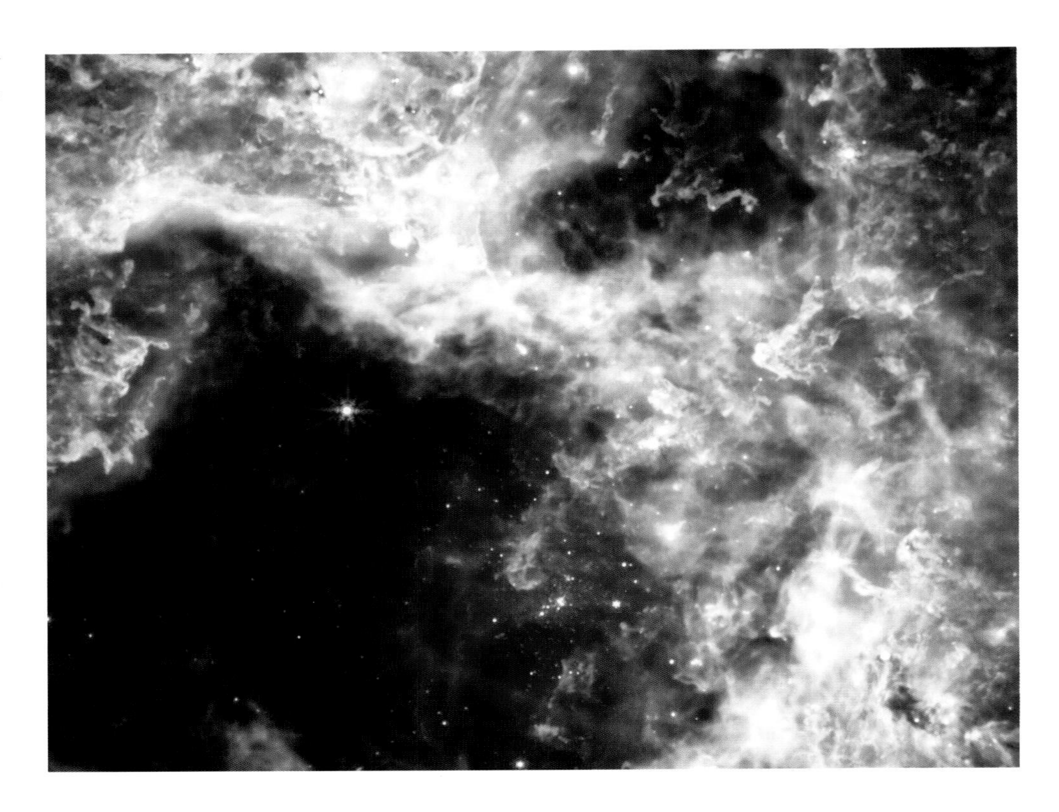

타란툴라성운

제임스 웹이 중적외선기기로 타란툴라성운의 심장을 바라봤다. 중적외선으로 우주를 바라보면 뜨겁고 밝게 빛나는 별 대신 미지근하게 달궈진 가스 먼지구름만 보게 된다. 그래서 근적외선카메라로 찍은 사진에선 선명하게 볼 수 있었던 푸른 성단이 보이지 않는다(4월 2일 참고). 대신 밝은 별빛을 받아 미지근하게 달궈진 채 서서히 불려나가는 주변 먼지구름의 모습이 푸르스름하게 보인다.

토성과 위성

2023년 6월 25일, 제임스 웹이 거대한 고리를 두른 토성을 바라봤다. 토성 대기는 높은 밀도의 메테인으로 채워져 있다. 태양빛을 반사하며 빛나는 토성의 적외선 대부분이 대기 중 메테인에 의해 흡수된다. 그래서 제임스 웹의 눈에서 토성은 아주 어두운 행성이다. 카시니 탐사선으로 찍은 토성 사진에서 흔하게 볼 수 있는 긴 구름 띠의 모습도 선명하지 않다. 빠른 자전으로 인해 옆으로 약간 펑퍼짐하게 퍼진 모습을 확인할 수 있다.

토성에서도 계절 변화가 있다. 사진 촬영일 현재, 토성의 북반구는 여름, 남반구는 겨울 막바지를 보내고 있다. 그래서 사진 속 토성의 남극이 살짝 더 어둡게 보인다. 그런데 토성 북극도 주변보다 더 어둡게 보인다. 아직 그 이유는 정확히 밝혀지지 않았지만, 극지방에 있는 대기 입자들이 빛을 더 흡수하는 역할을 하고 있을 거라고 추정한다. 토성 원반 양옆 가장자리는 약간 더 밝게 빛나고 있다. 이는 토성의 상층 대기에 있는 메테인이 태양빛을 흡수했다가 다시 방출하면서 빛나는 발광의 흔적으로 추정한다. 토성 자체는 어둡게 보이지만 얼음 부스러기로 이루어진 토성 고리는 훨씬 밝게 빛난다. 암석 부스러기로만 이루어져 있어서 흐릿하게 보였던 목성 고리와는 대조적이다. 가장 안쪽부터 바깥까지 C, B, A 고리를 선명하게 구분할 수 있다. 심지어 가장 바깥의 희미한 F 고리도 보인다. 각 고리 사이 넓게 벌어져 있는 카시니 간극과 엥케 간극도 확인할 수 있다. 사진 왼쪽에는 토성 주변 작은 위성 세 개, 디오네, 엔켈라두스, 테티스가 찍혀 있다.

화성의 성에로 덮인 사막

화성 곁을 돌고 있는 화성정찰궤도선이 고해상도이미지실험 카메라로 포착한 성에로 덮인 화성의 사막 사진이다. 마치 눈을 감고 있는 거대한 괴물의 눈꺼풀 위로 눈썹이 서 있는 듯 보인다. 화성도 지구처럼 자전축이 살짝 기울어진 채 태양 주변을 돈다. 그래서 화성이 태양 주변 궤도를 한 바퀴 도는 동안 화성의 북반구와 남반구에 태양빛이 비치는 정도가 주기적으로 변해 계절 변화가 일어난다. 화성의 희미한 대기 대부분은 차가운 이산화탄소로 이루어져 있는데, 추운 겨울이 오면 화성 대기 중을 떠다니던 이산화탄소들은 화성 표면 위에 드라이아이스 형태로 얼어붙는다. 그리고 다시 따뜻한 봄이 시작되면 화성의 모래 언덕 밑에 얼어 있던 이산화탄소 얼음들이 기체로 승화하기 시작한다. 땅 밑에서 승화한 기체가 바깥으로 새어 나오면서 표면을 덮고 있던 얼음을 부수고 그 틈으로 밑의 모래 입자들을 이끌고 올라오게 된다. 이렇게 위로 끌려온 모래 입자들은 다시 화성의 모래 언덕 위에 줄지어 쌓이면서 사진처럼 검게 그을린 듯한 흔적을 남긴다.

은하 VV689

왜 요정은 꼭 작다고만 생각할까? 여기 거대한 우주 요정이 날개를 퍼덕이고 있다. 1500만 광년 거리에서 두 나선은하가 정면 충돌하고 있다. 절묘하게도 각각의 나선은하는 뚜렷한 두 개의 나선팔을 거느리고 있다. 서로 대칭적인 모습으로 두 은하가 충돌하면서 양쪽으로 거대한 날개를 펼친 모습의 은하 VV689가 만들어졌다. 이 우주 요정의 날개 크기는 수십만 광년에 달한다.

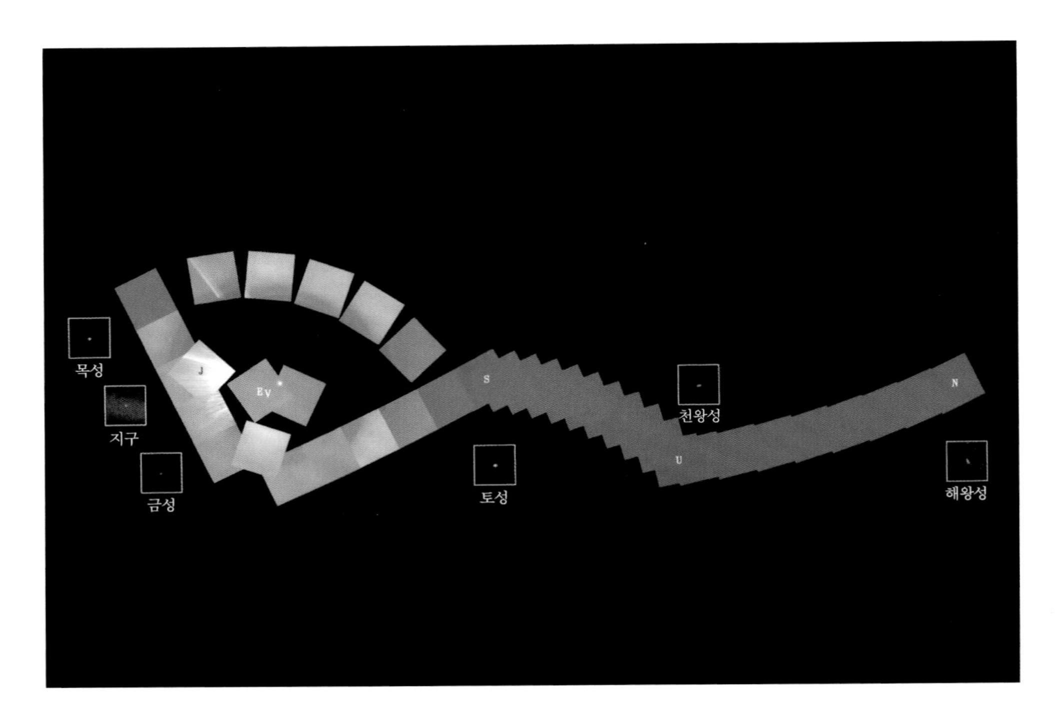

보이저 탐사선으로
찍은 태양계 가족사진

1990년 보이저 탐사선은 해왕성 궤도 너머 태양계 끝자락의 어둠 속으로 멀어지고 있었다. 천문학자 칼 세이건은 보이저 탐사선과 영원한 이별을 하기 전 마지막으로 특별한 임무를 주자는 제안을 했다. 그간 태양을 등지고 있던 보이저의 카메라를 태양 쪽으로 돌려서 태양계 행성들의 모습을 찍자는 제안이었다. 처음에 대다수의 천문학자와 엔지니어들은 반대했다. 탐사선의 카메라가 너무나 민감한 장비였기 때문에 지나치게 밝은 태양빛을 잘못 보면 장비가 완전히 망가질 수 있기 때문이다. 하지만 낭만주의 천문학자 칼 세이건의 끈질긴 설득 끝에 결국 그의 아이디어는 실행되었다. 물론 눈부신 태양 자체를 보지는 않았다. 대신 그 곁을 맴도는 작은 태양계 행성 중 금성, 지구, 목성, 토성, 천왕성, 그리고 해왕성을 순서대로 담았다. 태양에 바짝 붙어 있던 수성과 화성은 찍지 않았다. 물론 태양계만 하더라도 너무 거대하기 때문에 모두를 한 장의 사진에 담지는 못하고 구석구석 작은 장면을 이어 붙여 기다란 파노라마 사진으로 만들었다. 그렇게 천문학자들은 지구에서 60억 킬로미터 떨어진 탐사선의 눈을 빌려 역사상 처음으로 우리 태양계의 가족사진을 완성했다.

구상성단
오메가 센타우리

허블 우주망원경으로 거대한 구상성단 오메가 센타우리의 일부를 들여다봤다. 수많은 별이 보인다. 그런데 별마다 두드러지게 달라 보이는 대표적인 겉모습의 특징 두 가지가 있다. 바로 밝기와 색깔이다. 사실 천문학자들이 관측을 통해 알 수 있는 별의 정보는 이 두 가지가 전부다. 집 뒷동산에서 저렴한 망원경으로 별을 봐도, 산꼭대기의 거대한 망원경으로 별을 봐도 우리가 알 수 있는 건 별의 밝기와 색깔뿐이다. 다만 더 좋은 망원경은 밝기와 색깔을 더 정밀하게 알려줄 뿐이다. 별의 밝기는 별이 얼마나 효과적으로 에너지를 만들고 있는지를 보여주고, 별의 색깔은 표면의 온도를 나타낸다. 별은 더 뜨거울수록 푸르게 빛난다. 반대로 미지근한 별은 붉게 빛난다. 놀랍게도 천문학자들은 이 두 가지의 특징만으로 각 별들이 얼마나 거대한지, 현재 어느 정도의 진화 단계에 와 있는지 등 별의 자세한 사정을 알 수 있다.

은하단 Abell 370

작은 돌멩이들이 아인슈타인의 마법을 흉내 내고 있다. 이 사진은 태양계의 소행성들이 얼마나 천문학자들을 헷갈리게 할 수 있는지를 보여준다. 허블 우주망원경이 약 40억 광년 거리에 떨어진 거대한 은하단을 겨냥했다. 그 너머 배경 은하들의 빛이 육중한 은하단 주변을 지나면서 왜곡되는 중력렌즈 이미지를 찍기 위해서다. 그런데 이 사진에는 훨씬 가까운 코앞의 우주를 지나간 소행성들의 궤적이 잔뜩 찍혀버렸다. 난감하게도 소행성들이 지나가며 남긴 둥근 궤적은 은하단 주변에 찍힌 둥근 중력렌즈 이미지와 굉장히 유사하다. 다만 소행성들은 계속 한자리에 머물지 않고 빠르게 위치를 바꾼다. 그래서 같은 영역을 더 많이 관측해서 여러 장의 사진을 함께 합성하면 소행성의 흔적은 깨끗하게 지울 수 있다. 매년 6월 30일은 소행성의 날이다.

목성

1994년 7월 모든 천문학자가 목성을 주목했다. 목성 곁을 지나가던 혜성이 목성의 강한 중력을 버티지 못하고 21개의 조각으로 으스러졌다. 각각의 조각은 목성의 짙은 구름 속으로 떨어지며 목성 구름에 검은 멍 자국을 남겼다. 그렇게 천문학자들은 목성이 곁을 지나가는 작은 소천체를 잡아먹는 과정을 실시간으로 포착할 수 있었다. 이때부터 허블 우주망원경은 목성을 주기적으로 관측해오고 있다. 이 사진은 허블 우주망원경을 통해 자외선으로 촬영한 목성의 모습이다. 분홍빛과 하늘빛이 섞인 솜사탕처럼 보인다. 태양계에서 가장 거대한 태풍인 대적점이 이 사진 속에서는 붉은색이 아닌 짙은 푸른색으로 보인다. 더 높은 고도에 있는 대기 분자들이 목성의 대적점 아래에서 나오는 열을 흡수하기 때문이다.

해리슨 슈미트,
성조기와 지구

아폴로 17호 우주인 해리슨 슈미트가 성조기 옆에 서 있다. 성조기 위쪽에 38만 킬로미터 떨어진 푸른 지구가 작게 보인다. NASA의 아폴로 미션이 조작되었다고 생각하는 사람들이 아직도 많다. 특히 이들은 공기가 없는 달에서 깃발이 펄럭거리는 것처럼 보인다며, 이것이 조작의 증거라고 주장한다. 하지만 그렇지 않다. 이 사진을 잘 보면 깃발 위에 수평 방향의 깃대가 하나 더 들어가 있다. 만약 수평 방향의 깃대를 함께 만들지 않았다면 바람이 아예 불지 않는 달에서 성조기는 힘없이 아래로 축 처져 있었을 것이다. 하지만 NASA는 달에 꽂은 성조기가 자랑스럽게 펼쳐진 모습으로 사진에 담기기를 바랐고, 대기가 없는 달에서 어떻게 해야 깃발을 펼칠 수 있을지 엔지니어들이 고민한 결과가 사진에 보이는 깃대다. 비좁은 우주선 안에서 구겨 넣어 보관하던 나일론 재질의 깃발이라 주름이 미처 다 펴지지 않은 상태로 걸리게 되었다. 바람이 불지 않는 달에서도 깃발이 멋지게 보이도록 엔지니어들이 밤새 고민한 끝에 깃발을 펼쳐놓았건만, 정작 그 결과는 아폴로 미션을 믿지 못하는 음모론자들에게 먹잇감이 되고 말았다.

은하단 MACS J0138

보통 동일한 은하에서 초신성이 두 번 이상 터지는 건 아주 드문 일이다. 한 은하 안에서 초신성은 평균 50~100년에 한 번꼴로 폭발하는데, 그 은하에서 초신성이 터지는 순간을 놓치지 않고 담아내는 건 엄청난 행운이다. 그런데 허블과 제임스 웹, 두 우주망원경은 7년 사이에 초신성이 두 번 폭발하는 현장을 목격했다. 2016년 허블 우주망원경은 은하단 MACS J0138 너머 먼 배경 은하에서 폭발한 초신성의 섬광을 포착했다. 아주 먼 우주 끝자락에서 폭발한 초신성이었지만 그 앞의 육중한 은하단이 만든 중력렌즈 덕분에 초신성의 섬광이 더 밝게 증폭되었다. 중력렌즈로 인해 허블 우주망원경은 이 동일한 초신성의 섬광을 세 곳에서 볼 수 있었다. 이 사진은 2023년 제임스 웹이 우연히 동일한 배경 은하에서 또 다른 초신성이 폭발하는 순간을 포착한 것이다. 2016년에 목격된 초신성 폭발 섬광의 허상이 중력렌즈 효과로 인해 2035년쯤이 되면 한번 더 목격될 예정이다. 천문학자들은 뒤늦게 도착할 다음 초신성 폭발 섬광의 잔상을 기다리고 있다.

게성운

중국 송나라의 역사서 《송사》에는 특별한 사건이 기록되어 있다. 1054년 7월 4일경, 천관이라는 별 옆에 밝은 별이 갑자기 새롭게 등장했는데, 그 밝기가 초저녁 하늘에서 보이는 금성에 맞먹을 정도였다는 것이다. 참고로 금성은 우리가 하늘에서 맨눈으로 볼 수 있는 천체 중 달 다음으로 밝다. 그 밝은 빛은 600일이 넘도록 하늘에서 사라지지 않았으며, 심지어 등장한 직후 약 20일 동안에는 한낮에도 볼 수 있을 정도였다고 한다. 오늘날 《송사》에 기록된 방향의 하늘을 보면 당시의 초신성 폭발이 남긴 흔적을 볼 수 있다. 태양보다 훨씬 무거운 별이 폭발을 하며 남긴 초신성 잔해로, 주변의 성간물질과 폭발의 충격파가 복잡하게 얽혀 있다. 둥근 게딱지의 모습을 연상시키는 게성운을 제임스 웹으로 관측했다.

용골자리성운

7월 5일

높은 밀도로 뭉쳐진 먼지구름 번데기 속에서 아기 별이 한창 반죽되고 있다. 먼지구름의 밀도가 높아서 가시광선만으로는 그 내부를 볼 수 없고, 먼지구름을 꿰뚫어 볼 수 있는 적외선 관측을 해야 그 속에 숨어 있는 아기별의 모습이 드러난다. 먼지구름 번데기의 한가운데 밝게 빛나는 별이 이제 막 탄생하고 있는 어린 별이다. 이 별이 두 방향으로 토해내고 있는 에너지 제트의 모습까지 선명하다.

구상성단
오메가 센타우리

우리은하의 헤일로에는 150개가 넘는 둥근 구상성단이 떠돌고 있다. 이들 대부분은 오래전 하나의 거대한 가스구름이 수축하면서 한꺼번에 생겨났을 것으로 추정되는 수십만에서 수백만 개의 별로 이루어져 있다. 그래서 하나의 성단에 함께 모여 사는 별들 대부분은 나이가 비슷하다. 비슷한 환경에서 함께 태어났기 때문에 별을 구성하는 화학성분도 대부분 비슷하지만 그렇지 않은 이상한 구상성단도 있다. 아주 거대한 구상성단인 오메가 센타우리는 다른 구상성단들에 비해 훨씬 거대할 뿐 아니라 성단을 구성하는 별들의 화학성분이 굉장히 다양하다. 이것은 보통 성단 하나에서는 보기 어려운, 여러 다양한 세대의 별이 함께 섞인 거대한 은하에서 볼 법한 특징이다. 이를 근거로 오메가 센타우리가 원래는 크기가 작은 왜소은하였을 것으로 추정한다. 오래전 우리은하의 중력에 사로잡힌 왜소은하는 형태가 대부분 해체되고 밀도가 높은 둥근 중심부만 살아남아 지금껏 헤일로를 떠돌게 되었을 것이다. 오메가 센타우리 말고도 우리은하의 헤일로에는 사실은 은하였으나 일찍이 해체되고 부서지면서 지금은 마치 구상성단인 척 떠돌고 있는 은하의 조각들이 아주 많이 있을 것이다. 어쩌면 우리가 오늘날 구상성단이라 부르는 곳 대부분이 이렇게 만들어졌을 가능성도 있다.

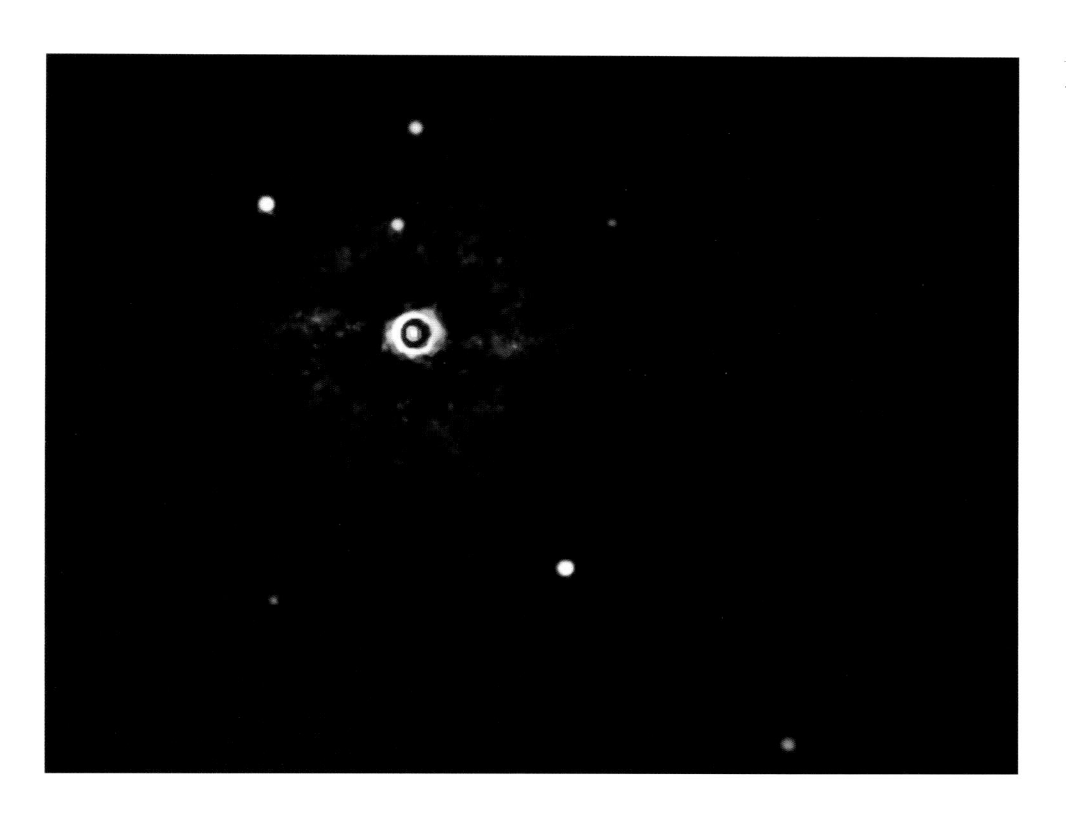

외계행성계
TYC 8997-760

태양계 바깥 다른 별을 맴도는 외계행성을 찾는 것은 아주 어렵다. 단순히 거대 망원경으로 사진을 잘 찍으면 찾을 수 있으리라 생각하지만 이는 사실 천문학자들이 가장 선호하지 않는 방법이다. 우선 외계행성은 별과 달리 스스로 빛나지 않는다. 우리가 보는 모든 외계행성의 빛은 중심 별빛이 반사된 것이다. 게다가 외계행성은 중심 별에 비해 훨씬 작다. 중심 별빛은 행성에 반사된 빛보다 압도적으로 밝기 때문에 별 옆에 바짝 붙어 있는 희미한 외계행성의 모습은 파묻혀버린다. 다만 최근에는 급격하게 발전한 망원경의 성능과 이미지 분석 기술 덕분에 별빛에 파묻힌 외계행성을 직접 찾는 시도도 있다. 이 사진은 태양과 비슷한 별 TYC 8998-760을 관측한 뒤 분석한 결과다. 왼쪽 위에 보이는 가장 큰 밝은 점이 이 별이다. 이미지를 처리하기 전에는 아주 밝은 별빛이 사방으로 멀리까지 퍼져 있었다. 하지만 이를 수학적으로 모델링하여 사진에서 제거하면 그 주변에 파묻혀 있던 희미한 점들이 나타난다. 사진 속 오른쪽 아래 찍혀 있는 밝은 점과 희미한 점이 이 별 곁을 맴도는 거대한 가스형 외계행성이다. 그 외의 다른 점들은 이곳과는 아무런 상관없는 훨씬 먼 거리의 배경 별이다. 이렇게 직접 망원경으로 사진 찍어서 외계행성을 찾는 것을 '다이렉트 이미징'이라고 한다. 다이렉트 이미징을 통해 태양과 비슷한 별 하나 곁에서 두 개 이상의 외계행성이 한꺼번에 발견된 것은 이곳이 처음이었다.

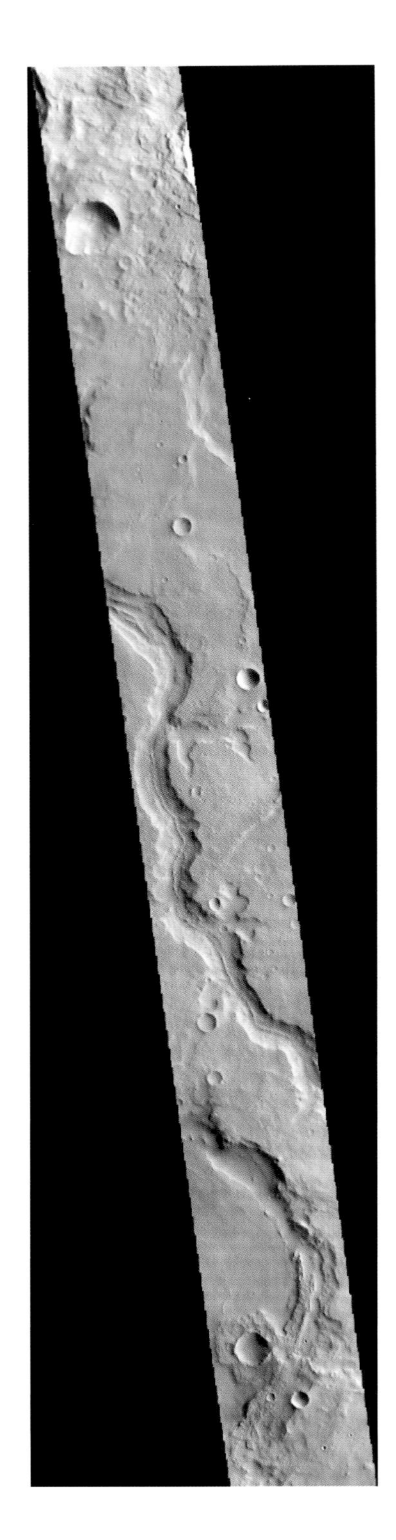

화성의 낙동 계곡

화성에도 낙동강이 흐른다. 다만 화성의 낙동강은 현재 모두 메말라 있다. 이 사진은 화성탐사선 2001 마스 오디세이가 화성 표면에서 크레이터로 얼룩진 고지대 중 하나인 아라비아 테라 위를 지나가면서 찍은 것이다. 이곳에는 크레이터 사이로 긴 계곡이 이어져 있는데 그 이름이 낙동 계곡Naktong Valles이다. 정말로 우리나라의 낙동강 이름을 붙였다. 지구의 낙동강은 한반도의 영남지방을 가르고 바다로 이어지지만 화성의 낙동강은 메마른 붉은 사막을 가로질러 거대한 크레이터로 이어진다. 지금은 메말라 있지만 화성의 낙동강도 약 30억 년 전에는 지구의 낙동강처럼 물이 흐르고 있었을 것이다.

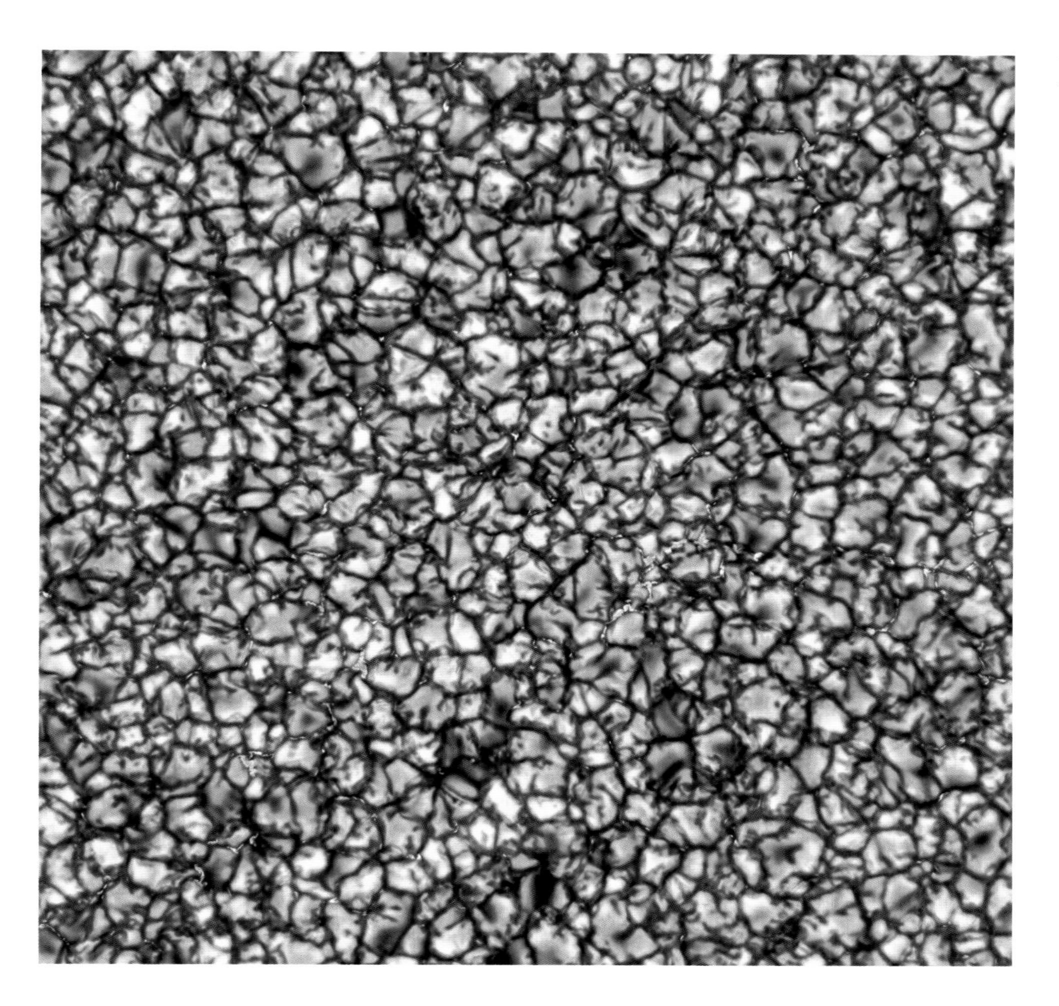

태양 표면의 쌀알무늬

마치 냄비 안에서 보글보글 끓고 있는 물의 표면을 내려다본 것과 같다. 탐사선이 직접 태양의 코앞까지 가서 찍은 사진이 아니다. 놀랍게도 지상 망원경으로 관측한 태양 표면의 모습이다. 하와이 마우이섬에 있는 할레아칼라천문대의 다니엘 K. 이노우에 태양망원경은 초고해상도로 태양 표면을 관측할 수 있다. 태양에서는 뜨거운 내부에서 물질이 표면 위로 올라왔다가 다시 내부로 내려가는 대류가 활발하게 벌어진다. 내부에서 뜨거운 물질이 올라오는 영역은 더 밝게 보이고, 물질이 다시 표면 아래로 내려가면서 온도가 낮아지는 영역은 어둡게 보인다. 이 사진처럼 대류 세포들이 자글자글하게 모여 있는 것을 쌀알무늬라고 부른다. 한편 각 쌀알무늬 사이 어두운 경계를 따라 중간중간 밝은 부분도 볼 수 있다. 이것은 대류 세포를 관통하는 자기장 다발을 따라 밝은 플라즈마가 흘러가면서 보이는 모습이다. 이 사진에 담긴 전체 영역은 3만 6500킬로미터 × 3만 6500킬로미터로, 무려 30킬로미터 크기까지 하나하나 구분해서 볼 수 있다.

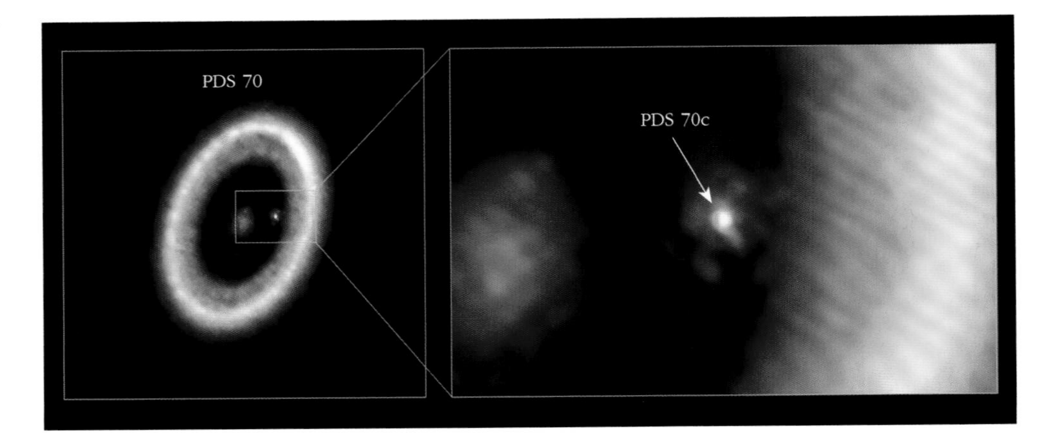

별 PDS 70과
외계행성 PDS 70c

PDS 70은 540만 년밖에 안 된 아주 어린 별이다. 이제 막 탄생한 별인 만큼 아직도 그 주변 먼지 원반 속에서 새로운 행성이 반죽되고 있다. 2012년에는 먼지 원반 속 넓게 벌어진 빈틈의 존재가 발견되었는데, 천문학자들은 이를 원반 입자들 일부가 새로운 행성으로 반죽되면서 생긴 틈이라 추정했다. 그리고 2018년과 2019년, 초거대망원경VLT을 통해 별 PDS 70 곁에서 두 개의 외계행성 PDS 70b, PDS 70c를 발견했고, 직접 관측을 통해 실제 사진으로 포착했다! 두 행성은 각각 목성의 7배, 4배 정도로 무거운 거대한 가스행성이다. 게다가 PDS 70c 행성 주변에서 새로운 위성이 반죽되는 작은 먼지 원반 하나가 더 존재한다는 사실도 확인되었다. 달 정도의 위성을 3개는 만들 수 있을 만큼 충분한 먼지 원반이 PDS 70c 행성을 감싸고 있다. PDS 70은 새로운 행성과 새로운 위성까지, 행성계의 기초 공사가 한창 진행 중인 현장이다.

미어캣으로 관측한
우리은하 중심부

7월
11일

2022년 천문학자들이 미어캣MeerKAT 전파망원경을 통해 우리은하 중심을 바라봤다. 미어캣은 이름에 걸맞게 남아프리카 벌판에서 여러 대의 전파망원경이 동일한 천체를 바라보면서 관측하는 전파 간섭계다. 총 200시간에 걸친 긴 관측을 통해 100메가픽셀의 방대한 이미지로 우리은하 중심부를 담았다. 여러 전파 안테나로 함께 관측한 간섭계 기술 덕분에 아주 작은 구조까지 선명하게 확인할 수 있었고, 그 결과 1000개가 넘는 수많은 기다란 전파 필라멘트의 모습이 드러났다. 재미있게도 이들 대부분은 우리은하 원반에 수직으로 이어져 있다. 살짝 둥글게 휘어진 듯한 모습도 보인다. 마치 하나의 거대한 하프 같다. 한때는 이것이 은하 원반 위에서의 초신성 폭발 여파로 퍼져나간 초신성 잔해일 수 있다고 생각했지만 이 전파 필라멘트 속 가스 입자들은 단순히 뜨겁게 달궈져서 빛을 내는 것이 아니다. 필라멘트를 따라 이어진 뚜렷한 자기장을 따라 가스 입자들이 빛의 속도에 가깝게 가속되면서 전파 영역에서 빛을 내는 '상대론적 복사'가 벌어진 것이다. 이를 통해 천문학자들은 이 필라멘트들이 우리은하 중심에 있는 초거대질량 블랙홀, 궁수자리 A*의 활동과 연관되어 있다고 추정한다.

7월
12일

은하단 SMACS J0723.3-7327 딥필드

사진 한가운데 눈부시게 빛나는 별이 가장 먼저 눈에 들어온다. 사실 이 사진의 진짜 주인공은 이 별이 아니다. 이 별은 단지 우리은하에 있는 가까운 배경 별일뿐이다. 사진의 진짜 주인공은 밝게 빛나는 별과 은하들 사이 깜깜한 배경 우주에 숨어 있다. 사진 곳곳에서 기괴하게 일그러진 붉은 얼룩들을 볼 수 있는데, 이것은 130억 년 전, 우주 끝자락에 숨어 있는 태초의 은하들이다. 원래는 거리가 너무 멀어서 볼 수 없었지만 아인슈타인의 마법 덕분에 이들을 볼 수 있다. 사진 가운데 노랗게 밝게 빛나는 은하들은 비교적 가까운 40억 광년 거리에 있는 은하단 SMACS J0723.3-7327을 이룬다. 이 은하단의 육중한 중력으로 인해 주변 시공간이 휘어지고 그 주변을 지나가는 빛의 경로도 함께 휘어진다. 은하단의 중력 자체가 마치 빛의 경로를 휘게 하는 렌즈의 역할을 한다. 그래서 이러한 현상을 '중력렌즈'라고 부른다. 작고 멀리 있는 물체를 렌즈로 더 크고 뚜렷하게 볼 수 있듯이 중력렌즈를 통해 더 먼 천체의 흐릿한 빛을 더 밝게 증폭시킬 수 있다. 중력렌즈는 더 멀리 있는 우주를 볼 수 있도록 해주는 거대한 천연 망원경인 셈이다. 바로 이 중력렌즈를 통해 제임스 웹은 우주 끝자락 암흑 속에 숨어 있는 원시은하들을 발견했다. 더 먼 우주의 빛은 지구로 날아오는 동안 우주 팽창과 함께 파장이 더 긴 붉은 쪽으로 늘어진다. 그래서 거리가 더 먼 은하일수록 더 붉은 빛으로 밝게 보인다.

이 사진은 제임스 웹 팀이 가장 최초로 공개한 제임스 웹의 딥필드 사진이다. 미국의 조 바이든 대통령이 직접 사진을 소개했고, 바로 다음 날 이 사진은 전 세계 모든 신문의 1면을 장식했다.

뱀주인자리성운

제임스 웹 팀은 첫 번째 관측 이미지 공개 1주년을 기념해 특별한 사진을 공개했다. 이곳은 뱀주인자리 방향으로 약 390광년 거리에 떨어져 있는 성운이다. 지구에서 가장 가까운 별 탄생 지역 중 하나로, 먼지로 자욱한 가스구름 속에서 어린 별들이 한창 태어나고 있다. 갓 태어난 어린 별들이 양쪽 방향으로 길게 항성풍을 토해내고 있다. 밝은 별빛으로 인해 뜨겁게 달궈진 수소 분자는 붉게 빛난다. 사진 속 어린 별들의 흔적이 선명한 붉은빛으로 남아 있다. 한편 흥미롭게도 사진의 왼쪽 위에 있는 붉은 수소 분자 구름은 마치 한반도의 북쪽 지형을 본뜬 모습을 하고 있다. 개마고원의 위치 정도에서 밝은 별이 빛나고 있다.

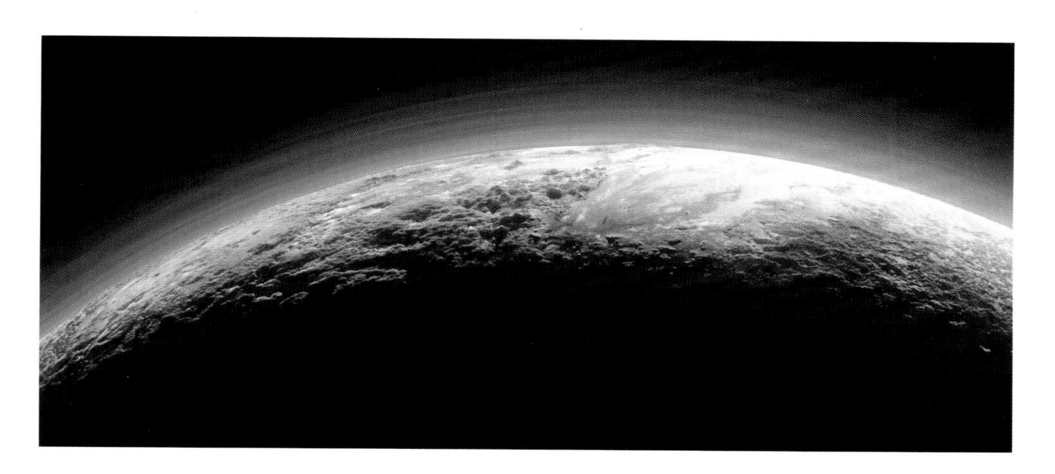

명왕성의 지평선

2015년 7월 14일, 뉴허라이즌스가 명왕성에 가장 가까이 접근해 스쳐 지나간 시각으로부터 15분 뒤, 차갑게 얼어붙은 명왕성의 둥근 지평선을 포착했다. 태양은 둥근 명왕성의 지평선 바로 아래 숨어 있다. 태양빛을 산란시키고 있는 뿌연 안개빛의 대기권도 보인다. 사진 오른쪽에는 비교적 매끈한 지형이 펼쳐져 있는데, 이곳은 천문학자들의 눈을 사로잡은 하트 모양 지형인 스푸트니크 평원의 일부다. 반면 사진 왼쪽의 지형은 훨씬 울퉁불퉁하고 거칠다. 최대 3500미터 높이의 산들이 솟아 있으며, 앞쪽으로 노르게이산이 보이고, 멀리 뒷배경에 있는 힐러리산이 명왕성의 아름다운 스카이라인을 이루고 있다. 1953년 네팔의 셰르파 텐징 노르게이는 뉴질랜드 출신의 탐험가 에드먼드 힐러리와 함께 세계 최초로 에베레스트산 정상에 올랐다. 지구에서 가장 춥고 외로운 곳에 올랐던 탐험가들의 이름은 이제 태양계에서 가장 춥고 외로운 곳에 함께 남게 되었다.

7월
15일

구상성단 M54

“만약 당신이 아름다운 별빛 아래에서 밤을 지새운 적이 있다면,
당신은 모두가 잠든 시간에 또 하나의 신비로운 세계가
고독과 정적 속에서 깨어난다는 사실을 알고 있을 것입니다.”

_알퐁스 도데, 〈별〉

아폴로 11호 미션
달 착륙의 순간

인류 최초로 달 표면에 발을 디딘 역사적인 순간이다. 1969년 아폴로 11호 미션을 상징하는 대표적인 사진일 것이다. 이 사진에 찍힌 우주인을 가장 처음으로 달에 발자국을 남긴 닐 암스트롱으로 여길 사람도 있겠으나, 사진 속 우주인은 암스트롱 바로 다음으로 달에 발을 디딘 버즈 올드린이다. 이 사진은 암스트롱이 찍은 것으로, 올드린의 헬멧에 비친 작은 우주인이 암스트롱이다. 풍문에 따르면 암스트롱에게 첫 번째 발 도장의 기회를 빼앗겨버린 올드린이 심술이 나서 달 탐사를 하는 내내 일부러 암스트롱의 사진을 별로 찍어주지 않았다고 한다.

제임스 웹의 부경

이 사진 속에는 총 몇 개의 거울이 있을까? 제임스 웹의 주경을 이루는 육각형 조각거울 18개와 주경 위에 올라가 있는 둥근 부경 1개까지, 총 19개의 거울이 찍혔다. 볼 에어로스페이스의 광학계 엔지니어 랄킨 캐리는 제임스 웹의 주경과 부경 사이에서 특별한 거울 셀카를 찍었다. 사진 속 캐리는 육각형 거울 위 기다란 탈것 위에 누워 있다. 엔지니어들은 제임스 웹의 거울을 건드리지 않고 부품을 조립하고 점검하기 위해 거울 위에 탈것을 띄워놓고 그 위에 누워서 작업했다.

은하 NGC 6822

은하 NGC 6822는 궁수자리 방향으로 겨우 150만 광년 거리에 떨어져 있다(9월 12일, 9월 15일, 10월 6일 참고). 소마젤란은하처럼 형태가 모호한 불규칙 은하다. 거리가 매우 가까운 은하이기 때문에 제임스 웹도 한 시야 안에 은하 전체를 담지 못한다. 사진은 제임스 웹의 근적외선카메라와 중적외선기기로 관측한 데이터를 모아 만든 것이다. 은하 NGC 6822에서는 수소와 헬륨을 제외한 무거운 원소가 매우 적게 발견된다. 우주는 오랫동안 진화하며 별들의 핵융합 과정을 통해 만들어진 무거운 원소가 계속 보충되어왔다. 따라서 무거운 원소의 함량이 아주 적은 NGC 6822는 빅뱅 직후 가장 순수하고 원시적인 우주의 태초의 순간을 고스란히 간직하고 있는, 화학적으로 척박했던 환경 속에서 별들이 어떻게 탄생했는지를 직접 확인할 수 있는 좋은 무대이다.

7월
19일

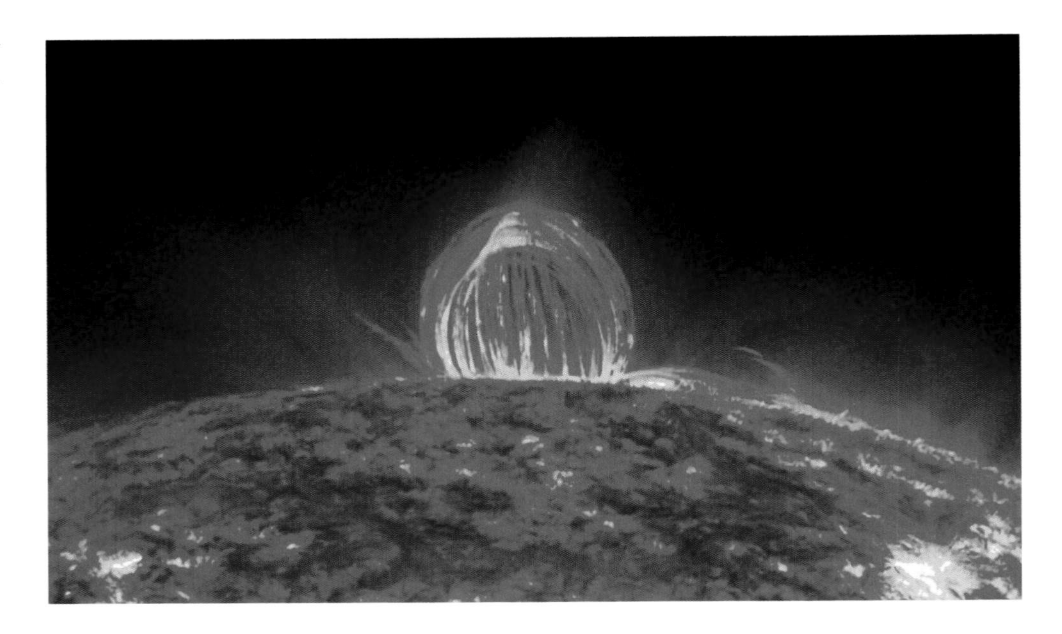

태양 플레어

태양 표면 바깥으로 뻗어나가는 자기장 다발을 따라 태양 표면 물질이 분출되고 있다. 태양 플라스마가 분출되는 현상을 '플레어'라고 부른다. 표면 바깥으로 자기장이 둥글게 말린 고리를 형성하면 태양 표면 바깥으로 분출되었던 물질이 다시 자기장을 따라 쏟아지기도 한다. 말 그대로 뜨거운 화염의 비가 폭포처럼 떨어지는 것이다. 이 사진은 2012년 7월 19일 포착된 태양 플레어다. 사진 속 둥글게 휘어 있는 불의 고리 높이는 지구가 다섯 개 들어갈 정도로 거대하다.

쌍은하 VV 191

둥근 타원은하, 중심에 막대가 없는 보통의 나선은하, 그리고 막대가 있는 막대나선은하까지, 우주에 존재하는 모든 종류의 은하를 보여주는 정말 교과서적인 사진이다. 우주의 은하는 크게 두 가지 종류가 있다. 수천억에서 수조 개에 이르는 별이 둥글게 모여 있는 타원은하와 납작한 원반을 이룬 채 아름다운 나선팔을 휘감고 있는 나선은하다. 쌍은하 VV 191은 대표적인 두 종류의 은하를 함께 볼 수 있는 놀라운 곳이다. 천문학자들은 허블과 제임스 웹으로 이곳의 모습을 담았는데, 허블이 관측한 파장이 짧은 자외선은 푸른색으로 보이고, 제임스 웹이 관측한 파장이 긴 적외선은 붉은색으로 보인다. 나선은하는 아직 새로운 별을 열심히 만들고 있기 때문에 어린 별빛이 방출하는 자외선으로 인해 나선은하보다 상대적으로 더 푸르게 보인다. 사진을 얼핏 보면 이 두 은하가 부딪히는 것처럼 보이지만 실은 오른쪽의 나선은하가 왼쪽의 타원은하보다 살짝 더 가까운 거리에 있다. 놀라운 것은 이곳에서도 중력렌즈의 마법을 확인할 수 있다는 점이다. 중력렌즈는 은하가 수백 수천 개 모여 있는 은하단뿐 아니라 개개의 은하에 의해서도 만들어진다. 왼쪽 타원은하의 중심부에서 10시 방향으로 둥글게 휘어져 흘러내리는 듯한 모습의 붉은 은하가 보인다. 4시 방향으로도 작고 붉은 점이 하나 찍혀 있다. 둘 다 타원은하 너머 먼 우주에 숨어 있는 배경 은하의 빛이 만들어낸 허상이다. 또한 우연히 겹쳐 보이는 VV 191의 타원은하와 나선은하 위로 멀리 중심에 막대 구조를 가진 막대나선은하도 비스듬하게 누워 있다.

화성의 모래밭

화성에서 드디어 모래 위에 반쯤 파묻힌 생명체의 흔적이 발견되었다! 이것은 먼 과거 화성에 살았던 고대 생명체의 뼈 화석일까? 물론 그렇지는 않다. 이것은 오래전 물과 바람을 맞으며 풍화 침식된 암석이 우연히 뼈다귀 모양으로 남아 있는 것으로 추정된다. 설사 화성에 생명체가 존재했더라도 골격과 피부가 있는 생명체는 아니었을 것이다. 아마 대부분은 우주방사선을 피해 화성의 표면 암석 아래 숨어사는 미생물이었을 것이다.

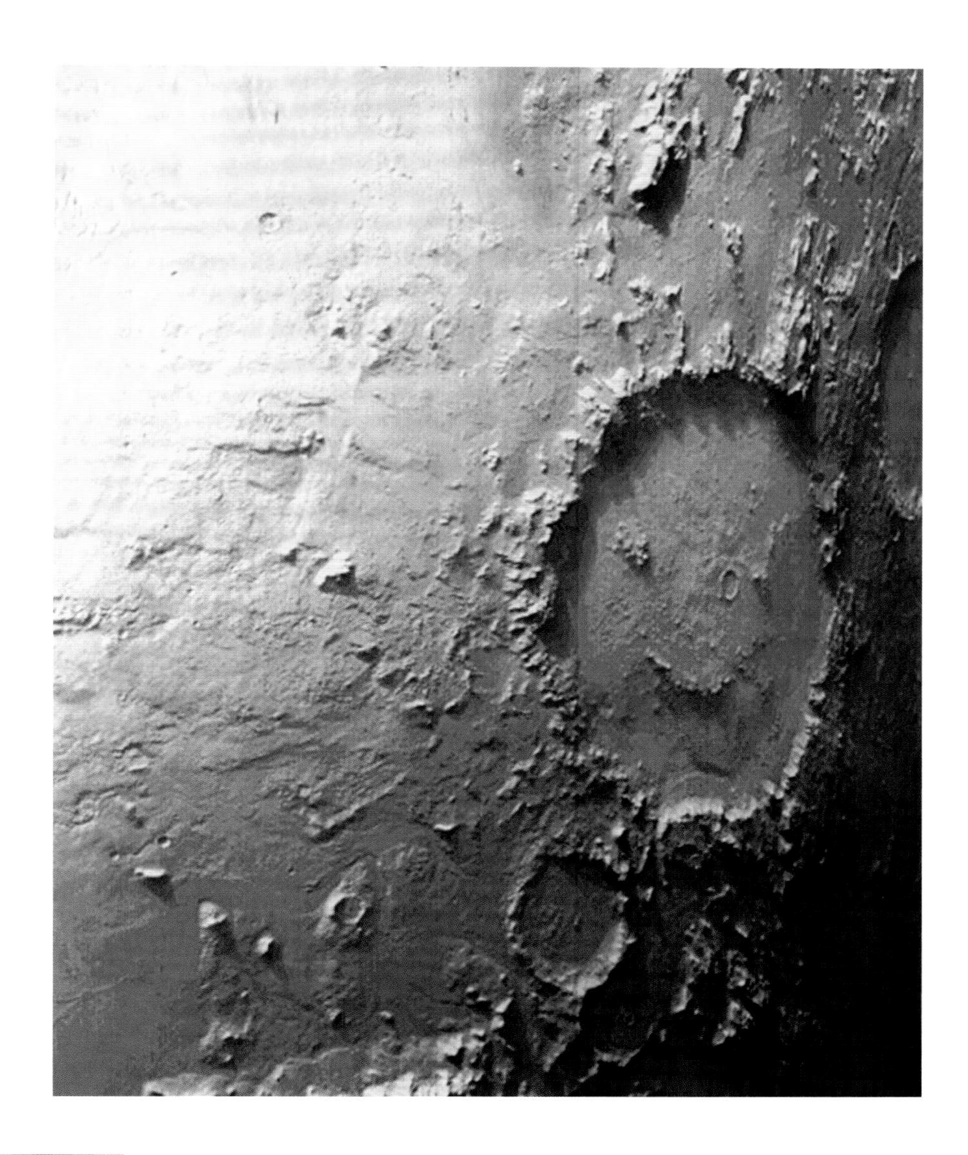

화성 갈레 크레이터

“웃음 없는 하루는 낭비한 하루다.”

_찰리 채플린

화성의 아기어 평원에는 밝게 웃고 있는 크레이터가 있다. 이 크레이터의 공식적인 이름은 독일의 천문학자 요한 고트프리트 갈레의 이름을 붙인 갈레 크레이터이지만, 많은 천문학자는 이곳을 ‘해피 페이스’ 크레이터라고 부른다.

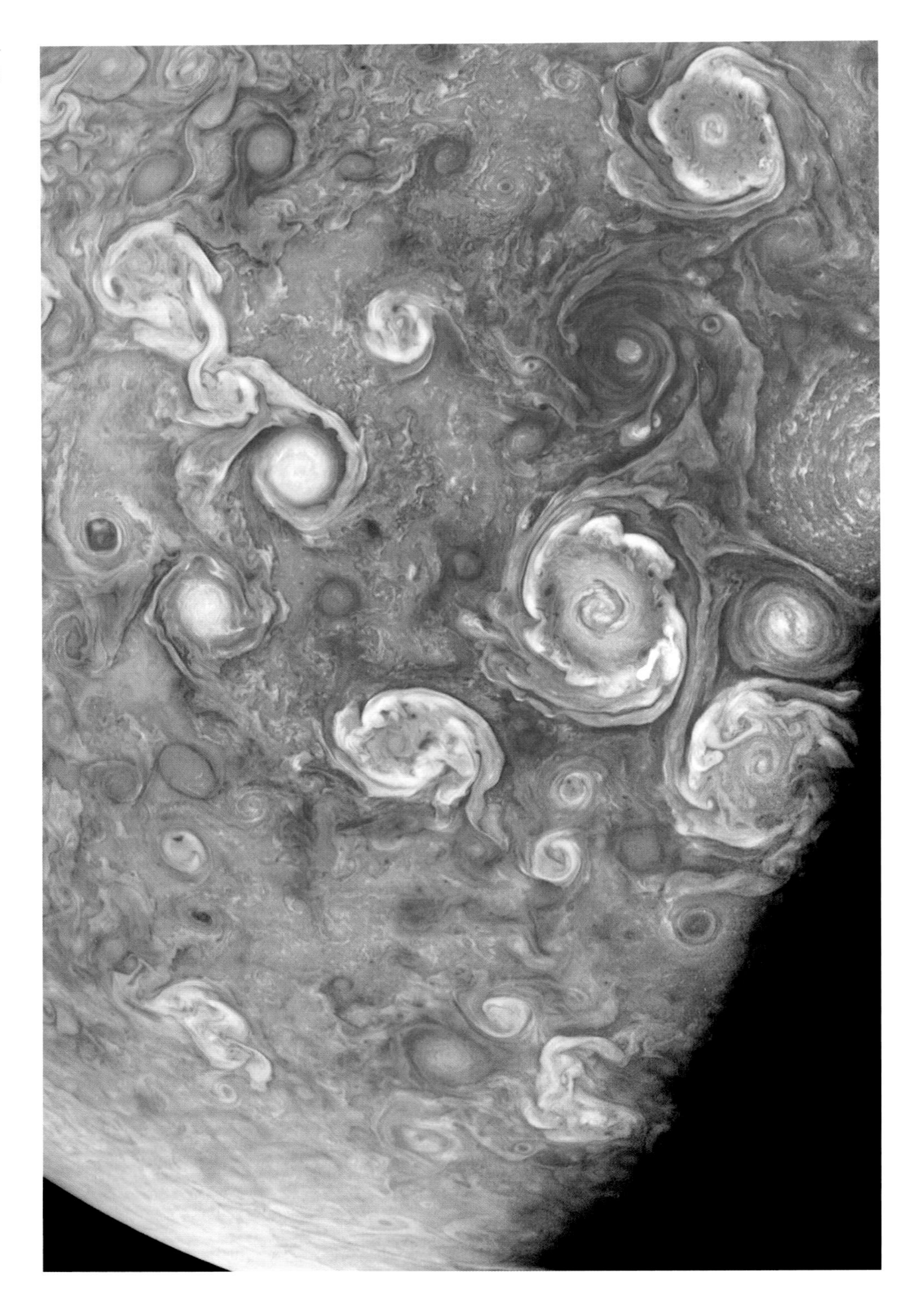

목성의 구름 표면

흔히 목성을 줄무늬 행성이라고 부르지만, 어쩌면 땡땡이 무늬 행성이라고 부르는 것이 더 적절할지도 모른다. 이 사진은 목성 곁을 맴돌고 있는 주노 탐사선이 보내온 목성의 북극 주변에 있는 구름 표면의 모습이다. 주노는 목성을 중심으로 크게 찌그러진 타원 궤도를 도는 덕분에 주기적으로 목성의 구름 표면을 아주 가까이 스쳐 지나간다. 아쉽게도 목성의 두꺼운 구름 속을 직접 뚫고 들어가서 그 내부를 확인할 수는 없지만, 목성 구름 표면의 모습을 통해 구름 내부를 추정할 수 있다. 목성의 대기권 표면은 지름 수백 킬로미터 수준의 크고 작은 소용돌이로 빼곡하다. 이 수많은 소용돌이들을 체계적으로 파악하고 분류하기 위해 NASA의 천문학자들은 일반 시민들의 도움을 받았다. 천문학자들은 웹페이지를 통해 시민들에게 주노가 촬영한 다양한 사진을 랜덤하게 보여주면서 사진 속 소용돌이의 위치와 규모를 직접 표시하도록 하는 시민 과학 프로젝트 '목성 소용돌이 사냥꾼Jovian Vortex Hunter'을 진행했다. 6500명이 넘는 목성 덕후들이 101만여 개의 소용돌이들을 찾고 분류해주었다.

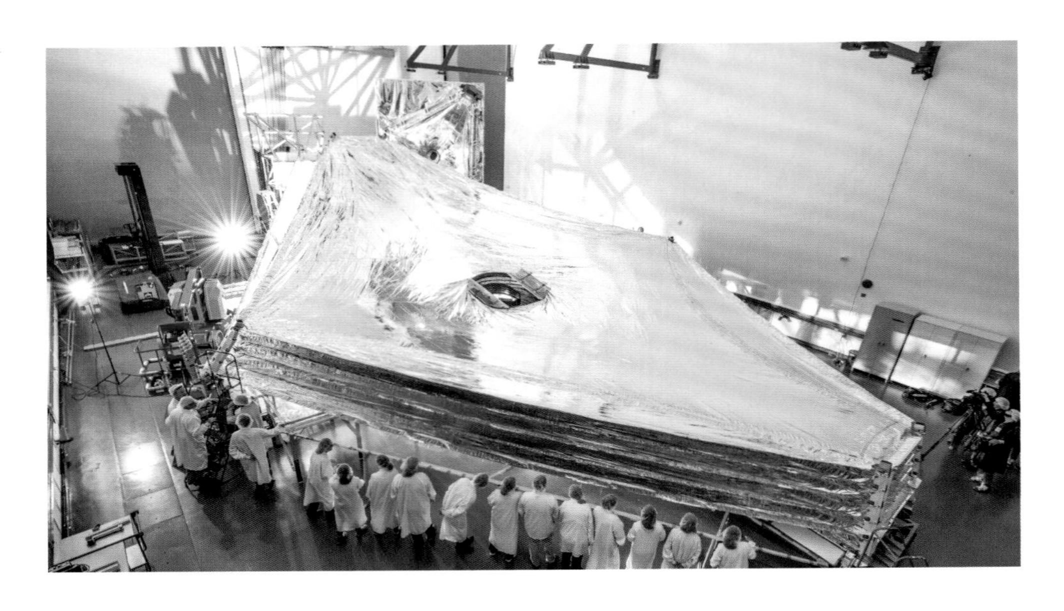

제임스 웹의
태양빛 가리막

제임스 웹은 빠르게 팽창하는 우주 끝자락 초기 은하의 빛을 담는다. 우주가 팽창하면서, 먼 거리에서 출발한 천체의 빛의 파장도 함께 늘어난다. 먼 은하들의 빛은 주로 파장이 긴 적외선에 놓이기 때문에 제임스 웹은 적외선 파장의 빛으로 우주를 본다. 그런데 적외선 관측에는 큰 문제가 있다. 온도를 가진 물체는 모두 적외선을 방출한다는 점이다. 제임스 웹 바로 곁에서 밝게 빛나는 태양, 미지근하게 달궈진 지구도 아주 강력한 적외선을 방출한다. 만약 태양과 지구의 적외선을 차단하지 못한다면 제임스 웹은 먼 우주에서 날아오는 희미한 적외선을 관측할 수 없다. 그래서 제임스 웹에는 태양과 지구의 빛을 차단하기 위해 테니스 코트 크기의 아주 거대하고 얇은 가림막이 탑재되었다. 얇은 은박지처럼 보이는 가림막은 정말 얇다. 태양빛을 바로 받는 가장 아래쪽의 가림막은 두께가 0.05밀리미터고, 그 위에 있는 나머지 네 겹의 가림막은 더 얇은 0.025밀리미터다. 각 가림막은 더 얇게 실리콘과 알루미늄으로 코팅이 되어 있는데, 실리콘 코팅의 두께는 50나노미터, 알루미늄 코팅의 두께는 겨우 100나노미터 수준이다. 이렇게 얇은 가림막이지만 열을 차단하는 효과는 대단하다. 태양빛을 바로 받는 가장 첫 번째 가림막의 온도는 섭씨 110도까지 뜨거워지지만 가장 마지막 다섯 번째 가림막 뒤에서는 섭씨 영하 240도까지 낮아진다! 제임스 웹의 거울과 모든 광학 장비, 센서들은 이 다섯 번째 가림막 너머에 숨어 있어서 계속 차가운 온도를 유지할 수 있다. 덕분에 태양과 지구에서 뿜어져 나오는 밝은 적외선 빛의 방해 없이 먼 우주에서 날아오는 희미한 적외선빛을 담을 수 있다. 제임스 웹은 비좁은 로켓 안에 이 거대한 태양빛 가리막을 접어둔 채 타고 있었다. 이후 최종 궤도까지 순항하면서 제임스 웹은 이 거대한 가림막을 자동으로 무사히 펼쳤다.

먼지구름
IRAS 20324+4057

만화 영화 〈아기공룡 둘리: 얼음별 대모험〉에서 둘리는 친구들과 함께 우주로 여행을 떠난다. 둘리와 한바탕 소동 끝에 고길동은 홀로 우주를 떠돌게 된다. 그 과정에서 우주에 있는 모든 것을 집어삼키는 우주의 청소부인 우주 핵충을 만난다. 우주 핵충은 지금도 우주를 떠다니며 다음 사냥감을 찾고 있다.

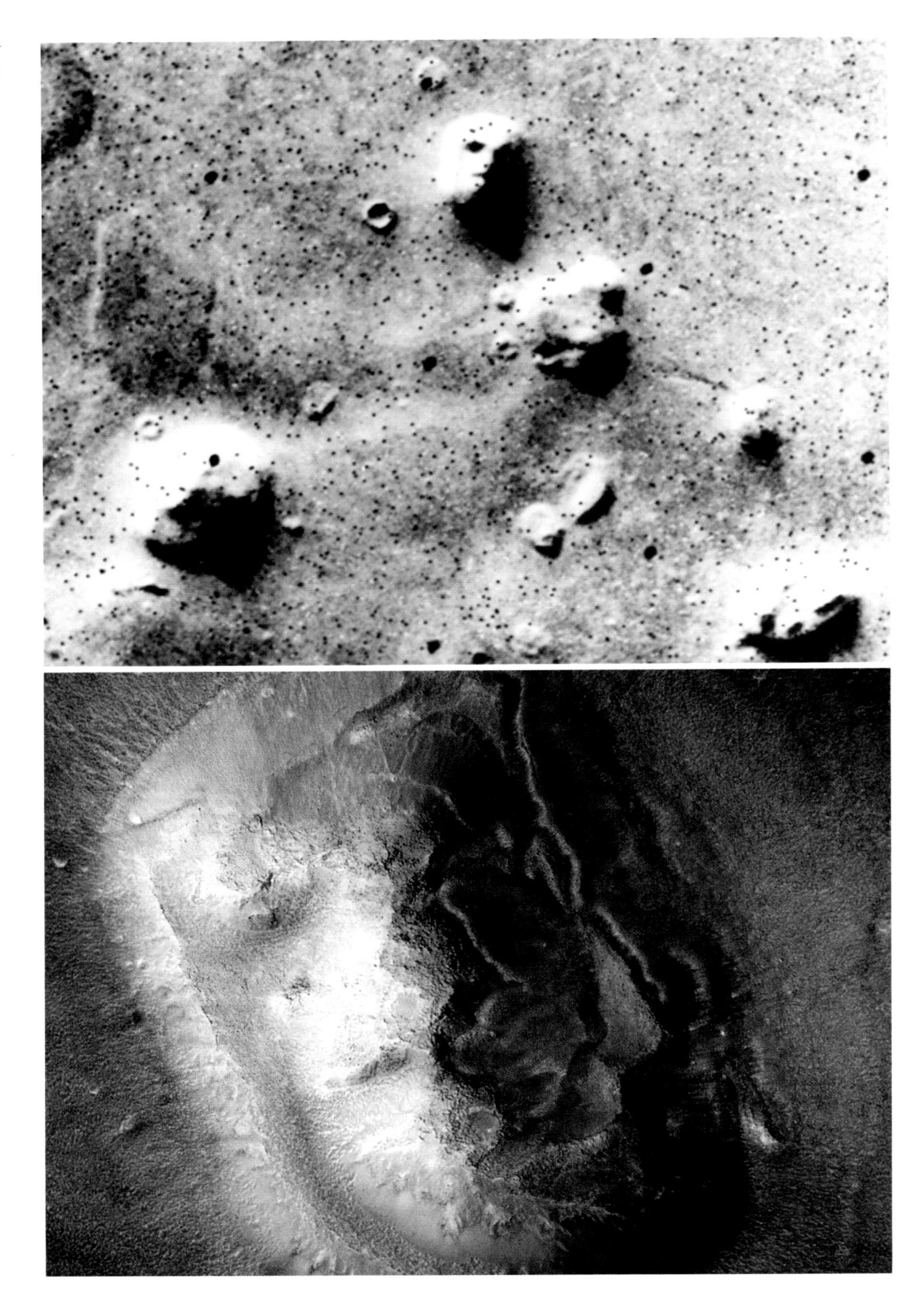

화성 인면암

1976년 7월, NASA가 공개한 한 장의 사진은 많은 SF 덕후들을 설레게 했다. 바이킹 1호 탐사선이 포착한 화성 표면에 덩그러니 사람의 얼굴 형상을 한 바위가 있었기 때문이다. 양쪽에 깊게 파인 눈매, 그 사이로 가늘고 일자로 지나가는 콧등, 그리고 그 아래 입술의 윤곽까지. 사람의 얼굴처럼 보이는 이 인면암은 마치 이스터섬에서 발견된 모아이 석상처럼 먼 과거 화성에 존재했다가 사라진 고대 우주 문명의 추억을 보여주는 유물처럼 느껴졌다. 이를 두고 일부 SF 팬들은 원래 화성에 살던 인류의 조상들이 환경이 척박해지면서 화성을 버리고 지구로 이주해왔다는 것을 보여주는 역사적인 증거라고 주장하기까지 했다. 하지만 이건 당시 카메라의 낮은 해상도와 사람들의 짓궂은 상상력이 만나 벌어진 해프닝이었다.

이후 2001년 5월, 화성에 방문한 마스 글로벌 서베이어MGS는 다시 화성의 인면암을 바라봤다. 기존의 바이킹 1호보다 훨씬 더 좋은 해상도로 선명하게 포착한 이 고대 외계 유물의 정체는 평범한 방패 모양의 언덕이었다. 이처럼 사람들은 무언가 새로운 것을 볼 때, 원래 알고 있던 익숙한 이미지를 투영해서 바라보는 경향이 있다. 이후 이 사진은 사물이나 자연물이 동물 또는 사람의 얼굴 같은 익숙한 모양으로 인식되는 변상증, 즉 파레이돌리아Pareidolia의 대표적인 사례로 제시되고 있다.

7월
27일

허블 우주망원경이 아주 밝게 빛나는 우리은하의 별 TYC 7215-199-1을 포착했다. 그런데 바로 그 옆에 푸르스름하고 희미한 은하 HIPASS J1131-31가 숨어 있었다! 물론 이곳은 우리은하를 훨씬 벗어난 먼 거리에 있다. 앞에 있는 밝은 별 TYC 7215-199-1은 사실 우주 공간을 빠르게 움직이고 있다. 100년 전이었다면 이 별은 정확히 파란 배경 은하 앞을 가리고 있었을 터라 우리는 그 너머에 또 다른 푸른 은하가 숨어 있다는 사실을 알 수 없었을 것이다. 100년 사이 별이 자리를 비켜주면서 숨어 있던 은하가 나타났다. 까꿍!

별 TYC 7215-199-1

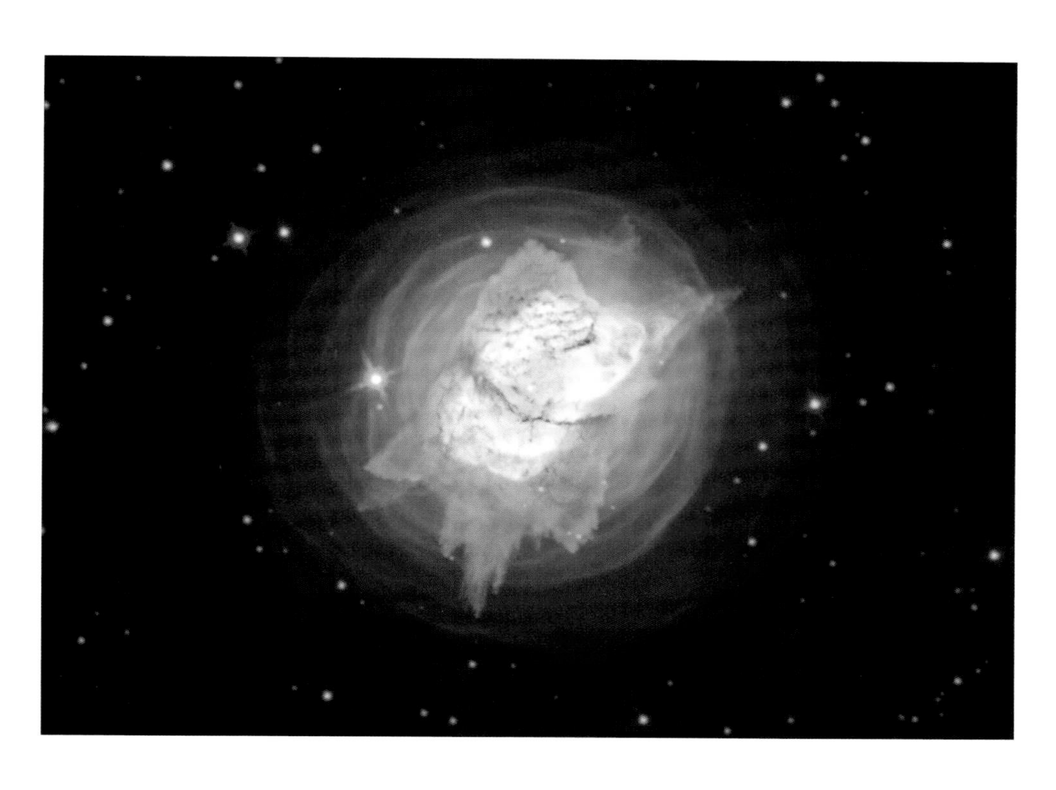

성운 NGC 7027

광대노린재는 녹색과 빨간색이 뒤섞인 독특한 외형의 곤충이다. 표면은 금속광택처럼 반짝인다. 이런 독특한 모습 때문에 광대노린재는 '보석 벌레'라는 별명으로 불리기도 한다. 지구에서의 보석 벌레는 2센티미터 정도의 크기다. 허블 우주망원경이 발견한 이 거대한 우주 보석 벌레 NGC 7027의 크기는 약 0.2광년이다.

은하 MACS1149-JD1

오늘날 우주에 있는 모든 은하는 먼 과거에 존재한 작은 은하의 씨앗들이 서로 빠르게 충돌하고 합쳐져 만들어졌다. 그런데 이런 작은 은하들이 다양한 방향으로 아무렇게나 빠르게 충돌하면 보통은 그저 둥글고 펑퍼짐하게 퍼진 타원은하가 만들어진다. 우주 진화를 구현하는 대부분의 시뮬레이션에서도 작은 은하들이 충돌하면 주로 타원은하가 만들어진다. 하지만 분명 우리 우주에는 멋진 나선팔을 자랑하는 나선은하들의 비율이 절반을 넘는다. 이는 시뮬레이션과 실제 관측 사이에서 여전히 해소되지 않은 가장 중요한 괴리 중 하나다.

그렇다면 은하들의 나선팔은 대체 어떻게 자라난 걸까? 나선팔이 있는 은하와 없는 은하에는 어떤 차이가 있을까? 그 답을 찾기 위해선 먼 과거, 우주에서 처음으로 나선팔이 자라나기 시작하는 '아기 나선은하'의 탄생 순간을 포착해야 한다. 놀랍게도 바로 그 순간이 발견되었다. 칠레 아타카마 사막에 있는 거대 전파 망원경 어레이 ALMA를 통해 새로 발견된 은하 MACS1149-JD1이 바로 그 주인공이다. 이 은하까지의 거리는 무려 133억 광년이다. 지금으로부터 133억 년 전의 빛을 보고 있다. 빅뱅 이후 겨우 5억 년밖에 지나지 않았을 때 존재한 은하이다.

천문학자들은 흐릿하게 보이는 이 은하의 형태에서 독특한 부분을 발견했다. 단순히 둥근 얼룩이 아니라 양쪽으로 미세하게 무언가 작게 뻗어나와 있었다. 이 은하가 단순히 작고 둥글고 왜소한 타원은하가 아니라 작은 나선팔이 자라나기 시작한 아기 나선은하일 가능성을 보여준다. 이 은하의 원반 크기는 지름 약 3000광년으로, 지름 10만 광년인 우리은하의 3퍼센트밖에 안 되는 작은 크기다. 전체 질량은 태양 질량의 겨우 6억 배로, 태양 질량의 1조~3조 배 정도의 질량을 가진 우리은하에 비하면 수백 배 더 작다. 또한 JD1 은하의 원반은 우리은하에 비해 4배 정도 더 느린 시속 약 50킬로미터로 비교적 천천히 회전하고 있다. 빅뱅 직후에 갓 반죽된 어린 은하이기 때문에 크기도 작고 회전 속도도 빠르지 않았다. 이제 막 회전을 시작하며 나선팔도 함께 자라나고 있는 '아기 나선은하'에 근접한 존재를 드디어 찾게 된 것이다.

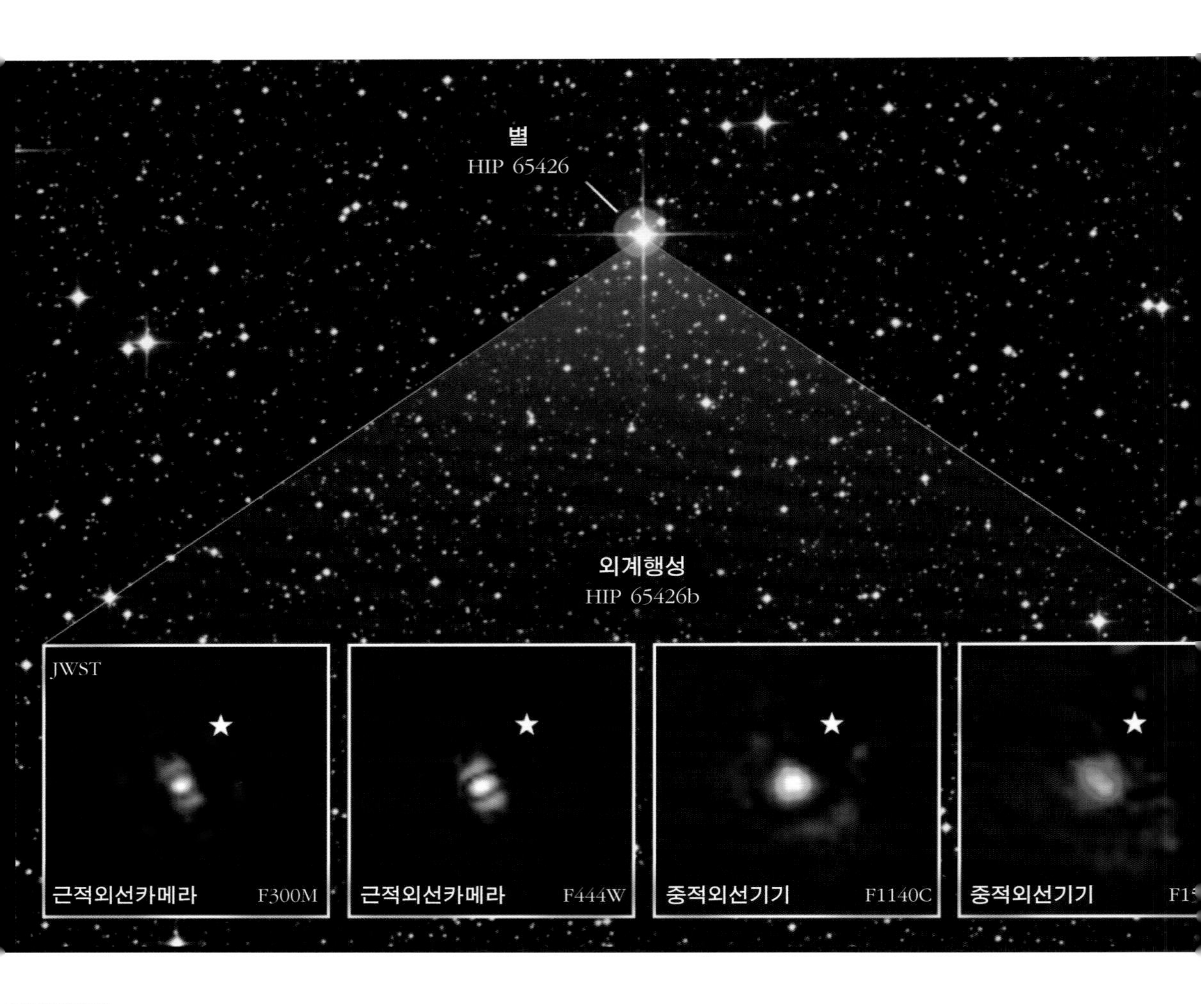
별
HIP 65426
외계행성
HIP 65426b
JWST
근적외선카메라
F300M
근적외선카메라
F444W
중적외선기기
F1140C
중적외선기기

7월
30일

별 HIP 65426와
외계행성 HIP 65426b

2023년 7월 17일과 30일, 두 번에 걸쳐 제임스 웹이 센타우루스자리 방향으로 약 350광년 거리에 있는 별 HIP 65426을 조준했다. 이미 2017년에 천문학자들은 칠레에 있는 초거대 망원경을 활용해 이 별 주변에서 거대한 가스 행성 HIP 65426b의 존재를 확인했다. 처음 발견 당시 이 외계행성은 목성 질량의 10배에 달하는 아주 거대한 행성으로 추정되었다. 중심 별에서 아주 멀리 떨어진 채 궤도를 돌고 있으며, 그 거리가 태양-해왕성 사이의 세 배나 된다. 바로 이렇게 별에서 멀리 떨어져 있어 별빛과 구분하기 쉽다는 점 때문에 제임스 웹의 첫 외계행성 관측 연습 타깃으로 선정되었다.

HIP 65426b의 경우, 중심 별보다 만 배나 더 어둡게 보여서 제임스 웹에 들어간 특별한 장비 코로나그래프를 활용했다. 코로나그래프는 태양 활동을 모니터링하는 망원경들이 자주 사용하는 장비로, 태양 원반 자체를 가림막으로 가리면 그 주변의 희미한 태양 외곽 대기권의 모습을 볼 수 있다. 제임스 웹에 탑재된 근적외선카메라와 중적외선기기 모두 코로나그래프를 사용한다. 물론 이 가림막으로 가리더라도 여전히 그 주변으로 새어나오는 별빛의 잔상과 회절무늬가 보이지만, 천문학자들은 별들의 밝기가 어떻게 퍼져 분포하는지를 수학적으로 정확하게 알고 있다. 가운데 가장 밝은 포인트를 중심으로 사방으로 별의 밝기가 정규분포를 그리며 분포하므로 중심 별의 한가운데 최고 밝기만 파악하면 완벽하게 별빛만의 성분을 뽑아낼 수 있다.

이런 과정을 거쳐 천문학자들은 2~20마이크로미터의 총 일곱 가지 파장 범위에 해당하는 적외선 필터로 외계행성의 실제 모습을 얻어냈다. 사진 가운데 별 표시가 중심 별의 위치를 의미한다. 일부 파장에서 찍은 사진을 보면 흥미롭게도 마치 햄버거처럼 줄무늬가 있는 모습이다. 목성 표면의 구름 띠 같은 것이 찍힌 게 아닐까 기대할 수도 있겠지만 아쉽게도 그건 아니다. 별빛을 가리는 코로나그래프 특성상 만들어지는 잔상무늬다.

제임스 웹
정밀가이드센서
이미지

제임스 웹은 지구와 달과 함께 태양을 중심으로 큰 궤도로 돌고 있다. 그 속도만 무려 시속 5만 2000킬로미터에 달한다. 따라서 제임스 웹의 시야도 계속 빠른 속도로 변한다. 제임스 웹이 계속 한 방향의 우주를 겨냥한 채 빛을 담기 위해서는 실시간으로 제임스 웹의 거울이 정확히 어느 방향을 향하고 있는지 파악할 필요가 있다. 이를 위해 제임스 웹에는 아주 정밀하게 망원경의 방향을 파악하는 정밀가이드센서가 들어가 있다. 이 센서는 주변의 밝은 별들을 기준으로 망원경이 올바른 타깃의 방향을 향하고 있는지를 계속 확인한다. 이 사진은 총 72번의 노출을 통해 32시간 동안 빛을 모아서 찍은 가이드 사진이다. 단순히 망원경의 방향을 파악하기 위한 사진이기 때문에 다양한 필터로 촬영하지는 않아서 단색 사진으로 볼 수밖에 없다. 밝게 빛나는 별 한 가운데 검은 구멍이 보이는 이유는 워낙 별빛이 밝아서 과노출되었기 때문이다.

아주 희미한 은하
NGC 1052-DF2

고래자리 방향으로 약 6200만 광년 거리에는 평범한 타원은하 NGC 1052가 있다. 이 은하는 주변에 크고 작은 꼬마 은하들을 여럿 거느린 작은 은하군을 형성하고 있다. 바로 이 타원은하 곁에서 아주 희미한 은하 UDG NGC 1052-DF2를 발견했다. 이런 은하들은 별이 적고 펑퍼짐하게 퍼져 있어서 아주 어둡고 희미하게 보이며, 그 질량 대부분이 빛으로는 관측할 수 없는 암흑물질로 잔뜩 채워져 있다. 겉보기엔 어둡고 별이 거의 없어서 아주 가벼워 보이지만, 암흑물질이 꽤 많아서 보기보다는 중력이 아주 강하다. 꼬마 은하의 (보기보단) 강한 중력에 붙잡힌 별들은 꽤 빠르게 궤도를 돈다. 그런데 2018년에 발견된 아주 희미한 은하 NGC 1052-DF2의 별들이 아주 느리게 움직였다. 이 꼬마 은하에겐 암흑물질이 거의 없다는 것을 의미한다.

암흑물질을 몰랐던 시절엔 이 왜소은하가 지극히 정상적인 은하였을 것이다. 하지만 우주에 빛을 발하지도 흡수하지도 않는 마치 유령과 같은 존재인 암흑물질이 있다는 걸 알게 되면서 이제는 도리어 이 은하가 비정상적인 은하가 되었다. 지금은 암흑물질이 없으면 이상한 은하 취급을 받는다.

8월
2일

목성의 구름 표면에 포착된 돌고래 모양

> "일부 돌고래들은 최대 50개 단어까지
> 제대로 이해하고 영어를 배울 수 있다는 것이
> 보고되었지만, 돌고래의 언어를 이해한 인간은
> 한 명도 없다는 점은 아주 흥미롭다."
>
> _칼 세이건

1961년 웨스트버지니아에 있는 그린뱅크천문대에서는 혹시 있을지 모를 지구 바깥의 지적 생명체와 소통하기 위한 방법을 모색하는 회의가 열렸다. 외계 지적 생명체와의 교신을 시도하는 그 유명한 프로젝트, SETI의 시작이었다. 당시 20대 후반이었던 젊은 천문학자 칼 세이건을 비롯해 천문학자, 언어학자, 물리학자 등 다양한 분야의 과학자 12명이 함께 모였다. 흥미롭게도 칼 세이건은 이 회의에 돌고래를 연구하는 뇌과학자 존 릴리를 초대했다. 그래서 이들은 스스로를 돌고래단The Order of the Dolphin이라고 부르기도 했다. 칼 세이건은 높은 지능 덕분에 인간의 언어까지 배우고 훈련받는 데 성공한 돌고래에 흥미를 느꼈다. 그리고 인간과 돌고래 사이의 종을 초월한 언어소통이 가능하다면, 이를 통해 인간과 외계인 사이의 소통에 대한 단서를 얻을 수 있을 것이라 생각했다. 어쩌면 외계인과의 소통을 준비하기 위해 돌고래를 떠올렸던 칼 세이건의 선택은 탁월했을지도 모르겠다. 2018년 10월 29일, 목성 곁을 열여섯 번째로 스쳐 지나가던 주노 탐사선은 목성의 구름 표면 위를 여유롭게 헤엄치고 있는 거대한 돌고래를 포착했다. 사진 속 목성의 남반구 방향으로 위도 32도에서 59도 사이 하늘을 가로질러 빠르게 헤엄치고 있는 짙은 갈색의 돌고래가 보인다.

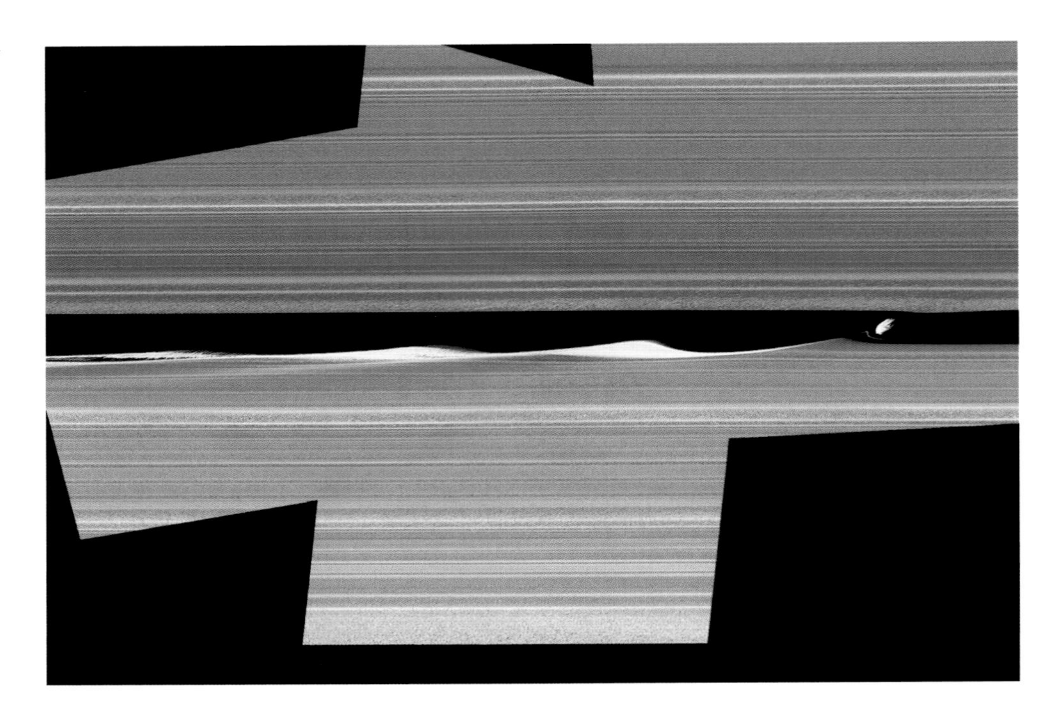

토성의 고리와
다프니스 위성

토성 곁을 맴돌며 토성을 관측했던 유일한 탐사선인 카시니의 근접 비행을 통해 토성 고리의 자세한 모습을 확인할 수 있었다. 토성 고리의 가장 외곽 A 고리의 가장자리에는 약 42킬로미터 폭으로 고리가 끊겨 있는 구간이 있다. 이 구간을 '킬러 간극'이라고 하는데, 이 간극에는 다프니스라는 작은 위성이 돌고 있다. 다프니스의 크기는 겨우 6~8킬로미터 정도밖에 되지 않는다. 이 작은 위성은 2005년 처음 카시니 탐사선을 통해 발견되었다.

다프니스가 토성 곁을 맴도는 궤도는 아주 미세하게 토성의 고리 면에서 살짝 기울어져 있다. 그래서 다프니스는 주기적으로 토성의 고리 위아래로 오르락내리락하면서 궤도를 돌게 된다. 마치 천천히 돌면서 위아래로 움직이는 회전목마와 비슷하다. 궤도를 돌면서 다프니스는 토성의 고리를 이루는 주변의 작은 얼음 부스러기들과 중력을 주고받는다. 그 결과 다프니스가 돌고 있는 킬러 간극 주변의 토성 고리들은 물결치듯 요동치며 춤을 추기 시작한다. 카시니 탐사선이 2017년 9월, '그랜드 피날레' 비행을 끝으로 토성의 구름에 추락하기 전 보내온 이 마지막 사진에는 꼬마 지휘자 다프니스의 지휘에 맞춰 아름답게 요동치는 토성 고리의 모습이 세밀하게 담겨 있다.

아르테미스 미션과 달

1969년 아폴로 11호가 처음 달에 사람의 발자국을 남긴 지 50년 넘는 긴 세월 동안 달을 향한 사람의 발길이 끊겼다. 소련을 앞질러 유인 달 탐사에 성공하면서 사람을 달에 보내는 것에 대한 미국의 관심도 크게 줄었었다. 하지만 다시 중국과 유럽 등 여러 후발주자가 달 탐사에 도전하기 시작하면서 미국이 유인 달 탐사 시대의 제2막을 준비하고 있다. 2030년경 사람을 달에 보내기 위한 아르테미스 미션이 이미 시작되었다. 우선 새로 개발한 오리온 우주선의 성능을 테스트하기 위한 무인 발사가 진행되었다. 사진은 오리온이 달 뒤를 크게 돌아 지나가고 있는 순간을 포착한 장면이다. 안에는 사람 대신 우주복을 입은 마네킹이 타고 있었다. 오리온의 첫 비행은 성공적이었다. 다음 아르테미스 2 미션부터는 우주인이 달 근처를 선회하고 돌아올 예정이다. 이 미션이 성공한다면 인류는 역사상 가장 먼 거리의 우주까지 머물렀다가 지구로 돌아오는 새로운 역사를 쓰게 될 것이다.

큐리오시티 탐사선의 셀카

큐리오시티 탐사선이 작은 행성 위에 홀로 외롭게 서 있는 어린 왕자가 되었다. 이 작은 행성은 화성이다. 실제로 화성은 지구보다 훨씬 작다. 물론 사진에 표현된 것처럼 탐사 로버 하나가 서 있기 벅찰 정도로 작지는 않다. 큐리오시티는 2015년 8월 5일, 화성에서 1065일째인 날 화성의 샤프산 아래 거친 지형에 드릴로 지름 1.6센티미터 크기의 구멍을 뚫고 샘플을 채취했다. 거친 표면 때문에 사슴 가죽이라는 뜻의 '벅스킨Buckskin'으로 불리는 곳이다. 이곳에 구멍을 뚫은 뒤 큐리오시티는 이 순간을 기념하기 위해 재미있는 셀카를 찍었다. 자신의 로봇 팔 끝에 있는 마스핸드렌즈이미저MAHLI를 쭉 뻗어 조금씩 방향을 돌려가면서 92장의 사진을 남겼는데, 말 그대로 셀카봉으로 셀카를 찍은 셈이다. 이후 이 사진을 모두 모아서 둥근 파노라마 사진을 만들었다. 주변 화성 풍경의 지평선을 인위적으로 둥글게 연결했기 때문에 화성의 크기가 실제보다 훨씬 아담하게 느껴진다. 사진 속 큐리오시티 바로 아래 작은 구멍과 그 주변에 드릴로 땅을 파면서 나온 하얀 분진들도 보인다. 큐리오시티의 뒤로 왼쪽에 작게 솟은 언덕은 게일 크레이터 주변 샤프산의 모습이다. 92장의 사진을 절묘하게 모아 셀카를 완성한 덕분에 큐리오시티에서 뻗어나온 로봇 팔이 모습을 감췄다. 하지만 화성 표면에 드리운 로봇 팔의 그림자는 숨길 수 없었다.

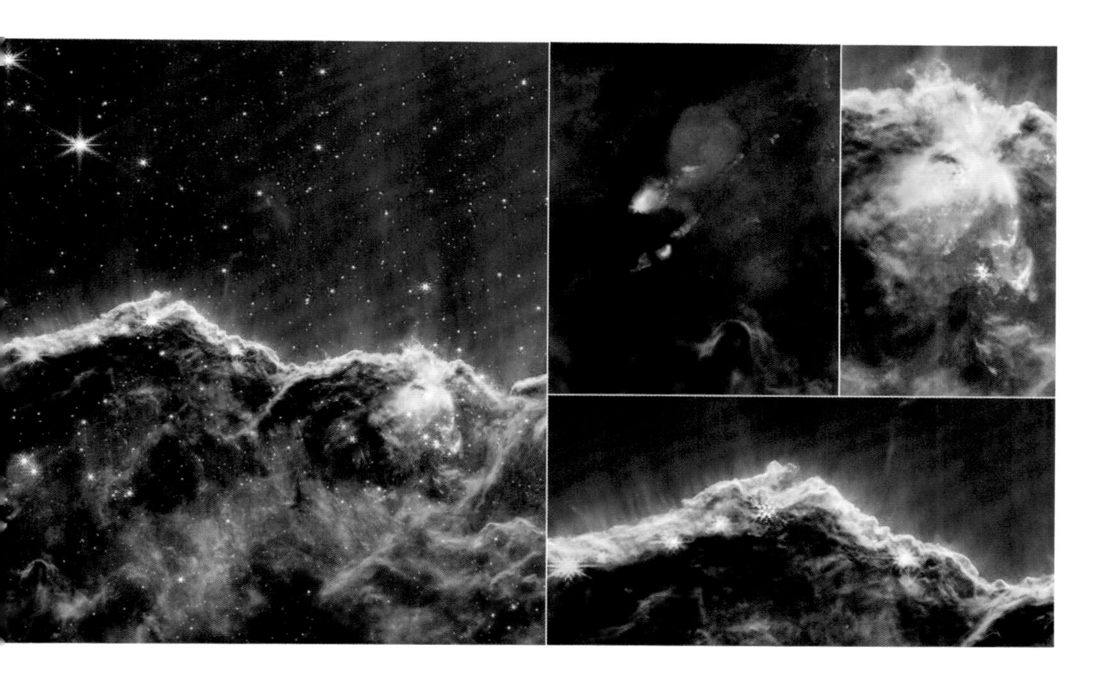

용골자리성운

제임스 웹으로 관측한 용골자리성운을 더 자세히 들여다봤다. 조금씩 다른 적외선 파장의 빛으로 찍은 사진을 모아 대비를 키웠다. 가스구름 속에 어린 별들이 남긴 흔적이 더 두드러지게 나타난다. 갓 태어난 어린 별은 양쪽 방향으로 길게 에너지를 토해낸다. 이것을 에너지 제트라고 한다. 별이 토해낸 에너지 제트로 인해 주변을 에워싸고 있던 먼지구름은 둥글게 불려나간다.

성에가 덮인
화성 표면

모래바람과 흰 눈보라가 공존하는 비현실적인 풍경이 화성에서는 가능하다. 화성은 차가운 사막 행성이다. 지름 5킬로미터 크기의 거대한 크레이터 속에 쌓인 모래 위로 바람이 불면서 물결치는 듯한 모습의 모래 언덕들이 만들어졌다. 지구에 비해 훨씬 차가운 화성의 날씨로 인해 대기 중을 떠다니던 얼음과 이산화탄소들이 그대로 고체 얼음으로 승화하며 얼어붙어 화성 표면 위에 하얗게 쌓인다. 사진 속 모래 언덕의 움푹하게 들어간 둥근 절벽 위에 흰 눈과 서리가 쌓여 있다.

고양이발자국성운

"사람들은 고양이의 지능을 과소평가한다."

_루이스 웨인 (고양이 그림으로 유명한 영국의 화가)

8월
9일

더 긴 파장의 중적외선을 보는 제임스 웹의 중적외선기기로 관측한 막대 나선은하 NGC 5068의 모습이다. 사진 왼쪽 위에 비스듬하게 길게 이어진 분홍빛 점들이 보인다. 은하 중심 막대 구조를 따라 높은 밀도로 반죽된 가스물질의 모습이다. 막대 구조 안에서부터 바깥의 먼 거리까지 먼지 가닥이 끊김없이 복잡하게 얽혀 있다. 곳곳에 갓 탄생한 어린 별들의 항성풍으로 인해 둥글게 불려나간 텅 빈 거품들이 보인다.

막대나선은하
NGC 5068

화성의 사구

사막 위에서 바람이 불면서 만들어지는 초승달 모양의 모래언덕을 '바르한'이라고 부른다. 화성 북극에 하얀 만년설로 덮여 있는 큰 협곡 카스마 보레알레에서도 바르한이 만들어진다. 천천히 부는 화성의 바람을 따라 화성의 바르한도 계절이 변하면서 조금씩 모양이 변한다.

8월 10일

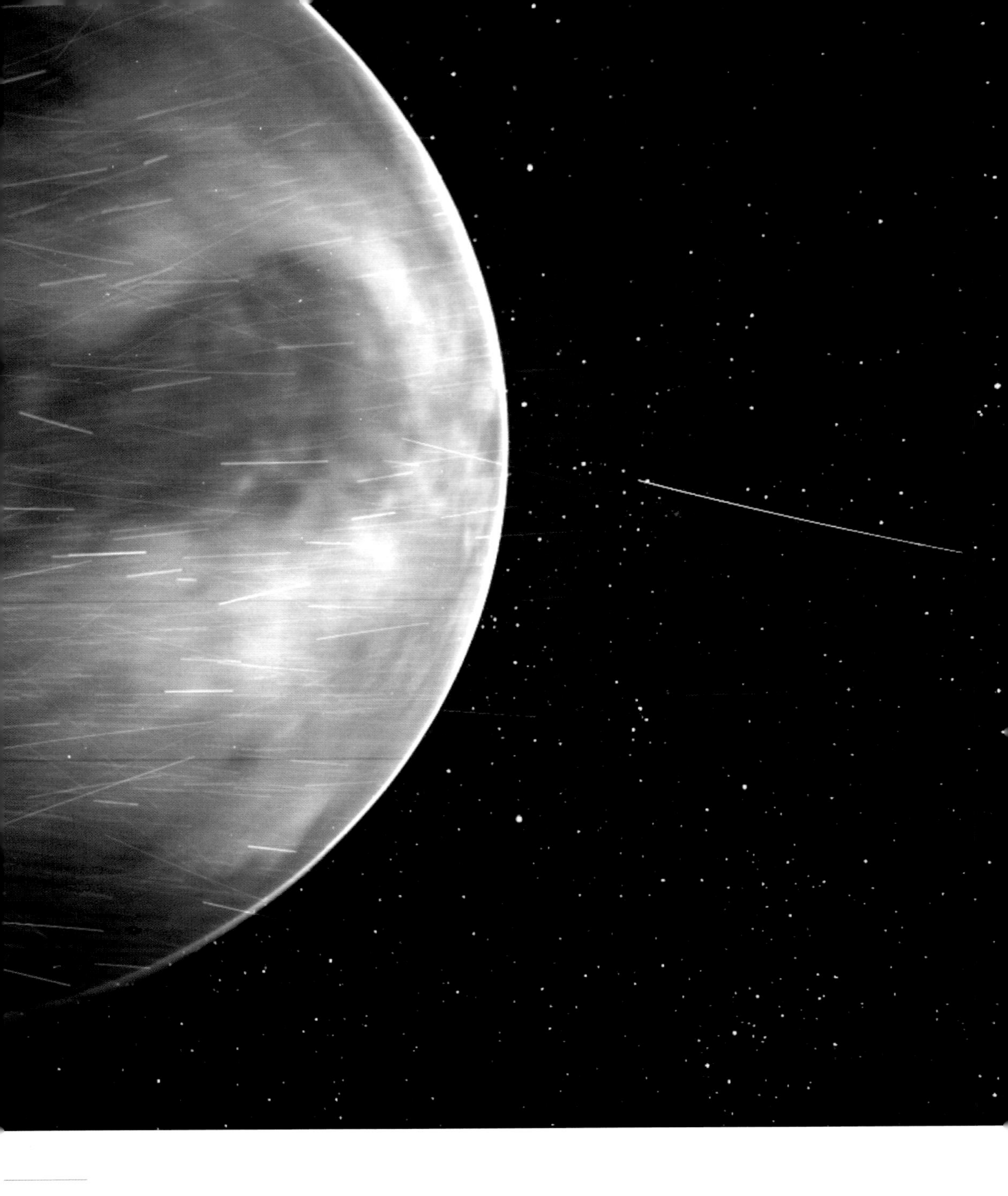

8월
11일

파커 태양 탐사선으로 본 금성 표면

2018년 8월 12일, 파커 태양 탐사선이 지구를 떠났다. 이 탐사선은 태양 표면에 590만 킬로미터 거리까지 접근하며 태양 표면을 관측한다. 태양에서 지구까지 거리가 1억 5000만 킬로미터라는 사실을 생각하면 파커 태양 탐사선이 태양에 접근한 거리는 태양의 '코앞'이라고 볼 수 있다. 태양 표면 바로 앞까지 접근하는 궤도를 그리기 위해 파커 태양 탐사선은 금성의 중력을 활용했다. 태양을 향해 가던 중 2022년 7월 파커는 금성 곁을 스쳐 지나갔다. 이 사진은 탐사선에 탑재된 광각 카메라 장비 WISPR로 찍은 금성의 모습이다. 금성 가장자리가 밝게 빛난다. 사실 이 부분은 태양빛을 등지고 있는 금성의 밤 쪽 부분이다. 금성의 두꺼운 대기권 상층부에 있는 산소 원자들이 산소 분자로 결합하기 위해 에너지를 방출하면서 금성 가장자리가 밝게 보인다. 금성 한가운데 두꺼운 구름 속 뿌연 거대한 검은 형체는 금성 표면에 있는 가장 거대한 고지대 중 하나인 아프로디테 테라다. 아프로디테는 금성의 이름 비너스를 의미하는 그리스 신화 속 아름다움과 사랑을 상징하는 신이다. 파커 태양 탐사선은 아주 두꺼운 금성의 대기권을 꿰뚫고 그 밑에 숨어 있는 지형의 모습을 어렴풋하게 보여주었다. 먼 배경 우주에 수많은 별들이 작은 점으로 빛나고 있다. 그 앞으로 찍힌 수많은 밝은 줄무늬들은 우주 공간을 빠른 속도로 지나가는 우주선 입자들과 태양빛이 태양계 공간 속 먼지 입자들에 반사되면서 생긴 흔적이다.

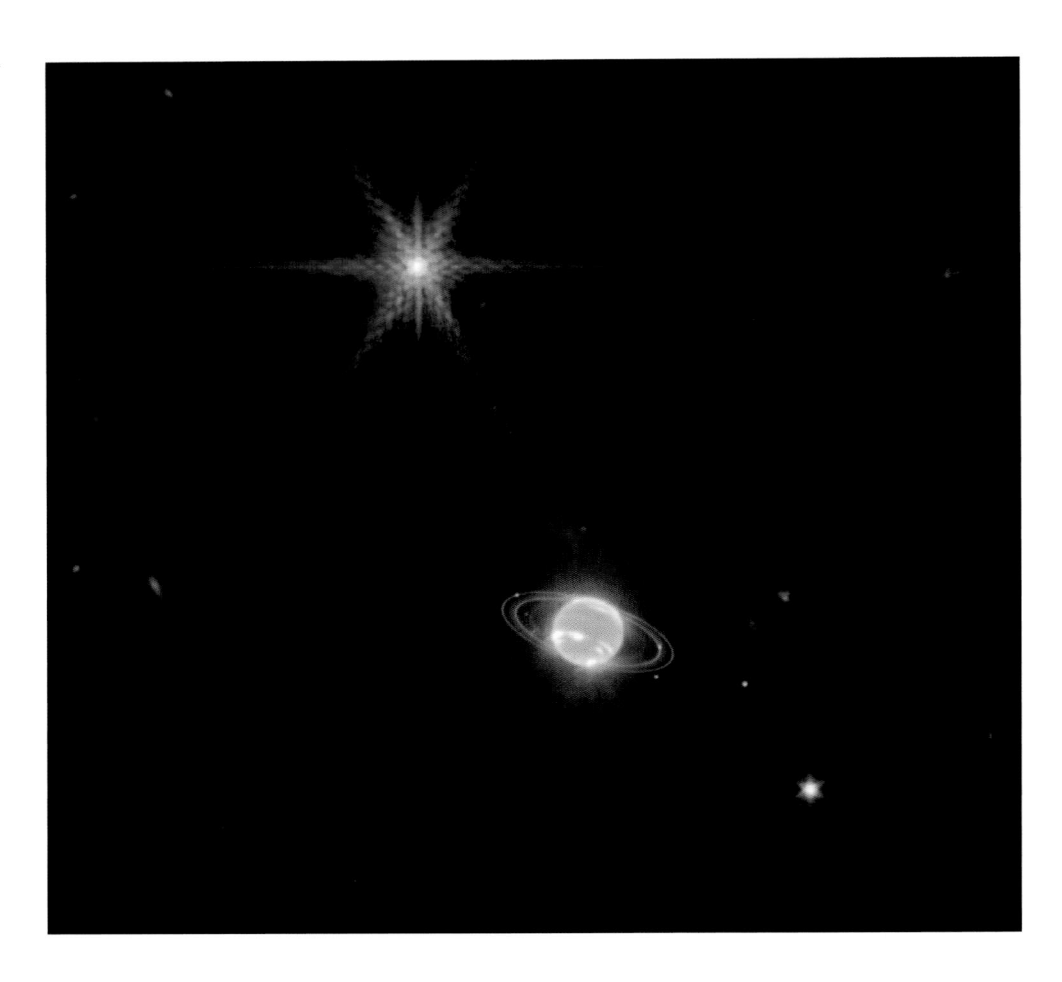

해왕성과 트리톤 위성

제임스 웹이 바라본 해왕성이다. 명왕성이 행성의 지위를 박탈당하면서 해왕성은 다시 태양계의 가장 마지막 행성이 되었다. 현재까지 해왕성 주변에서 14개의 위성이 발견되었다. 이 사진에는 그중 가장 밝은 7개의 위성이 보인다. 해왕성 주변을 둥글게 에워싼 고리의 모습도 선명하게 볼 수 있다. 해왕성 구름 표면에서 보이는 하얀 반점은 태양빛을 받아 주변에 비해 더 뜨겁게 달궈진 구름들이다. 사진 속에서 해왕성 위쪽으로 밝게 빛나는 것은 별이 아니라 해왕성 주변을 도는 위성 중 가장 큰 트리톤이다. 트리톤은 다른 평범한 위성들과 달리 표면이 질소 얼음으로 덮여 있어서 태양빛의 약 70퍼센트까지 반사한다. 너무 밝아서 제임스 웹의 사진에서 흔하게 볼 수 있는 다른 밝은 별들처럼 주변에 여덟 방향으로 뻗어나가는 회절무늬도 남겼다. 트리톤은 해왕성의 다른 위성들과 반대방향으로 공전한다. 그래서 천문학자들은 트리톤을 오래전 태양계 외곽 카이퍼 벨트를 떠돌던 천체가 해왕성에 붙잡히면서 위성이 된 것으로 추정한다.

성운 L1527

모래시계의 시간이 얼마 남지 않았다! 이 거대한 모래시계는 새로운 별의 탄생이 임박했음을 보여준다. 황소자리 방향으로 460광년 거리에 있는 성운 L1527의 모습이다. 모래시계의 잘록한 한가운데 밝은 빛을 가리고 지나가는 얇은 먼지 원반을 볼 수 있다. 그 중심에 어린 별이 숨어 있다. 이 별은 태어난 지 겨우 10만 년밖에 안 됐다. 어린 별을 둥글게 에워싼 먼지 원반으로 인해 옆 방향으로는 에너지가 새어나오지 못한다. 대신 먼지 원반에 막히지 않은 위아래 방향으로 어린 별의 에너지가 분출된다. 어린 별에서 분출되는 에너지가 사방의 수소 분자 구름과 부딪히면서 긴 먼지 필라멘트가 선명하게 반죽되고 있다. 사진 속 위아래 먼지구름의 색이 다른데, 먼지가 더 두껍게 있는 곳은 주황색, 더 옅게 있는 곳은 푸른색으로 보인다. 사진 가운데 검은 먼지 원반의 크기는 우리 태양계와 비슷하다. 정확히 지금으로부터 50억 년 전 우리 태양계가 바로 이런 모습이었을 것이다.

8월
14일

수레바퀴은하

인류는 다시 한번 역사적인 수레바퀴를 마주했다. 그 주인공은 남쪽 하늘 조각가자리 방향으로 약 5억 광년 거리에 있는 거대한 우주 수레바퀴은하다. 원래 이 은하도 우리은하처럼 지극히 평범한 원반을 가진 은하였는데, 지금으로부터 2~3억 년 전 멀리서 작은 은하 하나가 빠르게 날아와 은하 정중앙을 그대로 관통했다. 은하들 사이에서 벌어진 격렬한 정면충돌로 인해 둥근 충격파가 사방으로 퍼져나갔다. 이 과정은 마치 운석이 부딪히면서 둥근 크레이터가 만들어지는 것과 같다. 사실 수레바퀴은하의 뚜렷한 둥근 고리는 은하 버전의 크레이터라 할 수 있다. 충격파로 인해 불려나간 가스물질은 다시 빠른 속도로 모이고 반죽되었다. 곧바로 뜨겁고 어린 별들이 폭발적으로 탄생했다.

제임스 웹의 근적외선카메라는 먼지구름을 꿰뚫어 볼 수 있는 적외선으로 관측한 덕분에 수레바퀴은하의 가장자리 구름 속에 숨어 있던 어린 별들을 더 선명하게 보여준다. 이 사진의 주인공인 수레바퀴은하뿐 아니라 그 너머 수많은 배경 은하들의 모습까지 확인할 수 있다.

8월
15일

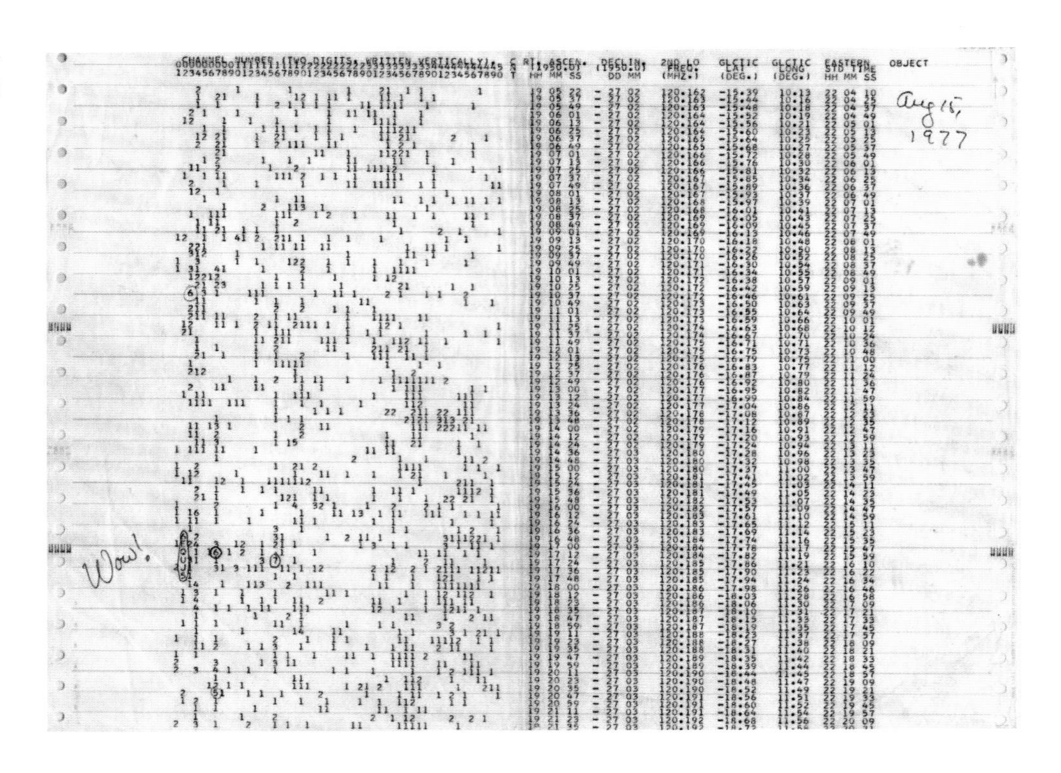

와우 시그널

1977년 8월 15일 밤, 오하이오의 빅 이어 전파망원경으로 관측하고 있던 천문학자 제리 R. 이만은 놀라운 신호를 포착했다. 궁수자리 방향 부근의 한 별에서 갑자기 아주 강한 전파 신호가 쏟아졌다. 신호는 약 72초간 짧게 쏟아지고 곧바로 끊겼다. 이건 단순한 자연현상 때문이라고 보기 어려운 수상한 신호였다. 게다가 당시 관측 방향 위로 지나간 인공위성도 없었다. 너무 놀란 나머지 제리 R. 이만은 신호가 인쇄된 종이 위에 Wow! 라는 글씨를 써놓았다. 그래서 이 신호를 와우 시그널이라고 부른다. 오랫동안 천문학자들은 이 신호가 외계문명에서 보낸 인공 전파일지도 모른다는 미련을 버리지 못했다. 물론 아직도 그 정체가 무엇이었는지는 명확하게 밝혀지지 않았다.

토성의 팬 위성

태양계 행성 곁을 맴도는 작은 위성들은 참 맛있게 생겼다. 감자나 호두 모양 등 식감을 궁금하게 만드는 독특한 모양들이 많다. 그런데 토성 곁을 맴도는 작은 위성인 팬은 정말 특별하다. 마치 납작하게 빚은 파스타, 만두를 연상시키는 모습을 하고 있다. 천문학자들은 오래전 팬이 만들어지는 과정에서 주변에 있던 고리 입자들을 천천히 끌어모았고, 입자들이 특히 적도에 해당하는 영역에 쌓이면서 지금의 독특한 모습이 만들어졌다고 추정한다. 어쩌면 토성 곁에 맴도는 외계인들의 비행접시는 아닐까?

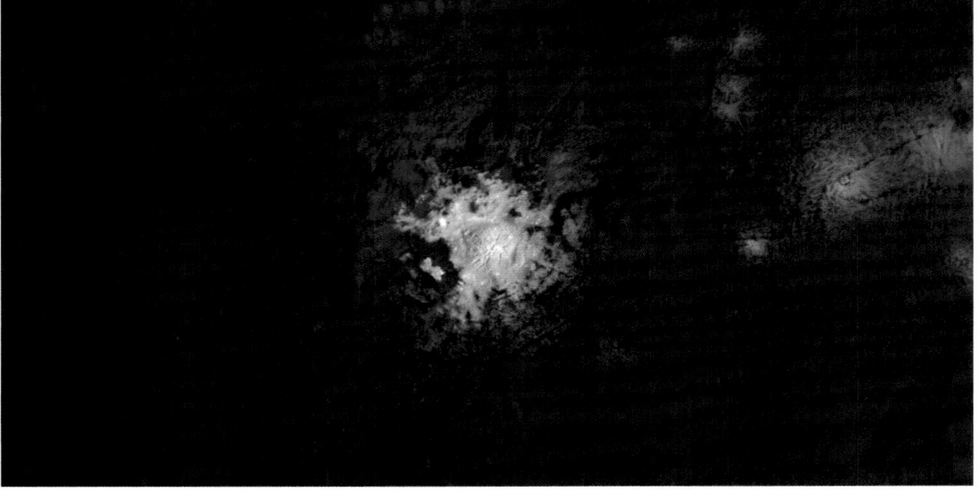

소행성 세레스

외계인들의 도시가 발견되었다! 얼핏 보면 작은 도시의 야경을 위에서 내려다보는 것 같다. 천문학자들은 화성과 목성 사이를 맴도는 최대 크기의 소행성 세레스 표면에서 수상한 것을 발견했다. 둥근 크레이터 한가운데 유독 밝게 빛나는 밝은 불빛은 마치 누군가 정착해 만든 도시처럼 느껴진다. 주변에 아무것도 없는 황량한 소행성에 지어놓다니, 정말 외로운 도시일 듯하다. 이 수상한 밝은 빛의 정체는 무엇일까? 세레스 근처까지 직접 날아가 표면을 본 돈Dawn 탐사선을 통해 그 비밀이 밝혀졌다. 사실 이 밝은 점은 하나가 아니다. 더 작은 밝은 점 150여 개가 모여 있다. 또한 세레스의 표면과 그 살짝 아래 지하에는 꽤 많은 얼음과 소금 성분이 있는 것으로 확인됐다. 오래전 세레스 표면에는 지하 속 얼음이 분출되는 얼음 화산이 있었는데, 그 당시 땅 밑의 소금 성분도 얼음과 함께 표면으로 분출된 것이다. 소금이 함유된 얼음은 태양빛을 더 많이 반사할 수 있어서 잿빛의 세레스 표면에 이렇게 눈에 띄는 밝은 반점이 만들어졌다.

8월
18일

명왕성의 카론 위성

뉴허라이즌스 탐사선으로 담은 명왕성의 가장 큰 위성 카론의 모습이다. 특히 아래쪽 표면에 크고 작은 둥근 크레이터가 많이 남아 있다. 카론의 적도를 따라 비스듬하고 길게 이어진 협곡의 모습도 볼 수 있다. 카론의 북극 지역은 유독 주변의 다른 지역에 비해 붉게 보인다. 그 이유는 태양에서 아주 먼 거리에 떨어져 있기는 하지만 태양풍 입자들이 명왕성까지 다다라서 명왕성을 덮고 있던 질소로 이루어진 옅은 대기를 불어내는데, 그중 일부가 그대로 카론에 날아와 극지방에 쌓이기 때문이다. 카론 북극의 붉은 영역을 J.R.R 톨킨의 《반지의 제왕》에 나오는 악의 세력들의 나라, 어둠의 땅 모르도르에서 이름을 빌려와서 '모르도르 반점'이라고 부른다.

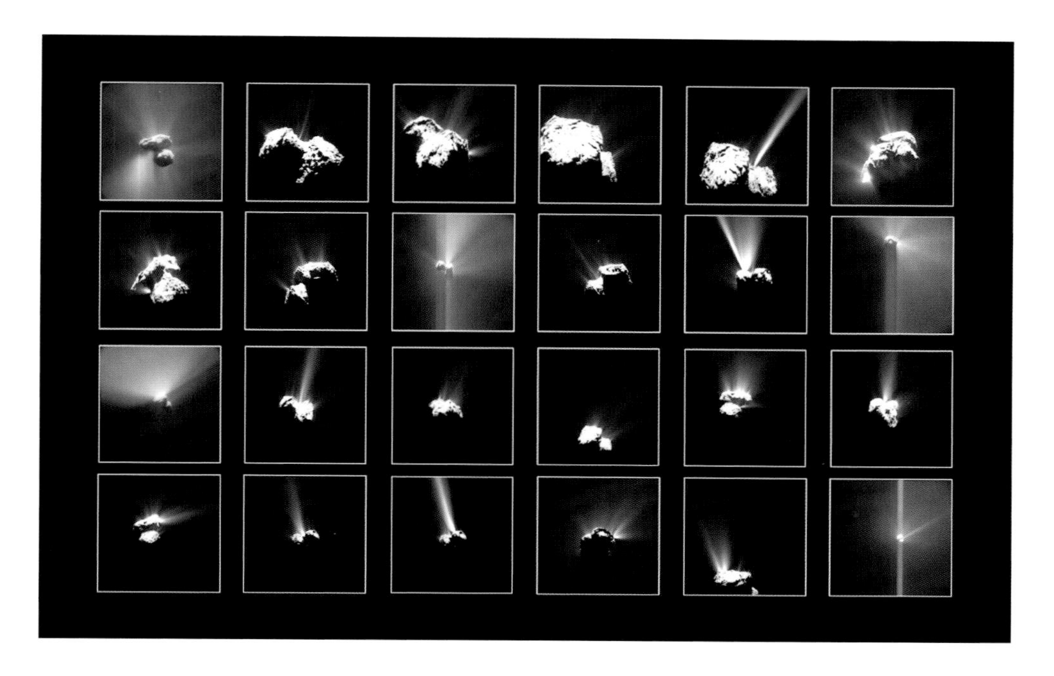

추류모프-게라시멘코 혜성

다양한 각도에서 혜성을 바라봤다. 2015년 7월과 9월 사이, 로제타 탐사선이 추류모프-게라시멘코 혜성 곁을 맴돌면서 촬영한 모습이다. 사진 속 뜨거운 태양빛을 받아 혜성 표면에서 승화된 가스가 분출되는 모습을 선명하게 볼 수 있는데, 혜성은 궤도를 돌며 태양계 안쪽으로 이동하면서 더 많은 가스를 분출한다. 그래서 멀리서 보면 혜성은 뒤로 긴 가스 꼬리를 흘려보내는 것처럼 보인다. 또한 사진을 보면 얼음이 많은 표면을 중심으로 가장 선명하게 긴 가스 꼬리가 분출되고 있다. 이는 혜성 표면에 얼음이 고르게 분포되어 있지 않은데, 특히 얼음이 많은 영역은 태양빛에 더 취약하기 때문이다. 추류모프-게라시멘코 혜성의 핵은 독특하게도 두 개의 크고 작은 덩어리가 붙은 듯한 모습을 하고 있다. 천문학자들은 오래전 별개로 존재했던 크고 작은 두 혜성이 빠르게 부딪히면서 지금의 독특한 모습이 되었다고 추정한다. 이는 태양계 구석을 떠도는 작은 소천체들이 서로 충돌하면서 더 큰 천체로 성장한다는 것을 보여주는 증거가 될 수 있다.

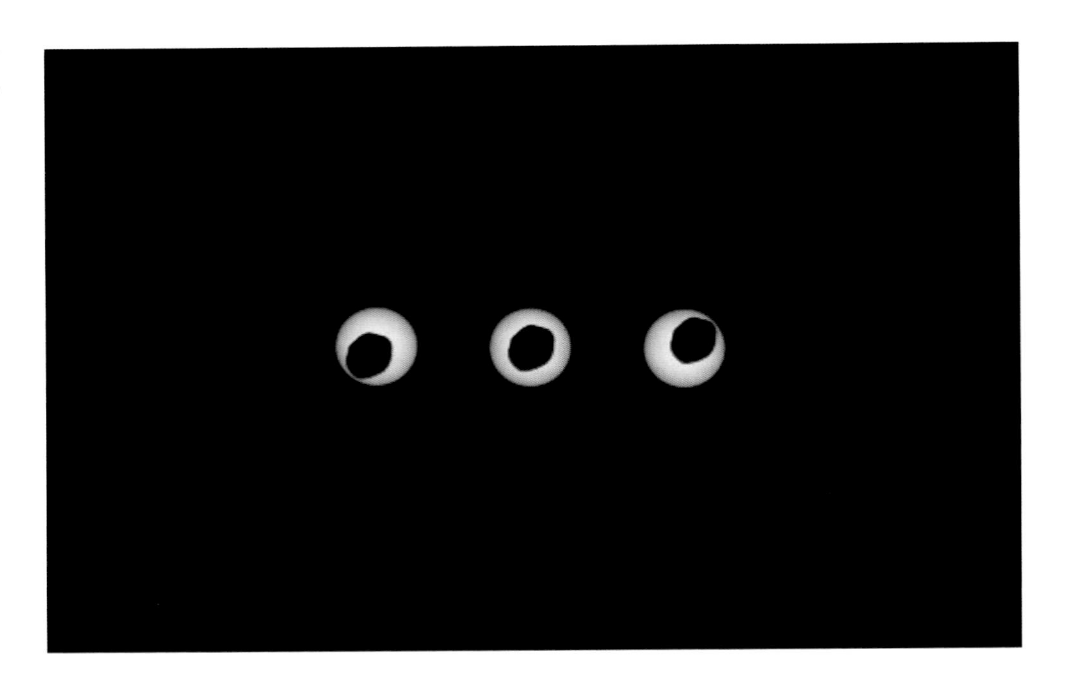

포보스 위성에 의한
화성에서의 일식

지구의 달은 참 절묘하다. 태양은 지구의 달에 비해 400배 정도 더 큰 지름을 갖고 있고 지구에서 달까지의 거리보다 400배 정도 더 멀리 놓여 있지만 지구의 하늘에서 봤을 때 달과 태양은 거의 비슷한 크기로 보인다. 이 절묘한 우연은 지구인들에게 특별한 볼거리를 제공한다. 바로 달 원반이 태양 원반 앞을 가리고 지나가는 개기일식이다. 이러한 우연은 지구에서만 일어난다. 화성에서도 화성의 위성이 태양 앞을 가리고 지나가는 일식이 일어나지만 절대 개기일식은 볼 수 없다. 그 이유는 위성의 크기 때문이다.

화성 곁에는 아주 작은 두 개의 위성, 포보스와 데이모스가 맴돌고 있는데, 각각 지름이 약 20킬로미터, 10킬로미터 정도의 작은 크기다. 모양도 둥글지 않아서 감자나 고구마처럼 울퉁불퉁하고 찌그러진 모습이다. 2013년 8월 20일, 화성에서 1년하고도 딱 4일을 더 보내고 있던 큐리오시티 탐사선은 우연히 포보스가 태양 앞을 가리고 지나가는 일식 순간을 목격했다. 화성은 지구에 비해 태양에서 더 멀리 떨어져 있기 때문에 화성의 하늘에서 볼 수 있는 태양 원반의 크기는 지구에서 봤을 때보다 더 작다. 하지만 포보스는 너무나 크기가 작은 위성이라서 그 작게 보이는 화성 하늘에서의 태양 원반도 다 가릴 수 없었다. 태양 앞을 가리고 지나가는 감자 같은 포보스의 울퉁불퉁한 실루엣을 확인할 수 있다.

암흑성운
버나드 68

별들이 빽빽한 우주 한편에 거대한 구멍이 뚫려 있다. 왜 이곳에만 별이 없는 걸까? 사실 이건 구멍이 아니다. 배경 별을 가리고 있는 짙은 먼지구름인 암흑성운의 모습이다. 버나드 68이라는 이름의 이 암흑성운은 짙은 먼지가 우주의 모습을 얼마나 왜곡시켜서 보여줄 수 있는지 느끼게 한다. 20세기 천문학자 할로 섀플리는 우리은하 속 구상성단들의 거리를 측정해 그들이 어떻게 분포하는지를 지도로 완성했는데, 그것을 통해 우리은하가 대략 지름 30만 광년의 거대한 원반 모양으로 별들이 모여 있는 구조라고 주장했다. 그런데 당시 섀플리가 추정한 우리은하의 크기는 오늘날 우리가 알고 있는 더 정확한 크기인 10만 광년보다 약 세 배 정도 더 크다. 그 이유는 당시 섀플리는 별빛을 가리는 먼지구름의 효과를 고려하지 않았기 때문이다. 먼지구름에 가려진 배경 별빛은 더 어둡게 보이는데, 거리가 더 멀어서 별이 어둡게 보인다고 오해할 수 있다. 이러한 오해로 인해 섀플리는 우리은하의 크기를 실제보다 더 크게 추정했다.

Aug 22, 2017
Aug 26, 2017
Aug 28, 2017

타원은하 NGC 4993

중력파는 눈으로 볼 수 없다. 빛이 아닌 시공간에 남는 흔적이기 때문이다. 천문학자들은 지구 전역에 설치된 중력파 검출기로 다양한 중력파를 검출한다. 하지만 수억 광년의 거리에서 퍼져오는 시공간의 떨림은 미미해서 그동안 주로 포착한 것은 질량이 아주 무거운 블랙홀 두 개가 충돌할 때 만들어진 중력파였다. 그런데 2017년 8월, 놀라운 일이 벌어졌다. 이번에 날아온 중력파 신호는 블랙홀이 아닌 중성자별 두 개가 충돌하여 일으킨 중력파였다. 중성자별은 직접 빛나므로 중력파가 퍼져나온 현장을 실제 빛으로 포착할 수 있었다.

천문학자들은 중력파 신호가 검출되자마자 지구 전역의 천문대에 긴급 메일을 보냈다. 진행하던 관측을 멈추고 일제히 중력파가 날아온 것으로 의심되는 방향의 하늘을 겨냥해줄 것을 부탁했다. 천문학자들은 모두 한마음으로 각자 쓰고 있던 망원경의 고개를 돌려 한쪽을 겨냥했다. 지상망원경뿐 아니라 다양한 우주망원경들도 총동원되었다. 그 결과 역사상 최초로 전파, 적외선, 가시광선, 자외선, 엑스선, 감마선, 그리고 중력파라는 새로운 종류의 파장까지, 오늘날 인간이 감지할 수 있는 모든 파장으로 동일한 천체를 관측하는 멀티 메신저 관측이 이루어졌다. 인류는 사진 속의 타원은하 NGC 4993에서 중력파를 일으킨 두 중성자별의 충돌 현장을 포착할 수 있었다.

이 사진은 허블 우주망원경으로 그 현장을 관측한 것이다. 1억 3000만 광년 거리에 떨어진 타원은하 NGC 4993의 한복판에서 갑자기 점 하나가 밝아졌다가 사라졌다. 두 개의 밝은 중성자별이 서로의 중력에 이끌려 충돌하는 순간 중력파뿐 아니라 밝은 섬광을 남기고 사라졌다.

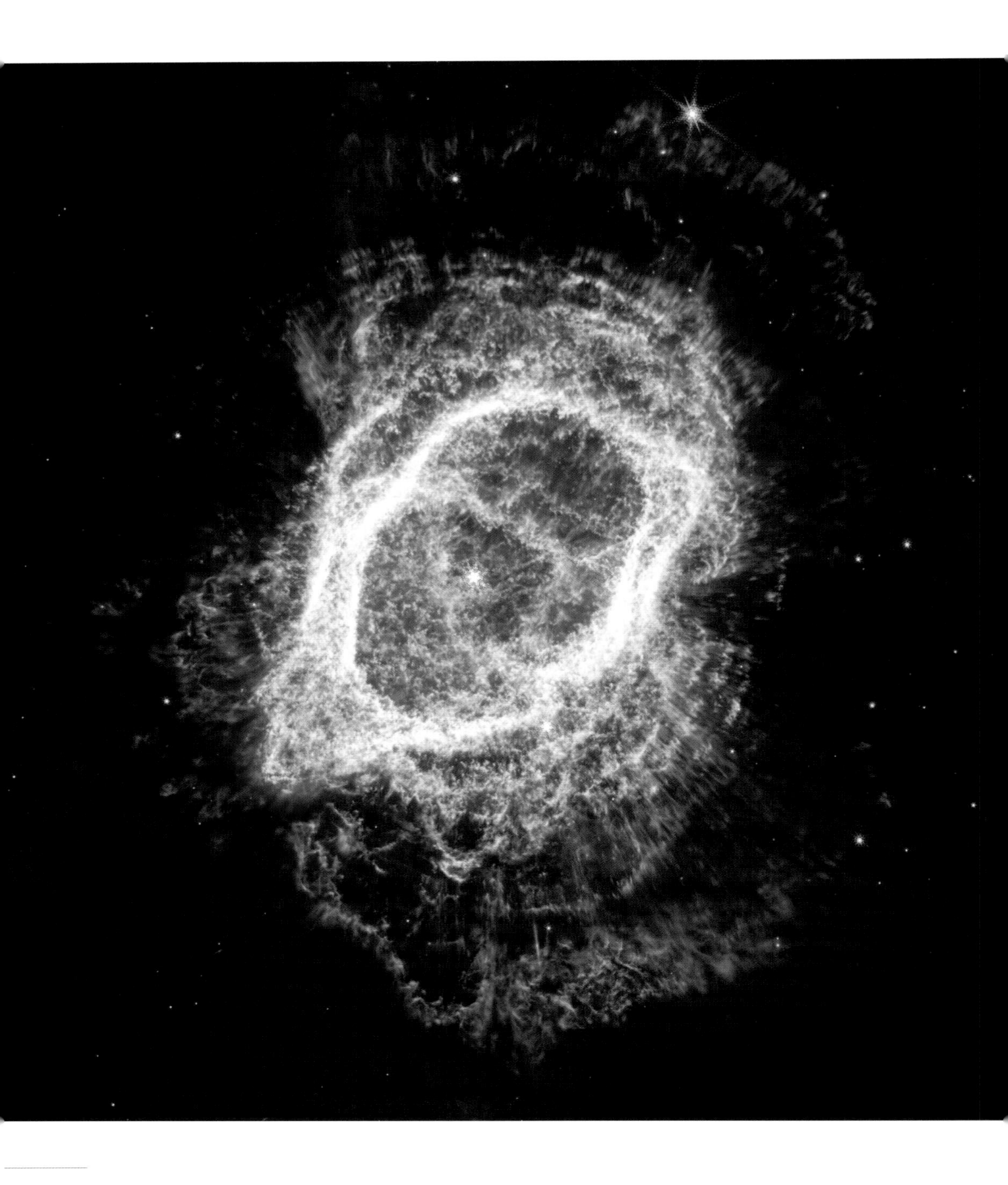

8월
23일

이 사진은 제임스 웹을 통해 남쪽고리성운의 수소 분자 분포를 확인한 것으로, 성운 속 가스 필라멘트들의 모습을 더 두드러지게 보이게 한 것이다. 성운 외곽까지 가스 필라멘트 가닥들이 아주 길게 사방으로 뻗어나가는 모습을 볼 수 있는데, 이것은 성운의 중심에서 죽어가는 별인 백색왜성이 사방으로 물질을 토해내며 남긴 흔적이다. 성운의 중심에서 죽어가는 백색왜성은 원래 태양 질량의 3배 정도 되는 별이었는데, 진화 마지막 단계에서 불안정한 시기를 겪고 사방으로 외곽물질을 토해냈고, 지금은 태양 질량의 절반밖에 안 된다. 그런데 여기서 천문학자들은 뜻밖의 이상한 부분을 발견했다. 사진의 오른쪽 윗부분은 필라멘트들이 고르게 뻗어나가는 반면, 왼쪽 아랫부분은 필라멘트들이 훨씬 복잡하게 휘어 있다. 이것은 별 하나에 물질이 분출되고 있는 것이 아니라 그 이상의 별들이 한데 모여 복잡하게 상호작용하고 있음을 의미한다.

이 아름다운 성운이 사실은 총 다섯 개의 별의 복잡한 상호작용을 통해 만들어진 합작품이었던 것이다. 주변에 먼지 원반을 두르고 있던 거대한 별 곁에 두 개의 또 다른 별이 가까이서 맴돌았다. 먼지 원반 중심의 별은 서서히 부풀었고 결국 곁에 있던 두 작은 별을 집어삼켰다. 이 과정에서 두 작은 별은 각각의 자전축 방향으로 막대한 에너지를 토해내며 주변의 성운을 아름답게 휘저었다. 한편 그 모습을 멀리서 지켜보던 또 다른 별이 있었다. 바로 사진 속 성운 중심에 보이는 흰 별인데, 이 별은 앞서 거대한 별이 토해낸 먼지구름을 더 복잡하게 휘저으면서 지금의 아름다운 성운을 조각했다. 제임스 웹 사진에서 볼 수 있는 별은 성운을 만들고 살아남은 두 개의 별뿐이지만(4월 22일 참고), 천문학자들은 사방에 흐트러져 있는 아름다운 작품의 흔적을 통해 오래전 사라진 또 다른 별들을 추억한다.

오리온성운에서
일어난 충돌

지금으로부터 약 1000~500년 전 오리온성운의 중심에서 두 개의 무거운 별이 충돌했다. 그 순간 사방으로 강력한 충격파가 퍼져나가 주변의 높은 밀도로 모여 있는 수소 분자 구름 속을 파고들었다. 충격파와 부딪히며 뜨겁게 달궈진 수소 분자들이 붉게 달아올랐다. 충격파의 흔적이 마치 손가락처럼 3~4광년 길이로 뻗어나갔다. 붉은 손가락들의 뾰족한 끝부분을 보면 작지만 선명한 초록빛을 볼 수 있다. 이것은 유독 이온화된 철 함량이 높은 영역인데, 다른 영역보다 훨씬 더 높은 온도로 달궈져 있다는 뜻이다.

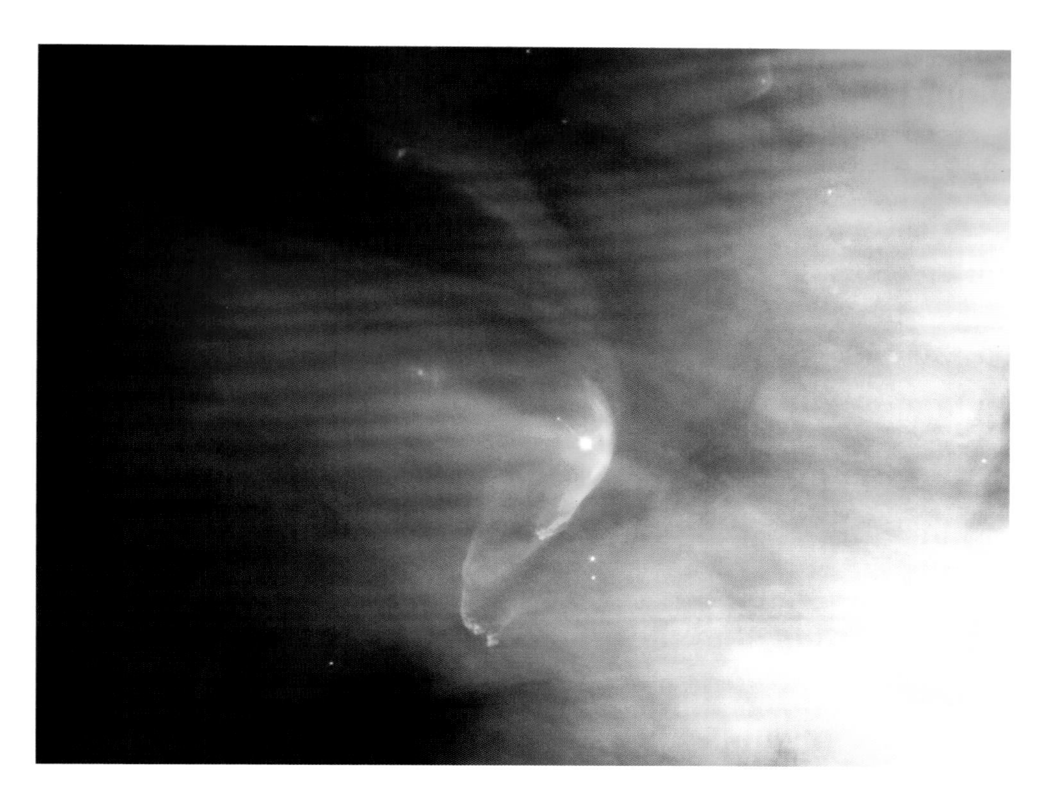

오리온자리 LL 별

만약 태양계 바깥 먼 우주에서 누군가 우리 태양계를 바라본다면 어떤 모습일까? 오리온성운 속을 부유하는 갓 태어난 어린 별 오리온자리 LL이 우리에게 그 답을 대신 보여준다. 사진 속 어린 별은 사방으로 항성풍을 토해내 주변 성간물질을 둥글게 불려낸다. 별은 우주 공간에 가만히 떠 있지 않고 주변의 다른 별들과 중력을 주고받으며 특정한 방향으로 빠르게 움직이기 때문에 어린 별의 항성풍으로 불려 주변 성간물질의 충격파 형태는 비대칭인 물방울 모양이 된다. 사진 속에서 오리온자리 LL 별이 왼쪽에서 오른쪽으로 이동하며 성간물질을 헤치고 나아가고 있다. 마치 음속을 돌파한 제트기가 지나갈 때 그 뒤로 원뿔 모양의 충격파 구름이 형성되는 것과 같다.

태양계도 마찬가지다. 태양은 명왕성 궤도 너머의 먼 우주까지 항성풍을 내뿜으며 주변 성간물질을 불린다. 우리은하 전체 중력에 붙잡힌 채 태양계도 빠른 속도로 우주 공간을 움직여서 태양계 주변에도 태양풍에 밀려 높은 밀도로 쌓인 성간물질의 경계가 긴 꼬리를 달고 있는 물방울 모양으로 만들어져 있다. 그 두껍게 쌓인 성간물질의 장벽을 태양풍의 영향이 미치는 경계라는 뜻에서 태양권계면이라고 한다. 보이저 탐사선이 태양계를 벗어났다고 이야기할 때의 그 기준이 되는 경계가 바로 이 태양권계면이다. 보이저 1호는 2012년 8월 25일 태양권계면을 벗어났다.

검은 중절모, 하얀 장갑, 그리고 새까만 선글라스. 팝의 황제 마이클 잭슨을 상징하는 트레이드마크다. 허블 우주망원경은 마이클 잭슨이 우주에 남겨둔 거대한 은하 선글라스를 발견했다. 두 개의 막대나선은하 NGC 7733, NGC 7734가 서로의 중력에 이끌려 살짝 모양이 찌그러진 채 기다란 별의 흐름으로 이어져 있다.

막대나선은하
NGC 7733, NGC 7734

타이탄 위성과
레아 위성

두 개의 초승달이 떴다. 이 둘은 토성 곁을 맴도는 위성이다. 뒤의 더 큰 노란 위성은 두꺼운 메테인 대기로 덮여 있는 타이탄이다. 앞의 작은 잿빛 위성은 레아다. 대기권의 존재에 따라 위성도 각양각색의 모습을 보여준다.

화성 크레이터 사면

깊게 파인 둥근 크레이터의 가장자리를 따라 마치 물이 흐른 것처럼 길고 가는 자국들이 새겨져 있다. 크레이터의 가장자리 언덕 끝은 또 다른 층이 져 있다. 뻥 뚫린 크레이터 한가운데는 화성 하늘 위로 태양이 떠 있는 시간 동안 충분히 많은 태양빛을 쬘 수 있다. 하지만 크레이터의 가장자리 바로 아래 경사면은 계속 그림자가 진 채 태양빛이 들지 못한다. 그래서 똑같은 크레이터라도 조금씩 온도가 다르다. 훨씬 더 오랜 시간 그림자가 지는 크레이터의 가장자리 경사면을 따라 하얀 눈과 서리가 쌓여 있다.

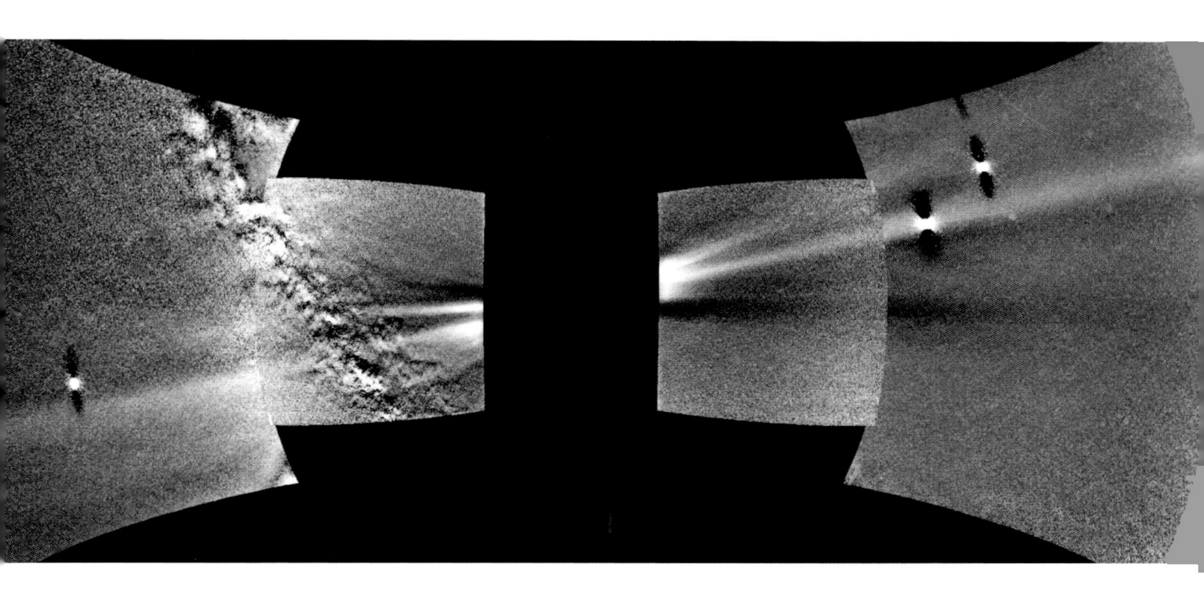

금성의 먼지고리를 재구성해 시각화한 이미지

8월 29일

2019년 8월 29일, 파커 태양 탐사선은 태양 주변을 맴돌며 태양계 안쪽을 바라봤다. 파커의 WISPR 장비로 촬영한 사진 네 장을 모아서 파노라마 사진을 만들었다. 사진에는 보이지 않지만 한가운데에는 눈부시게 빛나는 태양이 있고, 양쪽으로 태양 빛줄기가 뻗어나간다. 가장 왼쪽에서 혼자 빛나고 있는 점은 지구다. 그 옆에서 은하수가 살짝 기울어진 채 흘러간다. 오른쪽에서 밝게 빛나는 두 점은 오른쪽이 수성이고 그 왼쪽이 금성이다. 사진을 보면 왼쪽 아래에서 오른쪽 위 금성이 있는 위치까지 밝은 빛줄기가 길게 이어진다. 이것은 금성의 공전 궤도를 따라 이어져 있는 먼지 입자들에 태양빛이 반사된 모습으로, 우주 공간의 먼지가 행성의 중력으로 공전 궤도를 함께 도는 것을 '공명 먼지고리'라고 한다. 금성의 공전 궤도에는 주변의 우주 공간에 비해 10퍼센트 정도 더 높은 밀도로 먼지 입자들이 모여 있다.

8월
30일

볼프-레예 별 WR 124

누군가 우주에 거대한 입술 자국을 남겼다. 곧 장엄한 죽음을 앞두고 있는 별이 우주 공간에 마지막 작별 키스를 남기고 있다. 이곳은 약 1만 광년 거리에서 빠르게 죽어가고 있는 별 WR 124이다. 가운데 별을 중심으로 여덟 방향으로 뻗어나가는 회절무늬는 제임스 웹의 거울 모양 때문에 만들어지는 현상으로, 근적외선카메라로 찍은 모든 사진에서 볼 수 있다. 중적외선기기로도 촬영한 덕분에 별 주변을 에워싼 입술 자국 모양의 가스구름도 선명하게 담아냈다.

별은 질량이 무거울수록 진화 속도가 더 빨라지는데, 이 별의 질량은 태양의 30배로 거대해서 앞으로 수백만 년 안에 화려한 초신성 폭발과 함께 사라지게 된다. 사실 별들의 세계에서 이 정도의 빠른 진화는 태어나자마자 죽는 셈이라 할 수 있다. 다만 무거운 질량만큼 진화 과정이 워낙 난폭한 탓에 초신성으로 터지기 전부터 이미 외곽의 대기물질을 사방으로 토해내는 중이다. 이러한 진화 단계에 있는 별을 볼프-레예 별이라고 한다(2월 19일 참고). 2만 년 전부터 사방으로 보내진 가스구름이 별 WR 124를 에워싸고 있다. 이 가스구름은 시속 15만 킬로미터의 속도로 아주 빠르게 퍼지는 중이며, 그 크기만 6광년에 달한다. 중심 별은 이미 태양 질량의 열 배나 되는 외곽 대기물질을 사방으로 흘려보냈다.

별 탄생 지역
트럼플러 14

용골자리성운 속 약 8000광년 거리에 떨어진 별들이 가득한 별 탄생 지역 트럼플러 14의 모습이다. 사진 왼쪽의 가운데 부분을 보면 마치 영화 〈스타트렉〉 속 주인공의 우주선 엔터프라이즈호가 지나가는 것만 같다. 이것은 짙은 먼지와 가스로 이루어진 어두운 구름으로, 보크구상체Bok globule라고 한다.

천왕성과
주변 위성들

제임스 웹이 더 긴 시간을 들여 앞서 관측했던 천왕성(6월 6일 참고)을 더 자세하게 들여다봤다. 천왕성을 에워싼 여러 겹의 고리를 더 선명하게 볼 수 있다. 현재까지 천왕성 곁에서 총 27개의 위성이 발견되었는데, 이 사진에는 그중 거의 절반에 달하는 14개의 위성이 선명하게 담겨 있다. 사진에 담긴 위성의 이름은 각각 오베론, 티타니아, 움브리엘, 줄리엣, 페르디타, 로잘린드, 퍽, 벨린다, 데스데모나, 그레시다, 아리엘, 미란다, 비안카, 그리고 포르티아다. 알렉산더 포프의 시에 등장하는 움브리엘과 벨린다, 이 둘을 제외하고 천왕성의 위성들은 모두 윌리엄 셰익스피어의 작품에 등장하는 인물의 이름이다. 천왕성은 가장 문학적인 행성인지도 모른다.

9월
2일

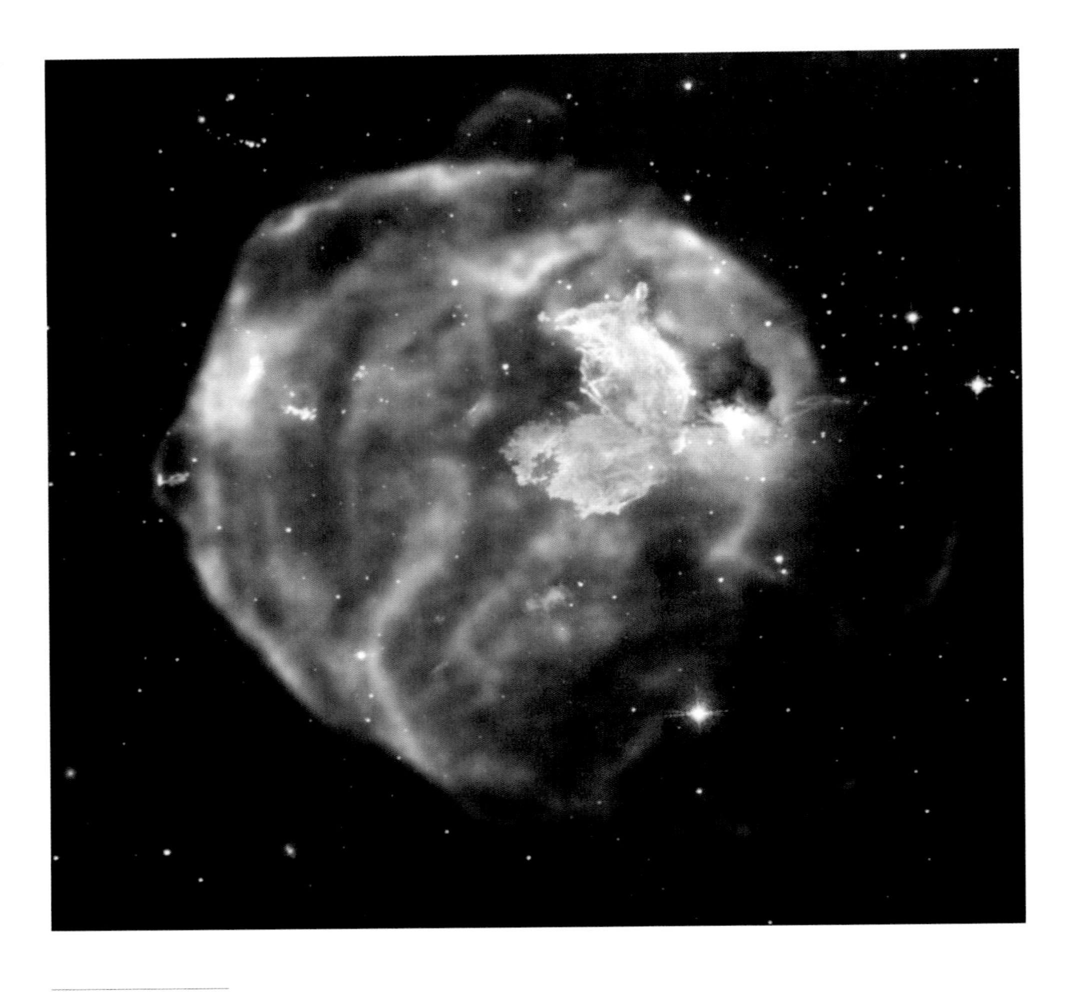

초신성 잔해 LMC N63A

"가장 중요한 것은 눈에 보이지 않아."

_《어린 왕자》의 여우

은하 NGC 6670

2019년 미국의 한 아트페어 현장에 바나나가 등장했다. 크고 작은 그림들이 즐비한 흰 벽면에 회색 덕테이프로 대충 붙여놓은 바나나가 있었는데, 놀랍게도 이건 이탈리아의 조각가이자 행위예술가 마우리치오 카텔란이 만든 작품이었다. 그 가치만 무려 1억 5000만 원에 달한다. 아마 세계에서 가장 유명한 바나나이지 않을까? 마우리치오 카텔란의 바나나에 비하면 훨씬 덜 유명하지만, 천문학자들에게는 나름 유명한 바나나가 하나 더 있다. 지구에서 약 4억 광년 거리에서 납작한 두 원반은하가 충돌하면서 만들어진 사진 속 바나나다. 두 은하의 원반이 살며시 겹쳐진 채 휘어지면서 바나나를 닮은 독특한 모습의 은하 NGC 6670를 만들었다. 이 바나나의 가치는 돈으로 매길 수 없다.

나선은하 NGC 2775

나선은하가 항상 뚜렷한 나선팔을 보이는 것은 아니다. 때로는 양털구름처럼 작은 먼지구름 덩어리들이 오밀조밀 모여 있는 아름다운 모습을 보여주기도 한다. 허블 우주망원경으로 관측한 나선은하 NGC 2775가 대표적이다. 은하 중심부는 비교적 나이가 많은 미지근한 별들이 모여 있다. 중심에서는 새로운 별이 거의 탄생하지 않아서 푸른빛을 볼 수 없다. 반면 은하 외곽에 복잡하게 얽힌 먼지 띠 사이로는 수많은 어린 별들이 탄생하고 있는 것을 볼 수 있다.

추류모프-게라시멘코 혜성

"해리, 너는 머글에 대해 아주 잘 알고 있겠지?
그렇다면 제발 알려줘!
대체 러버덕의 정확한 용도가 뭐야?"

_아서 위즐리 (《해리 포터》 론 위즐리의 아버지)

로제타 탐사선이 추류모프-게라시멘코 혜성에 접근하면서 촬영한 사진이다. 혜성 표면이 뜨거운 태양빛을 받아 승화하면서 사방으로 기체를 뿜어내고 있다. 두 개의 크고 작은 덩어리가 맞붙어 있는 혜성의 독특한 실루엣이 두드러진다.

9월
6일

제임스 웹 JADES 딥필드

이 한 장의 사진에만 4만 5000개가 넘는 은하가 담겨 있다. 138억 년의 우주 역사 속에서 겨우 빅뱅 이후 6억 년밖에 안 된 시점부터 존재한 은하 수백 개도 곳곳에 숨어 있다. 이처럼 우주는 이미 오래전부터 수많은 별과 은하로 채워져 있었다. 그래서 우린 우주가 원래부터 이런 아름다운 세계였다고 착각한다. 하지만 그렇지 않다. 빅뱅 이후 약 5억 년 가까운 짧지 않은 세월 동안 우주에는 그 어떤 별도, 은하도 빛나지 않는 암흑의 시기가 있었다.

빅뱅 이후 처음 탄생한 1세대 별들은 지금의 별에 비해 훨씬 무겁고 밝았다. 별은 질량이 클수록 진화 속도가 빨라 수명이 짧아지므로 최초의 별들은 수천만 년 안에 다시 거대한 폭발과 함께 사라졌다. 육중한 크기만큼 폭발의 여파도 어마어마했다. 초기 우주에 막 탄생했던 어린 은하 속 거대한 블랙홀 역시 난폭한 활동을 보였다. 이러한 별의 폭발과 블랙홀의 활동으로 발생한 밝은 빛과 에너지가 주변 우주 공간의 가스물질을 비췄고, 그 속의 원자들은 다시 원자핵과 전자로 쪼개려 이온화했다. 순식간에 우주가 통째로 이온화되며 한동안 우주에는 안정적인 원자가 거의 존재하지 못하는 시기가 있었다. 별도 은하도 잠시 만들어질 수 없었다. 천문학에서는 이 시기를 '우주의 재이온화 시기'라고 한다. 빅뱅 이후 약 4억 년에서 9억 년 사이에 벌어졌을 것으로 추정된다. 제임스 웹은 바로 이 재이온화 시기의 모습을 실제 관측으로 확인하는 시도를 하고 있다.

최근 천문학자들은 제임스 웹을 통해 대대적인 딥필드를 계속 촬영해나가는 JADES 관측 프로젝트를 이어가고 있다(3월 27일 참고). 말 그대로 우주 끝자락의 희미한 보석을 찾는 여정이다. 그리고 드디어 재이온화 시기의 가장 직접적인 관측 증거를 발견했다. 관측한 결과, 빅뱅 이후 약 9억 년이 지난 시점에 존재한 원시은하들의 주변 둥근 영역 속에 원자들이 이온화되어 있고, 그로 인해 은하 주변 영역은 둥글게 텅 비어 있다. 각 원시은하를 감싸고 있는 둥근 영역의 크기는 지름 200만 광년 정도로, 우리은하에서 안드로메다은하까지의 거리에 맞먹는 스케일이다. 빅뱅 이후 폭발적인 별 탄생과 왕성한 블랙홀의 포효로 인해 그 주변의 우주가 서서히 맑게 갠 그 과정들이 확인된 것이다.

화성 탐사선의 복제품들

화성 탐사 로버들의 실제 크기는 얼마나 될까? 사진 속 두 명의 엔지니어가 화성에 다녀온 탐사 로버들의 실제 크기 복제품들 사이에 앉아 있다. 왼쪽 아래쪽에 있는 가장 작은 로버는 1997년에 화성에 갔던 소저너다. 패스파인더 착륙선에 실린 채 화성에 도착한 이후 천천히 기어나와 화성 위를 누볐다. 가장 초기의 로버인만큼 크기도 65센티미터 정도로 제일 작다. 가장 왼쪽에 있는 것은 2004년에 화성에 도착했던 오퍼튜니티와 스피릿 탐사선이다. 둘은 정확히 같은 모습을 하고 있는 쌍둥이 탐사 로버였으며 1.6미터 정도의 길이로 골프 카트 정도의 크기다. 가장 오른쪽에는 2012년 화성에 도착했던 큐리오시티 탐사선이 있다. 총길이 약 3미터인 소형차 정도의 크기다. 머지않아 실제 사람이 타고 화성 위를 누빌 수 있는 더 큰 대형차 크기의 탐사 로버들도 화성에 도착하게 될 것이다.

혜성 238P/리드

2022년 9월 8일, 제임스 웹이 혜성 238P/리드를 관측했다. 사실 혜성은 제임스 웹에게 까다로운 타깃 중 하나다. 아주 빠른 속도로 태양계를 누비기 때문이다. 제임스 웹이 혜성을 포착하기 위해서는 혜성이 움직이는 속도에 맞춰 시야를 돌려야 한다. 제임스 웹은 혜성이 그리는 긴 꼬리 속에서 얼음물을 비롯한 다양한 화학 성분을 확인했다.

많은 지구인에게 석양은 하루 일과의 끝을 의미한다. 하지만 천문학자들은 그렇지 않다. 천문학자들에게 태양이 지평선 아래로 저무는 순간은 하루 일과의 시작을 의미한다.

칠레 파라날천문대의 초거대 망원경

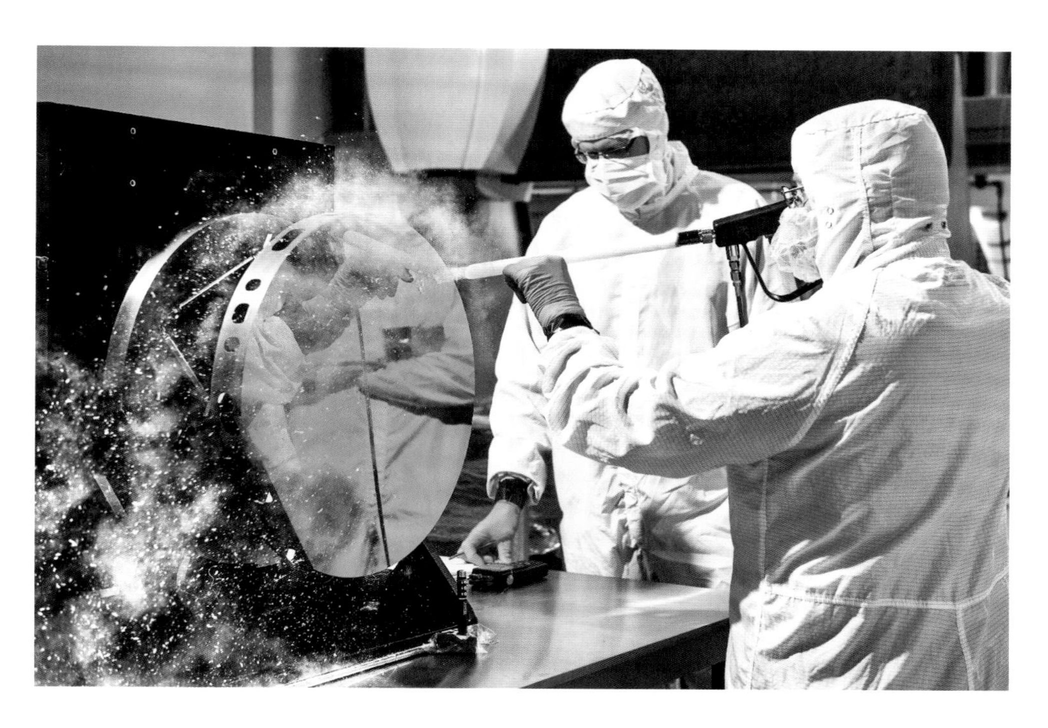

제임스 웹 부경 세척

제임스 웹의 거울은 어떻게 닦을까? 걸레나 안경닦이로 거울을 직접 문지르면 거울에 상처가 생길 수 있다. 그래서 아주 차갑게 냉각시킨 이산화탄소 얼음인 드라이아이스를 분사해서 오염물질을 닦아낸다. 이런 방식을 스노우 클리닝이라고 한다. 제임스 웹이 발사되기 전 테스트를 하는 동안에는 스노우 클리닝으로 거울을 닦아야 했다. 우주로 발사된 이후에는 거울을 닦아줄 필요가 없다. 닦아줄 수도 없고 말이다.

9월
11일

해파리은하
ESO 137-001

독일의 찰스 다윈이라 불렸던 생물학자이자 의사 에른스트 헤켈은 해파리에 주목했다. 해파리는 마치 물속을 떠다니는 비닐봉지처럼 그저 물에 몸을 맡긴 채 본능적으로 움직인다. 헤켈은 눈, 코, 귀 심지어 뇌도 심장도 없는 해파리야말로 지구 생명체의 기원에 다다를 수 있는 가장 원시적인 형태라고 생각했다. 이제는 해파리의 매력이 생물학자들뿐 아니라 밤하늘을 바라보는 천문학자들의 눈길까지 사로잡고 있다. 놀랍게도 천문학자들은 우주를 떠도는 수십만 광년 크기의 '우주 해파리'를 발견했다. 하나의 거대한 은하가 우주 속을 헤엄치며 그 뒤로 자신의 물질을 길게 흘려보낸다. 그 모습이 마치 해파리의 촉수가 뒤로 흐물거리는 듯해서 천문학자들은 이 놀라운 모습의 은하들을 '해파리은하'라고 부른다. 해파리은하는 최근 나를 비롯한 많은 천문학자가 관심 있어 하는 대상 중 하나다. 헤켈이 독일의 찰스 다윈이었다면 우주의 해파리은하를 연구하는 천문학자들을 우주의 헤켈이라고 부를 수 있지 않을까?

유클리드 우주망원경으로 바라본 왜소은하 NGC 6822 주변을 확대한 사진이다. 사진 아래쪽 보랏빛의 가스구름은 어린 별을 에워싼 채 달궈진 별 탄생 지역이다. 그 속에 유독 더 높은 밀도로 모여 있는 흰 점들이 보인다. 마치 보라색 꽃잎 속에 암술과 수술이 있는 붓꽃처럼 느껴진다.

왜소은하 NGC 6822

라디 달 탐사선
발사 모습

로켓 발사는 항상 위험하다. 2011년 9월 13일, NASA는 세탁기만 한 크기의 라디LADEE 달 탐사선을 발사했다. 안전한 발사를 위해 발사 한참 전부터 주변 창공을 지나가는 모든 비행기를 통제했다. 소수의 필수 인력을 제외한 많은 사람들은 발사장에서 멀찍이 떨어져 발사 과정을 지켜봐야 했다. 하지만 안타깝게도 발사장 근처에 있던 개구리는 발사 소식을 듣지 못했다. 로켓이 지축을 박차고 힘차게 솟아오르는 순간 엄청난 진동이 주변 땅을 울렸고 그 여파로 주변에 있던 개구리가 튕겨 날아가버렸다. 사진 왼쪽 상단에 하늘 위로 올라가는 로켓의 화염 앞으로 안타까운 개구리의 실루엣이 보인다. 개구리의 운명은 확인되지 않았다.

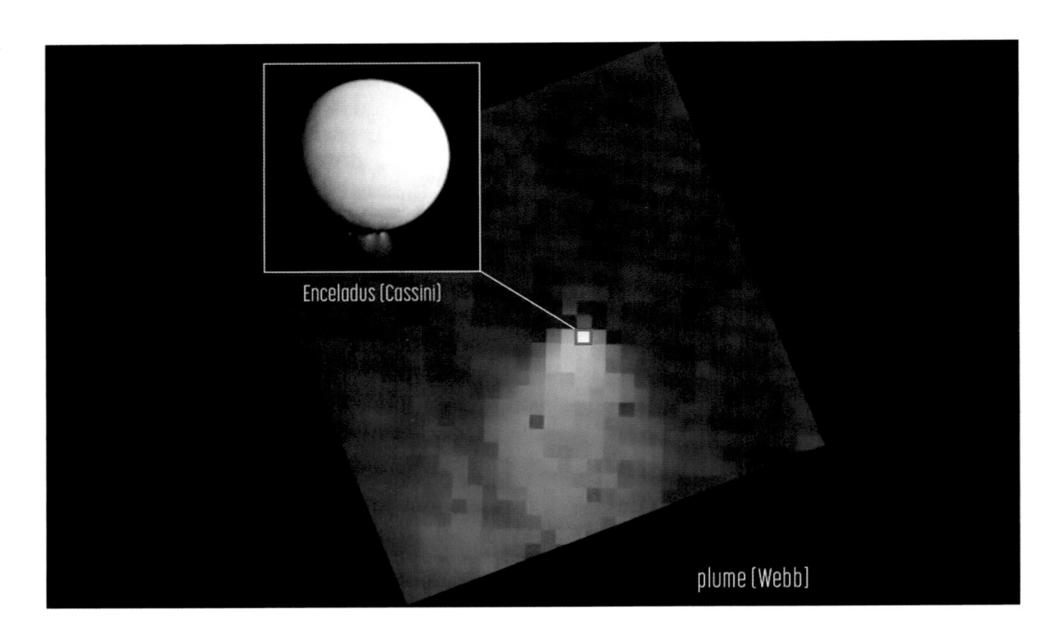

엔켈라두스 위성

제임스 웹의 뛰어난 해상도로 엔켈라두스에서 분출된 얼음 알갱이와 수증기 플룸의 세부적인 구조를 시각적으로 보인 것이다. 이미 카시니 탐사선을 통해 확인되었던 토성의 위성 엔켈라두스의 거대한 물줄기의 모습을 제임스 웹으로 다시 확인했다(10월 7일, 11월 27일 참고). 이 물줄기는 엔켈라두스 바깥으로 1만 킬로미터까지 뿜어져나오며, 그 얼음이 토성의 E 고리를 채우고 있다. 하지만 앞서 카시니 탐사선이 직접 물줄기를 통과하면서 검출했던 여러 화학성분들은 확인하지 못했다. 물줄기가 뿜어져나오는 방향과 각도가 잘 맞지 않으면 제임스 웹으로도 관측이 어려울 수도 있다. 이후의 추가 관측을 통해서 최종 검증을 기다려볼 필요가 있다.

왜소은하 NGC 6822

까만 정사각형 사진 속에 헤아릴 수 없이 많은 별이 채워져 있다. 이 사진은 유클리드 우주망원경으로 촬영한 왜소은하 NGC 6822다. 이러한 불규칙 은하는 빅뱅 직후 원시은하의 모습을 고스란히 간직한 살아 있는 화석이라 할 수 있다. 특히 은하 곳곳에 보랏빛으로 물든 가스구름이 보이는데, 이곳은 갓 태어난 어린 별들이 주변 가스구름을 뜨겁게 달구면서 만들어진 별 탄생 지역이다. 사진 속에서 푸르게 빛나는 별은 상대적으로 나이가 어린 별을, 붉게 빛나는 별은 나이가 많은 별을 나타낸다.

성운 NGC 1999

"알로호모라!"(《해리포터》에 등장하는 자물쇠를 여는 주문)

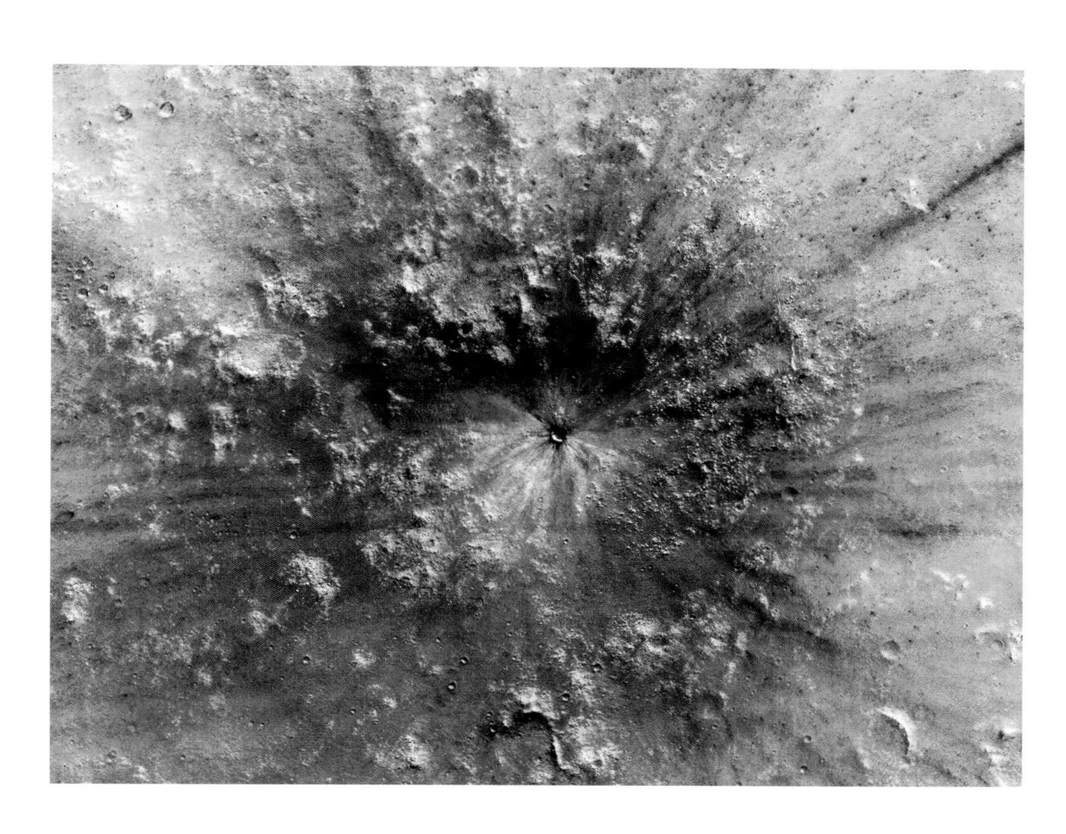

화성 적도
인근 크레이터

화성에 운석이 떨어진 직후에 갓 만들어진 크레이터는 어떤 모습일까? 2016년 9월과 2019년 2월 사이, 화성 표면 위로 강력한 충돌이 벌어졌다. 충돌 직후 그 표면에는 깊고 둥근 크레이터가 만들어졌다. 운석 충돌의 여파로 사방에 강렬한 진동과 뜨거운 열기가 퍼져나갔다. 사진 속 가운데 크레이터를 중심으로 검게 그을린 듯한 자국이 사방으로 길게 퍼져 있다. 특히 더 밝고 푸른 지점이 보이는데, 푸른색은 화성 표면을 덮고 있는 붉은 먼지가 벗겨져 날아가면서 붉은 먼지의 양이 줄어들었다는 것을 의미한다. 크레이터의 오른쪽 부분이 특히 더 푸르게 보이는 건 운석이 오른쪽 방향에서 날아오면서 그쪽으로 더 큰 충격이 가해졌기 때문이다.

이곳은 2억 2000만 광년 거리에 떨어진 페르세우스자리 은하단이다. 허블 우주망원경이 찍은 이 사진은 다양한 타원은하의 모습을 보여준다. 특히 사진 가운데에 있는 은하는 가장 길게 찌그러진 타원의 형태를 보이는데, 이러한 은하를 렌즈형은하로 분류하기도 한다. 사진 속 모든 타원은하는 푸른빛의 흔적을 거의 보이지 않는다. 이 은하단을 이루는 별들 대부분은 훨씬 나이가 많고 미지근한 붉은 별과 노란 별로만 채워져 있기 때문이다. 이 은하들 속의 구상성단은 유독 더 붉고 수소와 헬륨을 제외한 무거운 원소의 함량도 아주 높다.

페르세우스자리 은하단

화성의 돌멩이
'제이크 마티예비치'

높이 25센티미터, 너비 40센티미터의 작은 돌멩이가 큐리오시티 탐사선의 앞길을 막았다. 열심히 화성 표면 위를 굴러다니고 있던 큐리오시티는 2012년 9월 19일, 갑자기 앞에 나타난 이상한 모양의 돌멩이 앞에 멈췄다. 그 모습은 마치 인디아나 존스가 찾고 있을 현자의 돌처럼 작은 피라미드의 모양이었다. 이날은 큐리오시티가 화성에 도착한 지 43일째 되는 날이었다. 큐리오시티는 로봇 팔 끝에 있는 알파 입자 엑스선 분광기를 활용해 이 돌멩이의 성분을 분석했고, 마스핸드렌즈 카메라를 통해 돌멩이의 자세한 모습을 촬영했다. 큐리오시티가 화성 위에서 처음으로 분석한 이 돌멩이에는 '제이크 마티예비치'라는 이름이 붙었다. 소저너, 스피릿, 오퍼튜니티 그리고 큐리오시티까지 다양한 화성 탐사 로버 미션에 참여했던 NASA의 엔지니어 제이크 마티예비치의 이름이다. 그는 큐리오시티가 화성 표면에 착륙한 지 보름 만에 세상을 떠났다. 다행히 그는 자신이 마지막으로 보낸 화성 탐사 로버가 붉은 행성의 표면 위에 무사히 안착하는 모습을 확인하고 눈을 감을 수 있었다.

목성의 구름 표면

"구름이 부당한 대우를 받고 있으며,
구름이 없다면 우리 삶도
한없이 초라해지리라 믿는다."

_개빈 프레터피니(구름추적자), 〈구름감상협회〉를 조직하면서

2020년 9월 20일, 주노 탐사선이 목성 대기권 곁에 스물아홉 번째로 접근하면서 지나갈 때 포착한 목성 대기권의 세밀한 모습이다.

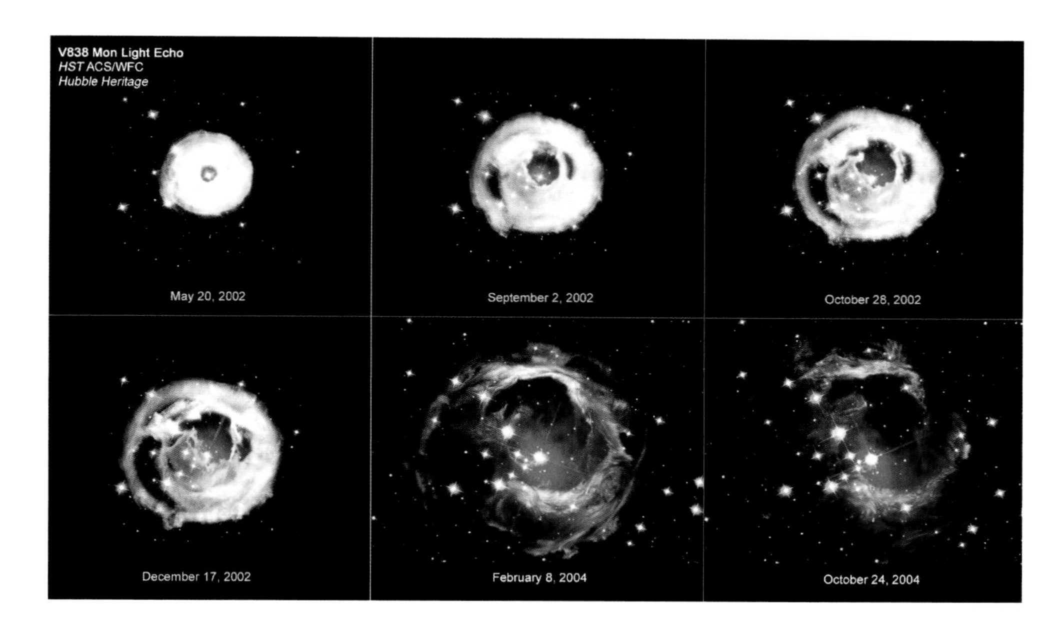

변광성 V838의
빛 메아리

우주에서는 그 무엇도 빛보다 빠를 수 없다. 하지만 놀랍게도 이곳은 빛의 속도를 초월한 현상을 보여준다. 2002년에서 2004년 사이 천문학자들을 허블 우주망원경을 통해 외뿔소자리 방향으로 약 2만 광년 거리에 떨어진 변광성 V838을 바라봤다. 이곳은 별이 역동적으로 물질을 토해내며 주변에 거대한 가스거품이 퍼져나가고 있는 현장이다. 놀랍게도 이 별 주변으로 둥글게 퍼져나가는 빛의 여운은 빛보다 더 빠르게 퍼져나가는 것처럼 보인다! 대체 어떻게 빛의 속도를 넘을 수 있는 걸까? 그 이유는 사실 별 V838을 감싸고 있는 먼지구름으로 인해 생기는 일종의 착시 효과다. 우리는 별에서 출발한 별빛이 주변을 에워싸고 있는 먼지구름에 부딪혀 다시 반사된 빛을 보는 것이다. 즉, 지구에서 보기에는 마치 별을 에워싼 물질이 빛보다 훨씬 빠른 속도로 둥글게 퍼져나가는 것처럼 보이지만, 단지 다양한 거리에 놓인 각 먼지구름에 반사된 빛을 볼 뿐이다. 이곳에서도 여전히 그 어떤 것도 빛보다 빠르게 움직인 것은 없다. 이렇게 주변에 있는 다른 먼지구름에 의해 빛이 반사되면서 퍼져나가는 것처럼 보이는 현상을 '빛의 메아리'라고 한다.

토성과 지구

토성 주변을 맴돌던 카시니 탐사선이 태양을 등진 토성과 그 주변 고리의 실루엣을 담았다. 우연히 토성 고리 아래 멀리 떨어진 지구(화살표)가 보인다.

은하 NGC 4402

허블 우주망원경으로 바라본 은하 NGC 4402의 모습이다. 사진 속 하얗고 밝게 빛나는 영역은 별 원반의 모습이다. 그런데 별 원반과 그 위 먼지 원반이 살짝 어긋나 있다. 먼지 원반이 마치 별 원반 위로 떠오르는 것처럼 보인다. 먼지 원반은 그릇처럼 살짝 둥글게 휘어 있다. 그 이유는 은하와 은하 사이에 있는 높은 밀도의 뜨거운 가스물질이 은하에 압력을 가하기 때문이다. 빠르게 달릴 때 바람을 느끼는 것과 같다. 이처럼 유체 속을 흐르며 받게 되는 압력을 '램 압력'이라고 한다. 램 압력은 특히 가스물질 사이에서 적용된다. 은하가 우주공간을 헤엄치는 동안 별 원반의 형태는 거의 흐트러지지 않지만 가스와 먼지 띠는 뒤로 밀려난다. 사진에서 이 은하는 왼쪽 아래 방향으로 이동 중이다.

9월
24일

아폴로 15호,
전사한 우주인

아폴로 15호의 우주인 데이비드 스콧은 달을 향해 날아가기 전, 저녁 만찬 자리에서 벨기에 출신의 아티스트 폴 반 호이동크를 만났다. 호이동크는 스콧에게 한 가지 작은 제안을 했다. 아폴로 15호가 있기까지 희생되었던 미국과 소련의 우주인과 비행 조종사 14명을 기리는 예술 작품을 하나 만들었는데, 그것을 달에 남겨두고 와달라는 부탁이었다. 〈전사한 우주인Fallen Astronaut〉이라는 이름의 이 작품은 9센티미터 크기의 인간의 모습을 한 작은 조각품으로, 성별도, 인종도 구분할 수 없게 디자인되었으며, 달 표면에 오랫동안 두어도 훼손되지 않도록 알루미늄으로 제작되었다. 스콧은 NASA에 따로 보고하지 않고 동료 제임스 어윈과 함께 달 표면에서 선외활동을 하던 중 잠깐 짬을 내어 지구에서 챙겨온 알루미늄 인간과 금속판을 달 표면 위에 두었다. 금속판에는 세상을 떠난 우주인 14명의 이름이 알파벳 순서로 써 있었다.

스콧은 달에 다녀온 후 기자회견에서 이 조각품의 존재를 뒤늦게 공개했다. 이것은 큰 문제가 되었다. 우주인이 NASA의 정식 허가 없이 민간에서 만든 물건을 임의로 로켓 안에 싣고 탑승하는 것은 위험한 사고로 이어질 수 있기 때문이다. 한편 이 작품을 만든 호이동크가 알루미늄 인간 조각품의 복제품을 대량으로 만들어 영리활동을 하면서 또 다른 문제가 되기도 했다. 하지만 광란의 우주 시대를 거치면서 희생된 이들을 기리는 아름다운 예술작품이라는 점은 부정할 수 없다. 이 작품은 세상에서 가장 높고 외로운 곳에 전시된 최초의 예술작품이 되었다. 오늘날의 우주 시대가 있기까지 희생된 수많은 모험가들의 명복을 빈다.

찰스 A. 바셋 2세(비행기 사고), 파벨 벨랴예프(질병), 로저 B. 채피(아폴로 1호 화재), 게오르기 T. 도브로볼스키(소유즈 11호 재진입 사고), 시어도어 C. 프리먼(비행기 사고), 유리 A. 가가린(비행기 사고), 에드워드 G. 기븐스 주니어(자동차 사고), 버질 I. 그리섬(아폴로 1호 화재), 블라디미르 M. 코마로프(소유스 1호 재진입 사고), 빅토르 I. 파차예프(소유스 11호 재진입 사고), 엘리엇 M. 시 주니어(비행기 사고), 블라디슬라프 N. 볼코프(소유스 11호 재진입 사고), 에드워드 H. 화이트 2세(아폴로 1호 화재), 클리프턴 C. 윌리엄스 주니어(비행기 사고)

구상성단 M92

이곳의 별들은 모두 태양과 지구가 존재하기도 훨씬 전부터 우주의 암흑을 비추고 있었을 보석들이다. 우리은하의 헤일로에는 많은 구상성단이 떠돌고 있다. 구상성단은 우주의 탄생과 함께 존재했던 오래된 천체여서 구상성단을 은하의 탄생과 역사를 추적할 수 있는 우주의 화석이라고도 한다. 제임스 웹이 우리은하의 헤일로를 떠도는 가장 오래된 구상성단 중 하나인 M92를 바라봤다. 이 구상성단 속 별들의 나이는 사실상 우리 우주의 나이에 맞먹는다. 빅뱅 직후 가

장 처음으로 탄생한 구상성단 중 하나일 것이다. 이곳은 헤르쿨레스자리 방향으로 약 2만 7000광년 거리에 떨어져 있으며, 33만 개가 넘는 별들이 높은 밀도로 둥글게 모여 있는 보석상자다. 제임스 웹이 찍은 구상성단 M92의 사진에는 한가운데가 검게 가려져 있다. 지나치게 밝은 성단의 중심을 찍으면 제임스 웹의 센서가 상할 수 있어서 성단의 외곽만 촬영했기 때문이다. 성단 외곽의 밀도는 비교적 낮아서 개개의 별을 더 쉽게 구분해 볼 수 있다.

"공룡이 멸종한 이유는
그들에게 우주 프로그램이 없었기 때문이다."

_래리 니븐(SF 작가)

소행성 디디모스와 디모르포스

2022년 9월 26일, NASA는 우주에서 역사적인 실험을 진행했다. 그것은 바로 작은 탐사선을 소행성에 충돌시켜 인위적으로 소행성의 궤도를 바꾸는 실험 '다트DART'로, 언젠가 지구를 위협할지 모르는 소행성으로부터 지구를 방어하기 위한 예행연습이었다. 〈아마겟돈〉이나 〈딥 임팩트〉, 그리고 최근의 〈돈 룩 업〉 같은 영화에서나 볼 법한 것을 현실에서 시도한 것이다.

화성 궤도 안팎을 넘나들며 타원 궤도를 그리는 소행성 디디모스의 궤도는 지구 궤도와도 아주 가까워서 잠재적으로 지구를 위협할 후보로 거론된다. 독특하게도 이 소행성 곁에는 작은 위성도 있다. 2003년 발견된 이 위성은 디모르포스라 불린다. 디디모스와 디모르포스는 약 100 대 1의 질량비를 갖고 있다. 소행성 자체가 워낙 작기 때문에 소행성과 위성이라기보단 작은 소행성과 훨씬 더 작은 소행성이 서로의 곁을 도는 이중 소행성이라고 보는 게 더 타당하다. 이번 역사적인 지구 방어 테스트의 대상으로 선정된 곳이 바로 '훨씬 더 작은 소행성' 디모르포스다.

약 500킬로그램의 작은 다트 탐사선은 초속 6.6킬로미터로 디모르포스를 향해 날아갔다. 충돌 보름 전 탐사선에 탑재되어 있던 작은 큐브샛 리시아큐브가 분리되어 나와 충돌 상황을 모니터링하며 그 모습을 포착했다. 디모르포스가 움직이는 정반대 방향으로 탐사선이 정면충돌하면서 속도를 미세하게 낮추었다. 디디모스 주변에서 디모르포스가 그리는 궤도를 살짝 더 작게 만드는 시도였다. 탐사선은 빠르게 소행성 표면으로 향해 날아가며 충돌 직전까지 그 생생한 과정을 담아냈다. 점점 목표 지점에 다가가면서 소행성 표면이 더 크게 보이기 시작한다. (약간 통통한 새우튀김처럼 보인다.) 표면의 자갈까지 선명하게 보인다. 그리고 충돌 순간 교신이 끊기면서 화면이 나간 장면까지 모두 지구로 전송되었다. 인류의 작은 인공 물체가 지구 바깥 머나먼 다른 작은 천체에 정확히 명중한 순간이었다.

다트 우주선이
소행성 디모르포스에
충돌한 직후 찍은 사진

다트DART 우주선이 디모르포스 소행성에 충돌하는 장면을 제임스 웹으로 촬영한 사진이다. '다트' 미션은 실제 소행성 충돌을 피하기 위한 지구 방어 실험의 일환으로, 우주선을 충돌시켜 소행선 궤도를 바꿀 수 있는지 알아보는 것이었다(9월 26일 참고). 우주선의 충돌 직후에는 막대한 양의 파편이 우주 공간으로 튀어나왔고, 수만 킬로미터의 아주 기다란 먼지기둥이 솟아올랐다. 순식간에 엄청난 양의 먼지가 뿜어 나오면서 그 먼지에 태양빛이 반사되어 잠시 밝게 보인 것이다. 우주선이 소행성에 충돌할 때 소행성의 궤도가 바뀌는 것은 바로 이 막대한 양의 먼지기둥 덕분에 가능하다. 충돌 이후 많은 양의 먼지와 파편이 날아가면서 로켓이 엔진을 분사하는 것과 같은 효과를 만들어낸다. 파편 하나 하나는 모래알보다 더 작은 입자에 불과하지만 충돌 이후 뿜어져 나간 파편을 모두 모으면 수 톤에 달한다. 무시할 수 없는 양이다. 소행성 디모르포스의 파편은 디모르포스가 움직이던 방향을 방해하는 쪽으로 날아가 소행성의 속도를 줄이는 역추진 로켓처럼 작용했다. 이번 미션을 통해 최종적으로 디모르포스에 얼마나 강한 에너지가 전달되었는가를 확인하기 위해선 탐사선 자체의 운동량뿐 아니라 충돌 직후 뿜어져 나온 먼지기둥의 정확한 양을 파악하는 것도 중요하다. 그래서 충돌 과정 내내 수많은 망원경이 이 먼지기둥의 모습과 변화를 계속 모니터링했다.

한 가지 재미있는 팁! 구글에 '다트 미션' 또는 다트의 풀네임 'Double Asteroid Redirection Test'를 검색해보자. 검색창 왼쪽에서 다트 우주선이 날아와 화면에 부딪히며 화면이 통째로 기울어지는 재미있는 장면을 볼 수 있다.

허블 우주망원경

1953년 9월 28일, 우주의 팽창을 발견하고 은하 천문학의 새로운 페이지를 열었던 천문학자 에드윈 허블이 세상을 떠났다. 그런데 허블의 죽음에는 미스터리한 이야기가 전해진다. 허블은 죽기 전 아내에게 자신의 유해를 아무 곳에나 뿌려달라고 했다고 전해진다. 둘 사이에는 자식도 없었고 장례식도 치러지지 않아 지금까지도 허블의 유해가 어디에 묻혀 있는지, 무덤이 있기는 한지도 확실치 않다. 우주의 비밀을 밝혀낸 천문학자는 죽음과 함께 다시 우주로 돌아갔다. 오늘날 허블의 후학들이 그를 기릴 수 있는 유일한 우주 묘비가 있다. 지구 저궤도를 돌며 우주를 관측하는 허블 우주망원경이다. 사실 허블 우주망원경은 에드윈 허블과는 아무런 상관이 없고 다만 그를 기리기 위해 그의 이름이 붙은 것이다. 오늘도 21세기 천문학자들은 허블의 이름이 새겨진 우주망원경을 통해 우주를 보며 허블이 미처 풀지 못하고 남긴 과제들을 이어서 풀어나가고 있다.

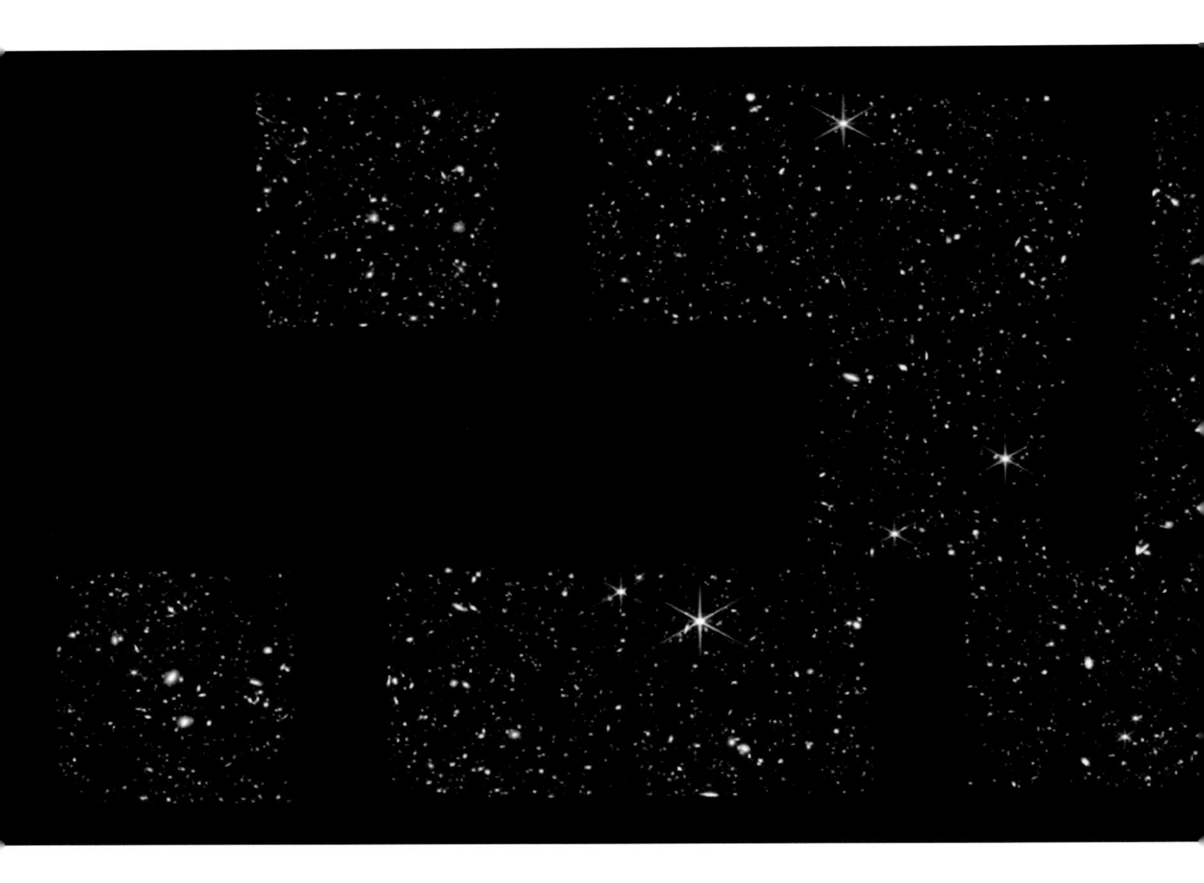

제임스 웹 CEERS 딥필드

9월 29일

우주의 블랙홀은 크게 두 가지로 나뉜다. 태양의 수십 배 정도로 무거운 별이 진화를 마치고 남기는 블랙홀이 있는데, 이를 '항성 질량 블랙홀'이라고 한다. 또 다른 종류의 블랙홀은 은하 중심에 숨어 있으며 태양 질량의 수백만에서 수십억 배에 달한다. 이들을 '초거대 질량 블랙홀'이라고 한다. 그런데 문제가 있다. 항성 질량 블랙홀과 달리 초거대 질량 블랙홀의 기원은 아직 확실치 않다. 최근까지 천문학자들은 단순히 가벼운 항성 질량 블랙홀들이 꾸준히 서로 모이고 반죽되면서 초거대 질량 블랙홀로 성장할 것이라 추측했다. 하지만 항성 질량 블랙홀에서 초거대 질량 블랙홀로 이어지는 중간 단계가 아직까지 발견되지 않았고, 이것은 초거대 질량 블랙홀이 단순히 가벼운 블랙홀끼리의 충돌의 결과가 아닌 별개의 기원이 있다는 것을 암시한다. 그 답을 찾기 위해서는 우주 최초의 초거대 질량 블랙홀을 찾아야 한다.

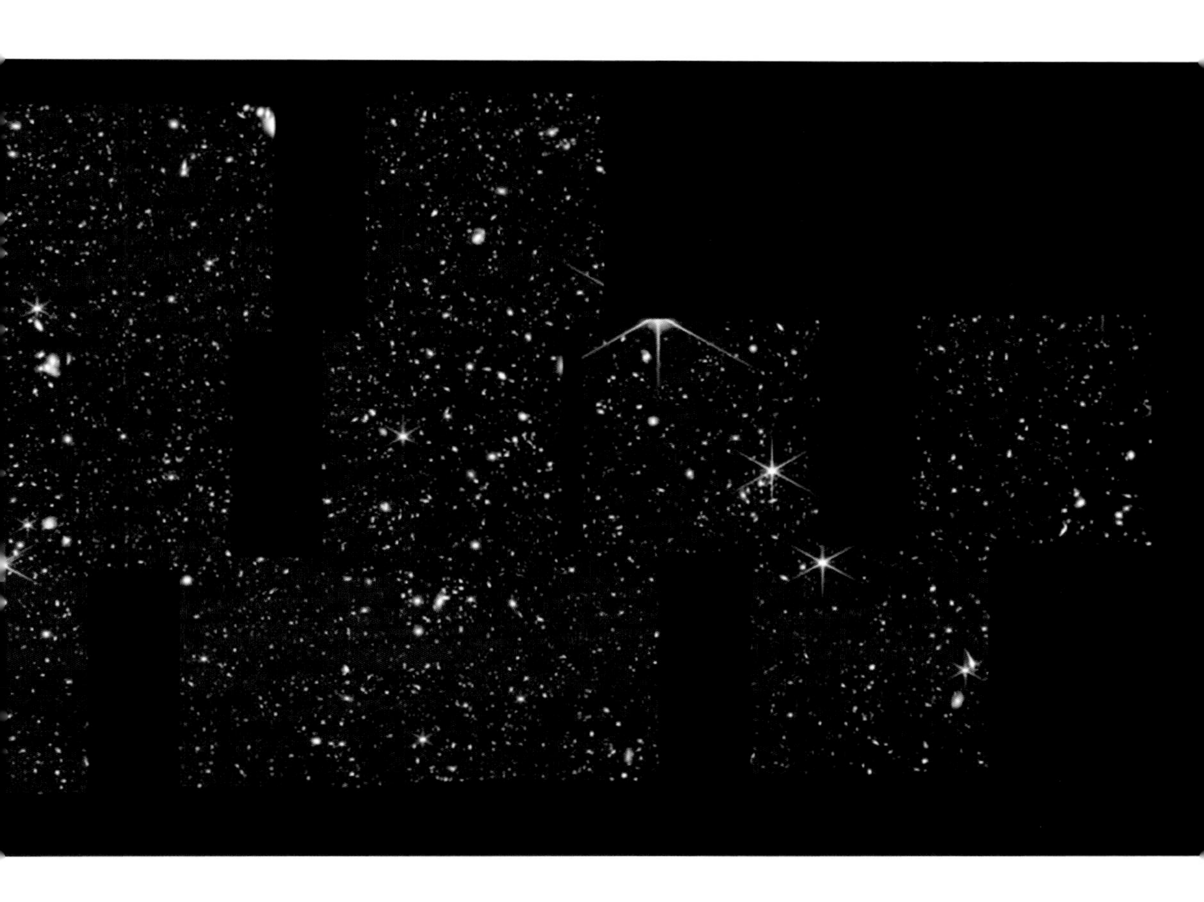

천문학자들은 제임스 웹 CHEERS 딥필드를 통해 역대 가장 먼 과거에서 초거대 질량 블랙홀을 품고 있는 원시은하를 새롭게 포착했다. 사진 속 이곳은 빅뱅 이후 5억 7000만 광년으로, 6억 년도 채 지나지 않은 시점에 존재한 은하다. 그 중심의 블랙홀 질량은 태양의 900만 배 수준이다. 현재 우리은하 중심에 있는 초거대 질량 블랙홀은 태양 질량의 460만 배 정도로, 우리은하의 블랙홀에 비하면 두 배 정도로 무겁지만 다른 은하에 존재하는 블랙홀에 비하면 훨씬 가벼운 편이다. 이미 초기 우주 때부터 이 정도 규모로 꽤 성장한 초거대 질량 블랙홀이 존재했다는 사실은 이들이 항성 질량 블랙홀과는 다른 별개의 기원이 있다는 추측에 힘을 실어준다.

엔켈라두스 위성

토성의 얼음 위성 엔켈라두스는 토성이 가하는 강한 중력으로 인해 표면이 갈라진다. 그리고 갈라진 얼음 표면 틈 사이로 그 밑의 바닷물이 우주 공간으로 뿜어져 나온다. 카시니 탐사선은 엔켈라두스를 지나가며 엔켈라두스가 뿜어낸 물 입자가 우주 공간에서 곧바로 얼어붙으며 태양빛을 산란시키는 아름다운 장관을 포착했다. 이 얼음 입자 중 상당수는 토성의 외곽 E 고리로 흘러가 고리를 더 두껍게 만들고 있는 것으로 확인되었다.

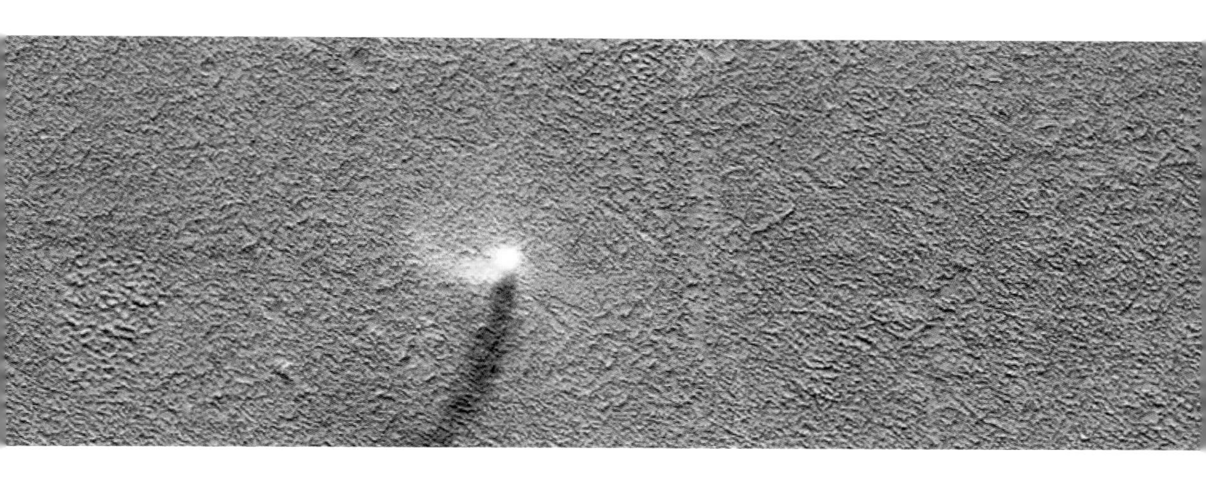

영화 〈마션〉에선 주인공이 화성에 갑자기 불어닥친 돌풍으로 인해 화성에 고립되어 동료들과 생이별을 하게 된다. 하지만 실제 화성에 가더라도 영화처럼 강력한 돌풍을 걱정할 필요는 없다. 실제 화성은 지구에 비해 대기권의 밀도가 훨씬 낮아서 지구에서만큼 강한 태풍이 거의 불지 않는다. 물론 대기권이 희박하기는 하지만 존재는 하기 때문에 작은 토네이도가 불기도 한다.

2019년 10월 1일, 화성정찰궤도선은 고해상도이미지실험 카메라를 통해 붉은 화성 표면 위에서 회전하고 있는 앙증맞은 먼지 악마dust devil의 모습을 포착했다. 화성 표면 위에서 형성된 상승기류를 타고 주변의 먼지가 모여들면서 하얀 먼지 회오리가 만들어졌다. 회오리가 태양빛을 가리면서 화성 표면에 드리워진 그림자 길이를 통해 이 회오리의 규모를 추정할 수 있는데, 회오리의 폭은 약 50미터, 높이는 최대 650미터까지 솟아 있는 것으로 추정된다. 잠깐 나타났던 이 소용돌이는 곧 다시 바람이 약해지면서 사라졌다. 보통은 소용돌이가 주변을 어질러뜨리고 난 뒤의 모습만 볼 수 있는데, 이 사진처럼 소용돌이치고 있는 모습을 생생하게 담는 건 아주 드문 기회다.

은하 NGC 3521

"구름은 오직 단 한 번만 같은 패턴으로 떠다닌다."

_웨인 쇼터(재즈 색소폰 연주자, 작곡가)

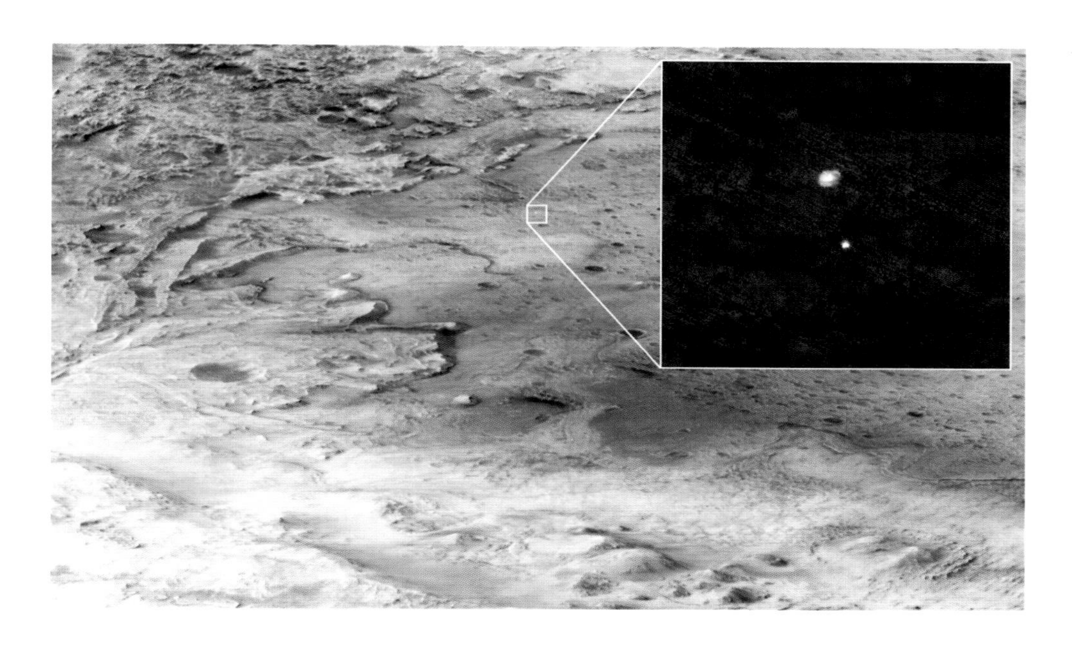

낙하산을 펼친
퍼서비어런스

퍼서어런스 탐사선이 낙하산을 펼치고 화성 위로 착륙하는 모습을 화성 곁을 맴돌고 있는 화성정찰궤도선의 고해상도이미지실험 카메라로 촬영한 모습이다. 퍼서비어런스는 화성의 예제로 크레이터에 착륙했다. 현재 이곳은 메말라 있지만 먼 과거 물이 흐르던 강의 하류 삼각주였을 것으로 추정된다. 퍼서비어런스는 이곳에서 오래전 사라진 물의 증거를 찾고 있다. 이 사진을 찍던 당시 화성정찰궤도선은 퍼서비어런스에서 약 700킬로미터 떨어져 있었다.

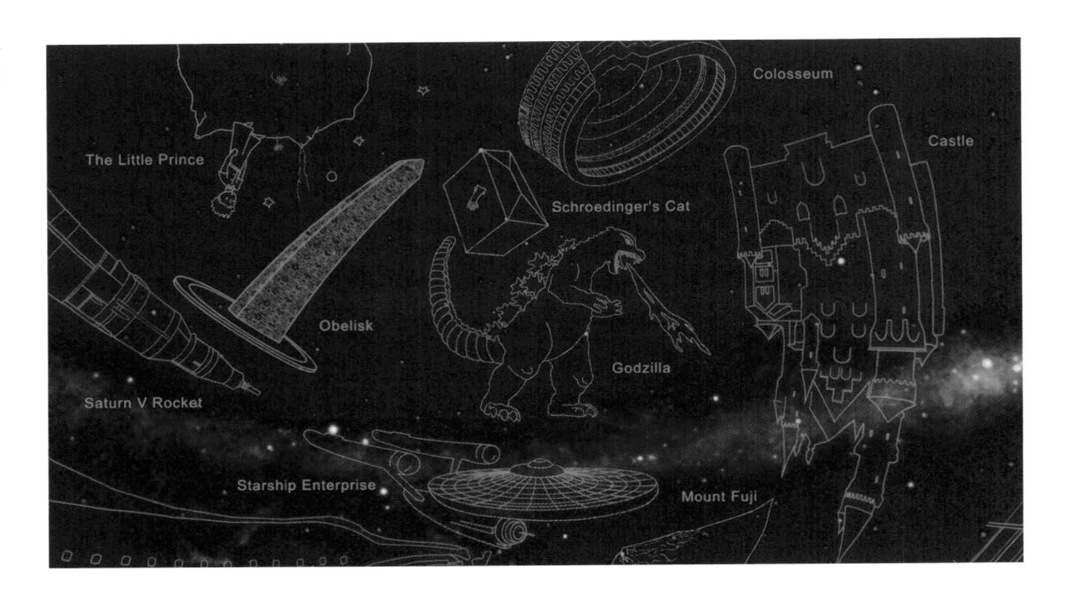

감마선 별자리

나만의 새로운 별자리를 만들어서 하늘에 새겨놓을 수 있는 묘수가 하나 있다. 가시광으로 본 밤하늘에는 천문학자들이 박아놓은 88개의 별자리로 이미 다 채워져 있으니, 가시광이 아닌 다른 파장으로 본 밤하늘을 노려보는 것을 추천한다. 실제로 2018년 천문학자들은 NASA의 페르미 감마선 우주망원경의 10주년을 기념해 재미있는 작업을 진행했다. 페르미 우주망원경은 2015년 하늘 전역에서 포착한 밝은 감마선 광원 3000개의 지도를 완성했다. 천문학자들은 이 밝은 감마선 광원들을 이어서 완전히 새로운 버전의 별자리 21개를 만들었다. 사진 속에 그중 일부가 있다. '어린왕자자리', '새턴V로켓자리', '엔터프라이즈우주선자리', '고질라자리', '콜로세움자리', '슈뢰딩거의고양이자리' 등 천문학자 특유의 덕후 감성이 물씬 묻어나오는 재미있는 별자리들이 많다. 물론 억지로 별들을 이어서 희한한 그림을 상상했다는 점은 옛날 목동이나 21세기 천문학자나 별반 다르지 않은 것 같다. 우리도 한번 아직 별자리 지도가 정해지지 않은, 또 다른 파장으로 바라본 밤하늘을 노려보는 건 어떨까?

용골자리성운

10월 5일

제임스 웹이 근적외선카메라를 통해 가브리엘라 미스트랄의 콧등을 확대해서 바라봤다(4월 8일 참고). 이곳은 가스구름이 반죽되면서 한창 어린 별들이 태어나고 있는 현장이다. 사진의 아래쪽 주황색 구름이 곧 새로운 별이 될 별 먼지들이다.

10월
6일

은하 NGC 6822

제임스 웹이 중적외선기기로 관측한 은하 NGC 6822의 모습이다. 파장이 긴 중적외선을 방출하며 미지근하게 달궈진 먼지구름의 분포만 따로 더 선명하게 볼 수 있다. 파랗게 빛나는 가스구름은 주로 탄소로 이루어진, 냄새가 나는 화합물을 뜻하는 방향족 화합물을 머금고 있다. 이들은 높은 밀도로 반죽되며 어린 행성과 별을 만드는 씨앗의 역할을 한다. 그 주변의 하늘색과 주황색 영역은 각각 온도가 미지근하고, 더 따뜻한 먼지구름의 분포를 보여준다. 또한 중간중간 선명한 주황빛으로 빛나는 곳들은 은하 NGC 6822 너머 더 먼 거리에 놓인 배경 은하들이다. 특히 선명한 붉은색이나 분홍색을 보이며 빛나는 곳들은 그 은하 속에서 격렬한 별 탄생이 벌어지고 있다는 것을 보여준다. 사진의 가운데 아래 눈에 띄는 붉고 둥근 고리가 보인다. 이것은 오래전 초신성이 폭발하며 남긴 둥근 초신성 잔해다.

엔켈라두스 위성

엔켈라두스 위성은 목성 주변의 유로파 못지않게 천문학자들이 외계생명체가 존재할지 모른다고 기대하는 가장 유력한 곳 중 하나다(10월 22일 참고). 유로파에서와 마찬가지로 엔켈라두스의 갈라진 얼음 표면 사이로 거대한 물줄기가 뿜어져 나오는 장관을 볼 수 있다. 천문학자들은 카시니 탐사선의 궤도를 틀어 직접 엔켈라두스의 물줄기 속을 통과하는 것을 시도하기도 했다. 이 과정에서 엔켈라두스의 두꺼운 얼음에 숨어 있는 화학성분을 직접 검출했다.

물론 아쉽게도 물줄기 속에서 외계 새우나 외계 플랑크톤이 발견되지는 않았다. 하지만 이 탐사를 통해 약 1퍼센트 수준의 수소 분자가 검출됐다. 이것은 아주 중요한 발견이다. 지구에서는 깊은 바닷속 열이 새어 나오는 심해 열수구 근처에서 미네랄이 물과 반응하면서 수소 분자가 만들어진다. 그렇다면 엔켈라두스 해저에도 지구처럼 90도를 넘는 뜨거운 온도로 끓고 있는 심해 열수구가 존재할 수 있다.

심해 열수구는 지구에서도 원시 생명체가 처음 탄생한 현장으로 추정되는 가장 유력한 생명의 발원지다. 게다가 수소 분자는 심해 열수구 근처 미생물들의 주요한 에너지원이다. 즉, 엔켈라두스의 바닷속에서도 지구의 생명 탄생과 똑같은 과정이 벌어지고 있을 가능성이 있다! 당장 외계생명체가 발견되더라도 전혀 이상하지 않은 현장이 엔켈라두스에 숨어 있을지도 모른다.

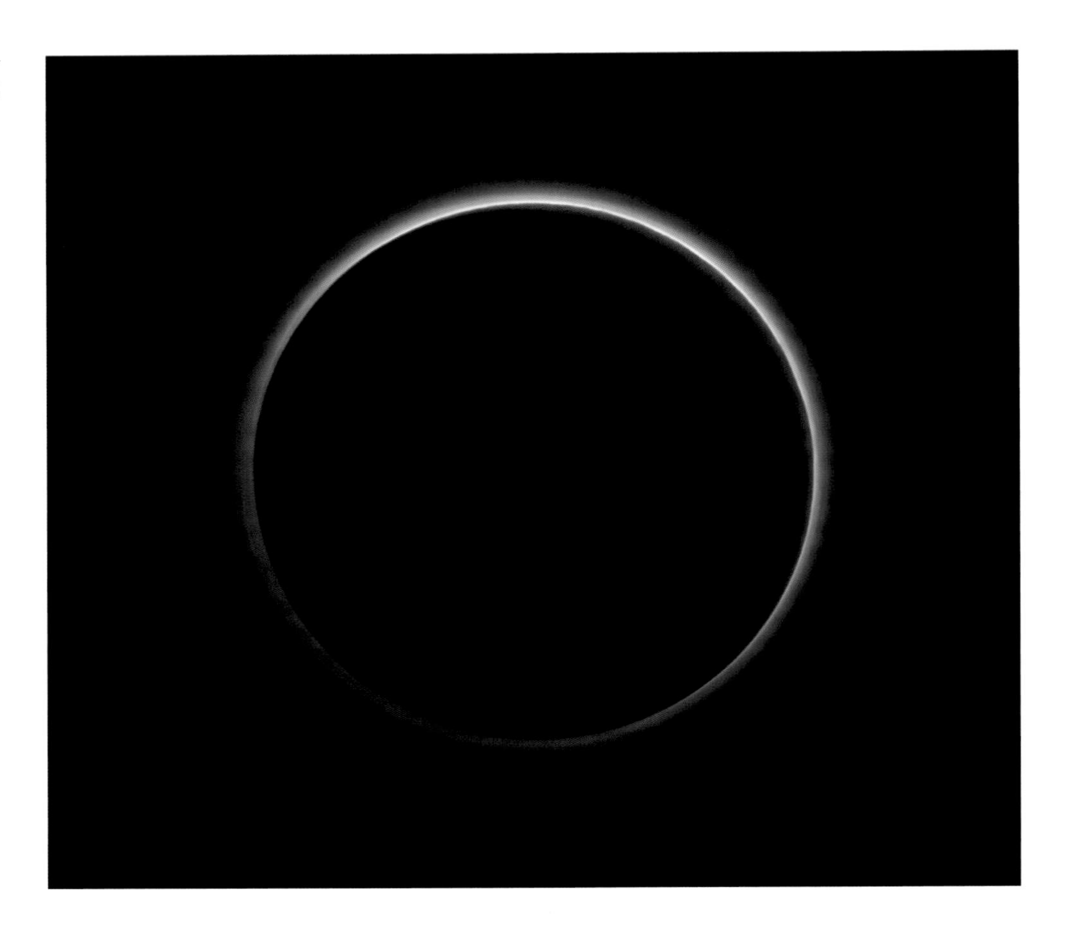

태양을 가린 명왕성

명왕성의 하늘은 무슨 색일까? 지구의 하늘처럼 푸르다! 뉴허라이즌스는 빠른 속도로 명왕성 곁을 스쳐 지나가며 태양을 정면으로 가리고 있는 명왕성의 그림자 속을 지나갔다. 그 순간 뉴허라이즌스에 탑재된 랠프/다중 스펙트럼 가시광 이미징 카메라Ralph/MVIC는 태양을 등진 명왕성을 바라봤다. 명왕성은 아주 얇은 대기권으로 덮여 있으며, 덩치가 작기 때문에 중력도 약하다. 하지만 태양으로부터 아주 먼 거리를 두고 떨어져 있기 때문에 온도가 매우 낮아서 대기 분자들이 빠르게 움직이지 않는다. 그래서 명왕성의 약한 중력으로도 대기 분자를 오랫동안 붙잡아둘 수 있다. 둥근 명왕성을 덮은 얇은 대기권의 상층부를 뚫고 태양빛이 새어 나오며 명왕성의 실루엣을 감싼 푸른빛의 고리가 만들어졌다. 명왕성 상층부의 대기 성분은 토성의 위성 타이탄의 대기 성분과 비슷하다. 주로 질소와 메테인, 그리고 숯과 비슷한 성분의 작은 먼지 입자들로 이루어져 있다. 이 사진은 푸른색, 붉은색 그리고 근적외선 필터로 관측한 이미지를 합성해서 실제 사람의 눈으로 보는 것과 유사한 색으로 표현했다. 실제로 명왕성에 직접 가서 노을이 지는 하늘을 본다면 차갑고 푸른 하늘을 보게 될 것이다.

스타링크 위성의 궤적

칠레 세로톨롤로범미주천문대CTIO 망원경으로 333초 동안 빛을 모아 밤하늘을 관측했다. 그런데 망원경의 시야에 스페이스X의 스타링크 위성 19대가 빠른 속도로 지나갔다. 이러한 지구 저궤도 위성들이 천문 관측에 영향을 끼치는 것은 일상이 되어가고 있다. 특히 스페이스X는 지구 전역에서 위성 인터넷을 쓰게 하겠다는 포부를 밝히며, 스타링크 프로젝트를 진행하고 있다. 그러기 위해서는 위성의 신호가 충분히 강해야 하기 때문에 낮은 궤도를 돌아야 하며, 더 많은 수의 위성이 올라가야 한다. 스페이스X는 궁극적으로 수십만 대의 인공위성으로 지구 저궤도를 덮겠다는 야심 찬 계획을 진행 중이다. 그 계획이 실현된다면 지상 망원경을 활용한 천문 관측의 시대는 종말을 맞이할 것이다.

수레바퀴은하

제임스 웹의 중적외선기기를 통해 비교적 파장이 더 긴 중적외선 빛으로 담은 수레바퀴은하의 모습이다(8월 14일 참고). 뜨겁고 푸르게 빛나는 어린 별들에 비해 미지근하게 달궈진 가스로만 이어져 있는 바큇살은 중적외선에서 더 잘 보인다. 대략 10~11개 정도의 바큇살이 보인다. 놀랍게도 이 복잡하게 얽힌 은하의 바큇살은 2억 년 전 일어난 정면충돌 이후 나선팔이 빠르게 복원되는 과정을 보여준다. 2억 년은 우리에겐 턱없이 긴 세월이지만 은하가 자신의 원래 모습을 되찾기에는 굉장히 짧은 시간이다. 수레바퀴은하의 나선팔이 어떻게 다시 빨리 자라 이어지게 된 것인지는 아직 풀리지 않은 수수께끼 중 하나다.

나선은하 IC 342

유클리드 우주망원경으로 바라본 나선은하 IC 342의 모습이다. 이 은하는 '숨겨진 은하'라는 별명을 갖고 있는데, 그 이유는 별과 먼지구름으로 빽빽하게 채워진 우리은하 원반 너머에 가려져 있기 때문이다. 은하 중심부는 밝게 빛나고 있지만 보통은 짙은 먼지구름에 가려 잘 보이지 않는다. 하지만 유클리드는 파장이 긴 적외선으로 관측한 덕분에 우리은하 원반 먼지구름 너머에 숨어 있는 은하의 아름다운 모습을 담아냈다. 은하 주변에 휘감긴 나선팔을 따라 한창 새로운 별이 태어나며 뜨겁게 달궈지고 있는 분홍빛 영역도 선명하게 보인다.

은하단 MACS J0416

은하단에는 은하들뿐만 아니라 개별 은하의 중력에 붙잡히지 않은 채 홀로 떠도는 떠돌이 별들이 있다. 떠돌이 별들은 은하와 은하 사이에서 빛나기 때문에 실제 관측된 은하단의 이미지에서 각 은하를 모두 빼더라도 은하 사이 공간에 퍼져 있는 떠돌이 별들의 별빛이 남게 된다. 이것을 은하단 공간 속의 빛, '은하단내광ICL'이라고 부른다. 오랫동안 천문학자들은 은하들이 서로 부딪히고 충돌하면서 이러한 떠돌이 별들이 만들어진다고 생각했다. 만약 이 가설이 사실이라면 먼 거리에 있는 과거의 은하단과 가까운 거리에 있는 최근의 은하단에선 은하단내광이 다르게 측정되어야 한다. 먼 과거 은하단이 만들어진 직후에는 은하들끼리의 과격한 충돌은 벌어지지 않았기 때문에 은하의 중력을 벗어나 쫓겨난 떠돌이 별들이 거의 없었을 것이고 은하단내광도 적어야 한다. 점차 시간이 지나면서 은하단 속 은하들이 충돌하기 시작하므로 떠돌이 별들도 점점 많이 빠져나오고 은하단내광도 많아져야 한다.

그런데 예상치 못한 새로운 사실이 밝혀졌다. 천문학자들은 허블 우주망원경으로 관측한 은하단 10개를 분석했다. 이 사진 속 은하단 MACS J0416이 그중 하나다. 이들은 꽤 먼 거리에 떨어져 있고, 지금으로부터 약 80억 년 전부터 60억 년 전의 모습을 보여준다. 은하단 전체에 퍼져 있는 빛 분포에서 은하들의 빛을 모두 제거해 남아있는 잔광인 은하단내광의 세기를 파악했다. 만약 떠돌이 별들의 기존 가설이 맞다면 이 머나먼 은하단의 은하단내광은 훨씬 가까운 은하단에 비해 약해야 한다. 하지만 관측 결과 떠돌이 별의 비율이 크게 변하지 않았고, 이는 떠돌이 별들이 단순히 은하들의 충돌이나 상호작용으로 흘러나온 별들이 아니라는 것을 의미한다.

떠돌이 별들은 개별 은하의 중력에는 붙잡혀 있진 않지만 은하단 전체의 중력에는 붙잡혀 있다. 은하단에는 단순히 밝게 빛나는 은하만 존재하지 않고, 은하와 은하 사이의 공간을 채우고 있는 암흑물질이 있다. 그런데 떠돌이 별들이 기존 가설이 아닌 은하단의 시작부터 존재했던 것이라면 이것은 더욱 은하단 속 암흑물질의 분포와 양을 추적하는 중요한 단서가 될 수 있다. 빛을 내지 않아 볼 수 없는 존재인 암흑물질을 대신 떠돌이 별들의 별빛으로 추적하는 셈이다. 그래서 천문학자들은 이 떠돌이 별을 보이지 않는 존재를 추적하는 '보이는 추적자Visible tracer'라고 부른다.

화성의 푸른 석양

지구에서 하늘은 낮에 푸르고 태양이 질 때 붉게 물든다. 하지만 화성에선 반대다. 화성에선 낮 동안 붉게 물들고 태양이 저물면서 푸르스름하게 변한다. 화성에서는 푸른 석양을 보게 된다. 화성의 대기권은 지구에 비해 훨씬 얇지만 대기 중 먼지 입자들로 인해 푸른빛이 더 많이 산란하기 때문이다. 큐리오시티 탐사선은 이날도 지구에선 볼 수 없는 푸른 석양을 바라보며 잠이 들었다.

은하 NGC 7742

"삶은 달걀이다."

_어느 배고픈 천문학자

나선은하 NGC 4736

새로운 별들이 쉬지 않고 탄생하며 거대한 은하의 수레바퀴가 계속 굴러가고 있다. 거대한 나선은하 중 하나인 NGC 4736의 모습이다. 특히 이 은하는 두 개의 크고 작은 고리로 구분할 수 있다. 가운데 은하 중심부를 작게 에워싸고 있는 더 밝고 또렷한 고리와 외곽에서 은하를 크게 두르고 있는 희미한 고리다. 은하 중심부에는 높은 밀도로 가스물질이 유입되면서 어린 별들이 폭발적으로 탄생하는 스타버스트starburst를 겪고 있다. 중심부의 밝은 고리가 이 스타버스트로 인해 만들어진 결과다. 이런 둥근 형태의 스타버스트 고리는 주변의 다른 은하가 지나가면서 중력 상호작용을 할 때 만들어질 수 있다. 또한 그 바깥에 녹색으로 빛나는 희미하고 복잡한 수많은 필라멘트와 고리들이 은하를 크게 에워싸고 있다.

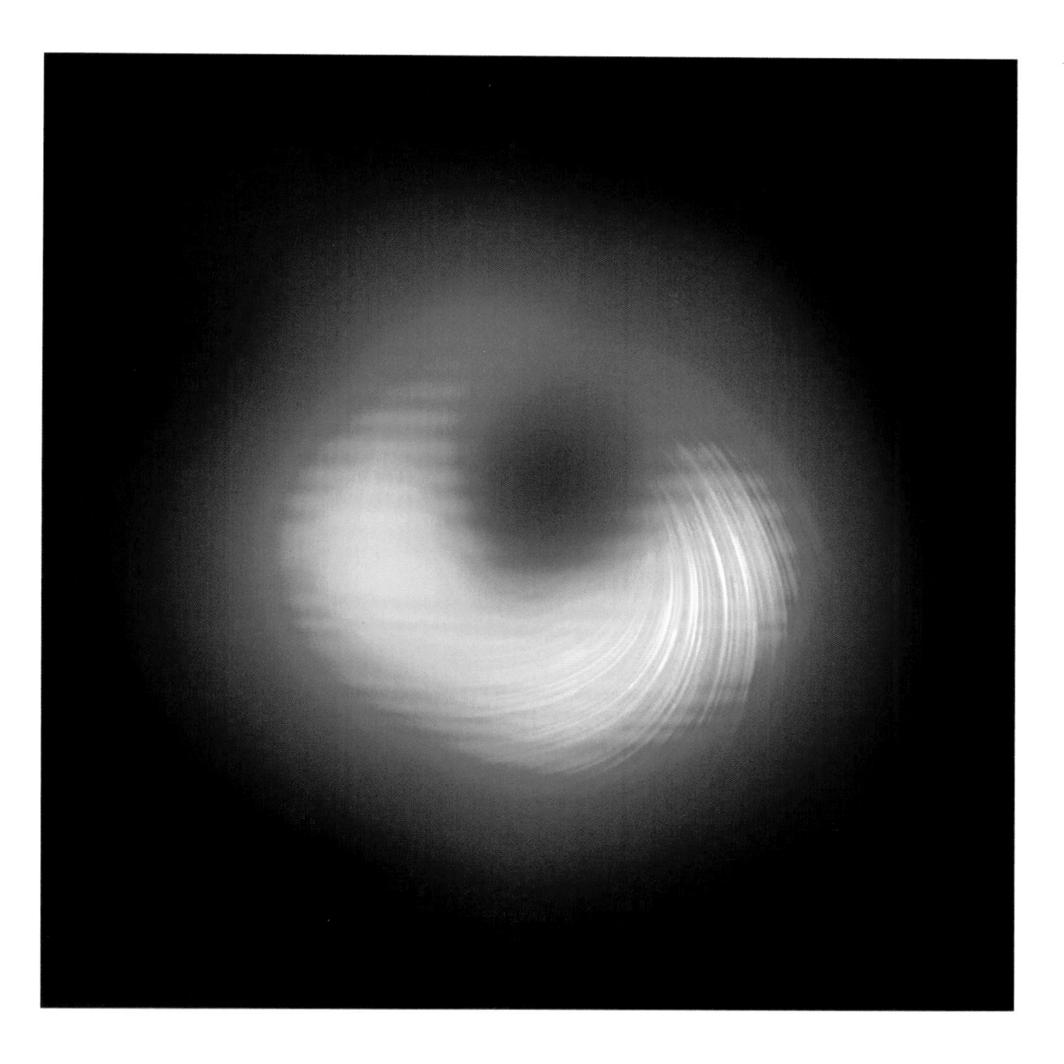

M87 중심, 가르강튀아 블랙홀

"낙관론자는 도넛을 보지만 비관론자는 구멍을 본다."

_오스카 와일드(시인)

2019년 역사상 처음으로 포착한 블랙홀의 실제 모습이다. 더 정확하게 말하자면 블랙홀은 밝은 도넛 가운데 어둠 속에 숨어 있다. 사진에 담긴 것은 블랙홀 주변에 시공간이 극단적으로 왜곡되어 볼 수 있는 블랙홀 주변 광자고리다.

은하 NGC 4565

은하가 마치 연필처럼 아주 얇고 가늘게 보인다. 둥근 원반 모양의 은하가 옆으로 누운 방향으로 관측되기 때문이다. 은하 원반의 양쪽 끝을 잘 보면 서로 반대 방향으로 휘어져 있는 것을 알 수 있다. 이것은 거대한 은하 주변을 맴도는 작은 은하의 중력으로 인해 은하 원반이 뒤틀리는 '워프 구조'다. 원반은하는 중심과 외곽에 분포하는 별의 종류가 다르다. 은하 원반에는 주로 푸르고 어린 별들이 분포하고, 은하 중심부에는 노랗고 나이가 많은 별들이 분포한다. 사진 속 은하 NGC 4565는 옆으로 누워 있기 때문에 은하 원반을 자세히 볼 수는 없지만 한가운데 푸른 은하 원반 너머로 새어나오는 중심부의 노란 빛을 통해 이 은하 역시 중심부에 나이가 많은 별들이 살고 있다는 것을 확인할 수 있다.

목성의 구름 표면

"커피를 빼놓고는 그 어떤 것도 좋을 수 없다.
커피 한 잔을 만드는 원두는
나에게 60여 가지의 좋은 아이디어를 준다."

_베토벤

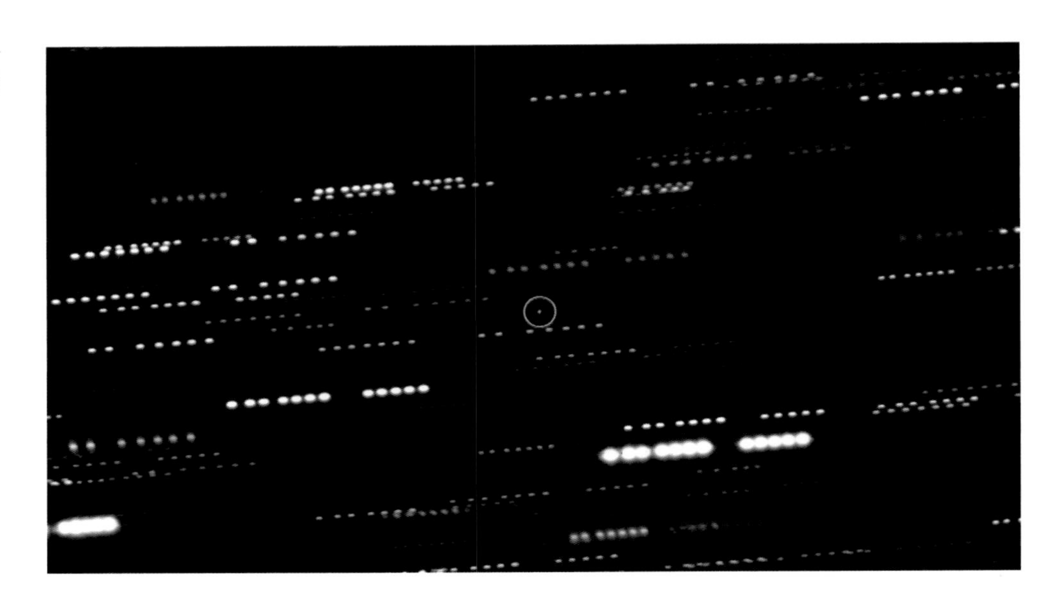

태양계 바깥의 천체 오우무아무아

2017년 10월 19일, 천문학자들은 태양계 외곽에서 날아온 무언가를 발견했다. 처음에는 흔하게 발견되는 평범한 혜성이나 소행성이라고 생각했는데, 움직이는 경로를 거꾸로 추적해보니 놀랍게도 그 천체는 태양계가 아닌 태양계 바깥에서 날아온 외계의 방문자였다. 태양계 바깥의 외부 천체가 태양계에서 발견된 건 역사상 처음이었다. 그래서 천문학자들은 이 천체에 '멀리서 날아온 메신저'라는 뜻의 하와이어 '오우무아무아'라는 이름을 붙였다. 흥미로운 건 이 천체의 크기는 굉장히 작지만 아주 밝게 보였다는 점이다. 이것은 이 천체가 일반적인 암석보다 태양빛을 훨씬 잘 반사하는 물질로 이루어져 있다는 뜻이다. 얼음 또는 금속일지도 모른다. 게다가 그 형체가 둥근 모습의 일반적인 소천체와 달리 길게 찌그러진 비대칭인 모습이었다. 이런 독특한 점 때문에 일부 천문학자들은 오우무아무아가 어쩌면 외계인이 타고 온 기다란 우주선일지 모른다는 상상을 하기도 했다. 다만 아쉽게도 처음 발견될 때부터 태양계를 떠나가는 과정에 있었기 때문에 이미 멀리 날아가버린 뒤다. 오우무아무아의 진짜 정체가 무엇이었을지는 영원히 풀리지 않는 미스터리로 남았다.

소행성 베누 위의
오시리스-렉스 탐사선

지구에서 소행성 샘플을 구할 방법은 하나밖에 없었다. 가끔 운 좋게 지구 위로 떨어진 소행성의 파편과 운석을 줍는 것이다. 하지만 이제 천문학자들은 마냥 기다리지 않는다. 2016년 오시리스-렉스 탐사선이 지구를 떠나 소행성 베누로 향했고, 2020년에 베누에 다다랐다. 탐사선은 소행성 근처에서 긴 로봇 팔을 내밀었고 서서히 속도를 줄이며 소행성 표면에 살포시 충돌했다. 그 순간 표면의 암석 파편이 사방으로 퍼져나가 로봇 팔 끝에 붙어 있는 캡슐 속으로 튀어나온 파편들을 수집했다. 총 2킬로그램의 샘플이었다. 이후 탐사선은 소행성 곁을 벗어나 지구로 돌아왔다. 소행성까지 날아가서 표면을 툭 치고 다시 지구로 도망쳐오는 우주 버전의 '벨튀' 미션이라 할 수 있다. 2023년 9월, 오시리스-렉스는 샘플이 담긴 캡슐을 분리했고 둥근 비행접시 모양의 캡슐은 지구 대기권을 뚫고 미국 유타주의 사막 위로 떨어졌다. 이후 천문학자들은 귀중한 소행성 샘플을 분석하고 있다. 이를 통해 오래전 지구에 물을 제공한 정확한 기원이 무엇인지를 확인할 수 있을 것이다.

금성의 구름

지구의 하늘에서 금성은 보름달 다음으로 가장 밝게 보인다. 그래서 오래 전부터 금성은 아름다움을 상징했다. 금성이 미의 신 아프로디테의 또 다른 이름 비너스로 불리는 것도 그 때문이다. 금성이 유독 밝게 빛나는 이유는 표면을 덮고 있는 두꺼운 대기권 때문이다. 금성의 두꺼운 대기로 인해 금성 지표면은 100기압에 달한다. 금성의 짙은 구름은 태양빛을 효과적으로 반사해서, 지구의 망원경으로 아무리 봐도 금성의 지표면을 볼 수는 없다. 특히 금성의 대기권은 대부분 이산화탄소로 이루어져 있어서 400도를 넘는 높은 온도까지 올라간다. 겉으로 보기에 금성은 뽀얗고 아름다운 행성이지만 그 실상은 끔찍할 정도로 뜨거운 온도와 강한 기압의 불지옥인 것이다.

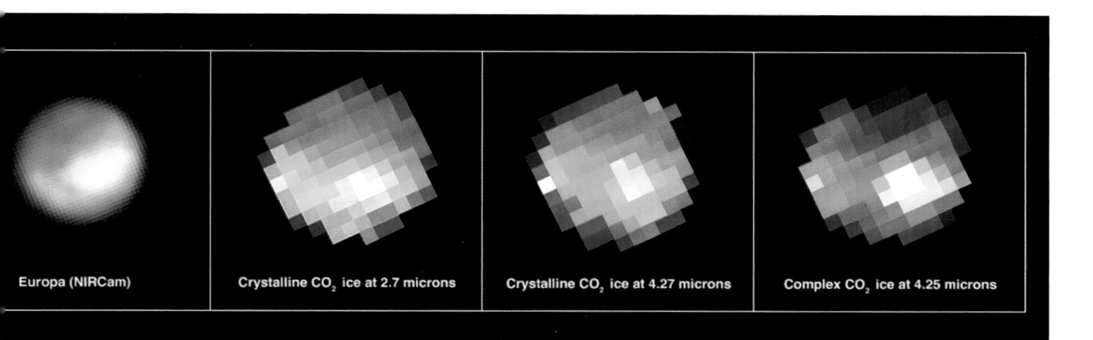

유로파 위성

목성 곁을 맴도는 얼음 위성 유로파는 천문학자들이 외계생명체를 기대하는 곳이다. 물론 지구에 비해 태양으로부터 거리가 훨씬 멀어서 유로파의 표면은 두꺼운 얼음으로 덮여 있지만 지하에는 많은 물이 존재한다. 이미 천문학자들은 다양한 탐사를 통해 유로파의 갈라진 얼음 표면 틈 사이로 내부의 물이 뿜어져 나오는 모습을 확인했다. 얼음 표면 밑에 숨어 있는 이 바닷물의 양은 지구의 바닷물을 다 합한 것보다 훨씬 많다. 적어도 물의 양으로만 따진다면 오히려 유로파가 생명이 살기에 지구보다 더 좋다고 볼 수 있다.

제임스 웹으로 유로파의 물줄기를 관측했다. 그리고 유로파 표면의 일부 영역에서 높은 함량의 이산화탄소 얼음을 확인했다. 이것은 유로파 바다 내부에 탄소가 존재한다는 뜻이다. 탄소는 외계생명체를 탐색할 때 아주 중요한 단서다. 지구의 생명체 대부분이 탄소 기반으로 구성되어 있어서 만약 유로파 바닷속에도 탄소가 많이 존재한다면 지구에서와 비슷한 바다 생태계를 기대해볼 수 있다. 이것을 직접 확인하기 위해 머지않아 유로파 표면에 직접 탐사 로봇을 보낼 계획이 준비되고 있다. 심지어 얼음에 구멍을 뚫고 바닷속으로 해저로봇을 보내는 탐사까지 예정되어 있다. 역사상 처음 만나게 될 지구 바깥 또 다른 세계의 바닷속에는 어떤 것이 숨어 있을까? 과연 그토록 찾고 싶었던 외계생명체를 확인하게 될까?

10월
23일

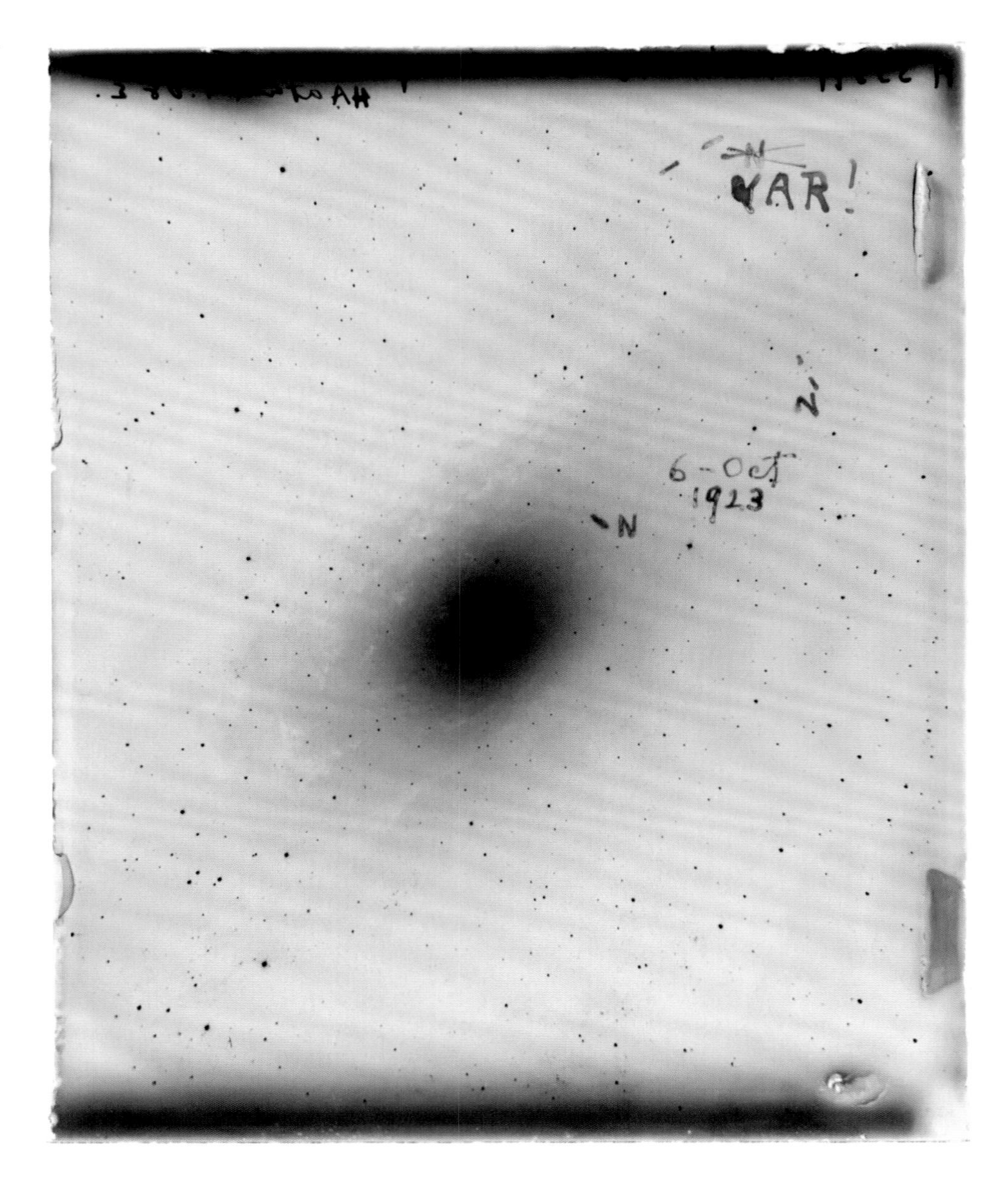

"천문학의 역사는 후퇴하는 지평선의 역사다."

_에드윈 허블(천문학자)

에드윈 허블이 안드로메다 은하의 변광성을 발견하고 남긴 메모

1923년 10월 23일, 에드윈 허블은 윌슨산천문대에서 안드로메다은하를 관측했다. 이 천문대에는 당시까지 세계에서 가장 거대했던 지름 2.5미터의 후커망원경이 있었다. 그는 안드로메다은하 중심부 부근에서 이전까지 보지 못했던 새로운 별을 하나 발견했다. 처음에는 별이 갑자기 폭발하면서 밝게 나타나는 신성이라고 생각해 그 별에 신성을 의미하는 글자 N을 써서 표시했다. 보통 신성은 한 번 폭발하고 그대로 사라지기 때문에 밝기가 밝아졌다가 이후 계속 어두워지기만 한다. 허블은 이 신성의 밝기 변화를 며칠 동안 관측했다. 그런데 놀라운 일이 벌어졌다. 별이 단순히 어두워지는 것이 아니라 밝아졌다가 어두워지기를 반복했다. 그 주기도 일정했다. 이것은 한 번 폭발하고 사라지는 신성이 아니라 주기적으로 밝기가 변하는 변광성이라는 뜻이었다. 게다가 변광성은 그 변광 주기와 실제 밝기 사이에 아주 정확한 상관관계가 있다. 이를 활용해 변광성까지의 정확한 거리를 잴 수 있었다.

당시까지만 해도 안드로메다은하가 정말 우리은하 바깥에 있는 별개의 은하인지 아니면 거대한 우리은하에 속한 작은 가스구름일 뿐인지 확실치 않았다. 이는 천문학자들 사이에서 뜨거운 논쟁 중 하나였다. 그 논란을 끝내려면 안드로메다은하까지의 정확한 거리를 알아야 했다. 그런데 허블이 안드로메다은하 속에서 그곳까지의 정확한 거리를 잴 수 있게 해주는 지표, 변광성을 발견한 것이다! 놀라움을 감추지 못한 허블은 원래 표시해두었던 글자 N에 엑스를 치고 변광성을 의미하는 알파벳 VAR과 느낌표를 함께 적었다.

당시 허블이 관측했던 이 변광성의 변광 주기는 30일 정도였다. 이를 통해 변광성까지의 거리가 약 100만 광년이라는 것을 알게 되었다. 이것은 당시에 알려져 있던 우리은하 자체의 지름 30만 광년을 훌쩍 넘는 크기였다. 허블은 드디어 안드로메다은하가 우리은하 바깥에 훨씬 먼 거리에 떨어진 별개의 은하라는 사실을 확인할 수 있었다.

10월
24일

소용돌이은하 M51

현대음악 작곡가 조지 크럼의 작품 〈나선은하〉에는 독특한 점이 있다. 오선 악보가 정말 이름 그대로 소용돌이치듯 휘감겨 있다. 음표들도 둥글게 휘어진 오선보를 따라 그려졌다. 그의 악보가 표현하듯이 우주의 많은 은하들은 아름답게 휘감긴 거대한 소용돌이 모양을 하고 있다. 소용돌이를 대표하는 은하라면 단연코 그 이름부터 소용돌이은하인 M51을 꼽을 수 있다.

제임스 웹의 중적외선기기로 거대한 나선은하인 M51을 바라봤다. 크고 아름답게 휘감긴 나선팔의 장관이 펼쳐졌다. 선명한 주요 나선팔뿐 아니라 그 사이를 길게 연결하고 있는 수많은 가스 필라멘트까지 볼 수 있다. 특히 선명하게 노란빛으로 빛나는 영역은 이제 막 어린 별들이 한창 태어나고 있는 곳이다.

허빅-아로 천체 HH 212

"모든 창조는 파괴에서 시작된다."

_파블로 피카소

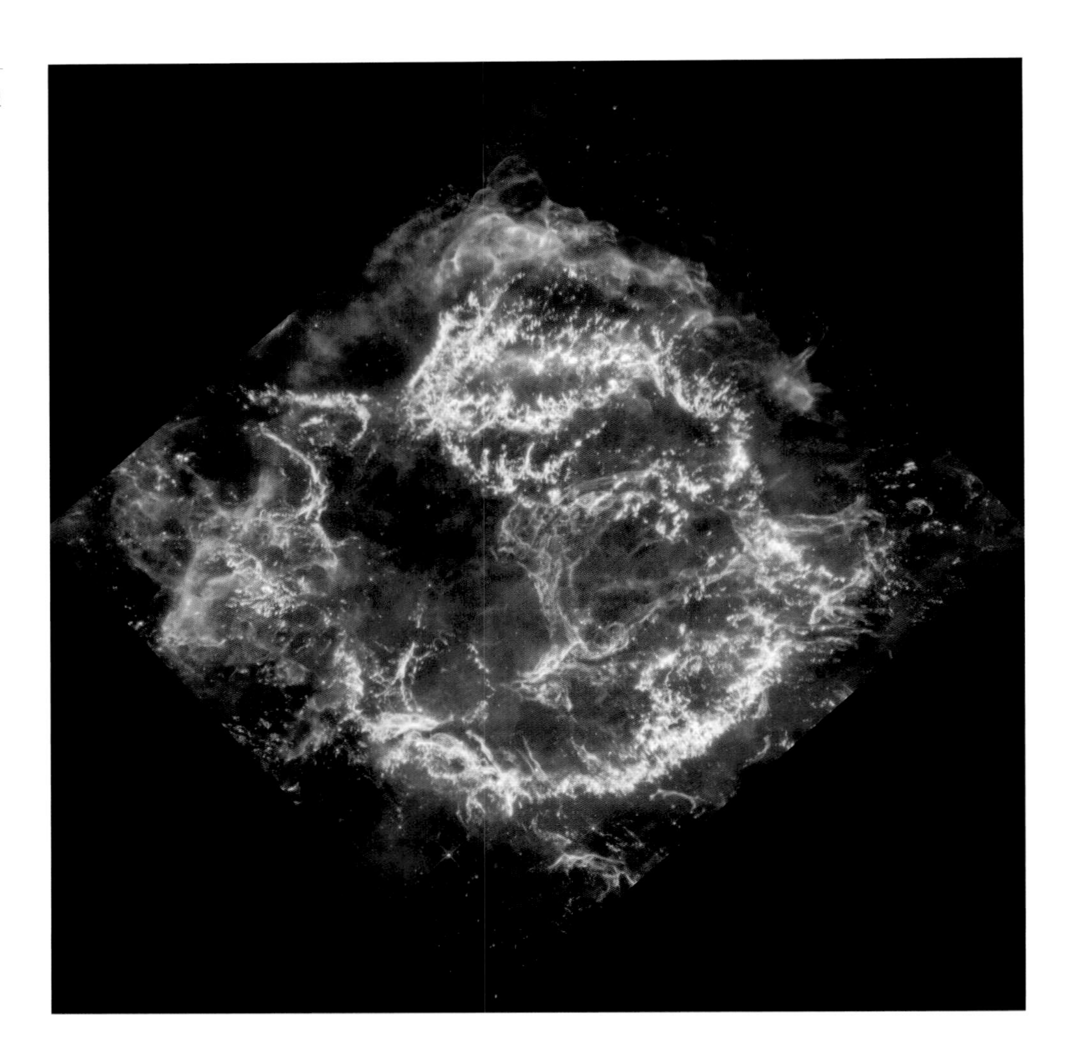

초신성 잔해
카시오페이아 A

1630년경 사람들의 머리 위로 갑자기 새로운 별이 나타났다. 북쪽 하늘 카시오페이아자리에서 이전까지 보이지 않았던 밝은 별이 빛나기 시작했다. 낮에도 볼 수 있을 정도였다. 그래서 한때 사람들은 이 별을 '한낮의 별'이라고 부르기도 했다. 이 새로운 별이 나타나고 얼마 지나지 않아 잉글랜드에서는 새로운 국왕 찰스 2세가 태어났다. 사람들은 이 별이 찰스 2세의 탄생을 예견하며 태어난 별이라고 생각했다. 하지만 사실 이것은 새로운 별의 탄생이 아니라 오히려 그 반대인 오랫동안 우주를 비추었던 별이 최후를 맞이하며 초신성으로 폭발하는 순간이었다.

현재 이 별이 폭발했던 자리에는 그 장엄한 최후 흔적만 남아있다. 초신성이 폭발하는 순간 별의 잔해는 아주 빠른 속도로 주변으로 퍼져나갔고 그 충격파를 따라 주변의 성간물질과 별의 잔해가 충돌하고 있다. 제임스 웹으로 이 찬란한 죽음의 흔적을 다시 바라봤다. 특히 충격파로 인해 높은 밀도로 반죽되고 달궈진 가스 필라멘트가 선명한 주황빛으로 빛나고 있다. 한편 텅 비어 있을 줄 알았던 폭발 현장의 중심에서 수상한 녹색빛의 흔적이 포착되었다. 이것이 무엇인지는 여전히 의문으로 남아 있다.

흔히 죽음은 영혼을 남긴다고 이야기한다. 오래전 이름 모를 한 별이 죽음을 맞이하며 남긴 이 현장은 마치 별의 영혼도 우주를 떠도는 것이 아닐까 생각하게 한다. 이 거대한 영혼은 지금도 계속 시속 4000~6000킬로미터의 속도로 빠르게 퍼져나가고 있다. 물론 천문학자는 영혼을 믿지 않는다. 하지만 이 놀라운 현장은 천문학자의 고집을 위태롭게 만든다.

달 표면에 있는 바위

달 언덕 위에도 흔들바위가 있다. 톡 건드리면 금방 언덕 아래로 굴러떨어질 듯 위태로워 보인다. 달정찰인공위성LRO은 달의 티코 크레이터 한가운데 높이 솟은 봉우리에서 이상한 바위를 발견했다. 살짝 움푹 들어간 봉우리 위에 너무나 이질적으로 보이는 둥글고 거대한 바위가 하나 얹어져 있다. 이 봉우리의 높이는 2킬로미터에 달한다. 원래는 아무것도 없었는데 갑자기 밖에서 날아와 이 봉우리 위에 우연히 안착한 것일까? 아니면 봉우리 위에 있던 암석이 절묘하게 떨어져 나간 것일까? 정말 한번 밀어보고 싶게 생겼다. 달은 지구에 비해 중력도 6분의 1밖에 안 된다. 지구에서보다 훨씬 쉽게 바위를 밀어뜨릴 수 있을 것이다.

대마젤란은하

테스TESS 우주망원경은 태양계 바깥 별을 맴도는 외계행성을 찾고 있다. 테스 우주망원경이 이전까지 외계행성을 찾는 것이 몹시 어려워서 보통 되도록 먼 우주까지 관측하는 방식이었다. 하지만 이제 천문학자들은 외계행성이 훨씬 흔하다는 것을 알게 되었고, 외계행성을 탐색하는 전략이 바뀌었다. 머지않은 미래에 직접 방문할 수 있을 정도로 가까운, 생명체가 존재할 법한 외계행성을 찾는 것이다. 그래서 테스 우주망원경은 앞선 망원경들보다 훨씬 넓은 시야로 우주를 관측하며 한꺼번에 많은 개수의 외계행성을 찾고 있다.

명왕성의 얼음 평원

명왕성 남반구에서 발견된 거대한 하트 모양의 지형, 스푸트니크 평원의 경계다(2월 25일 참고). 높이 솟은 얼음 산맥이 이어지다가 갑자기 매끈한 얼음 평원이 펼쳐진다. 극단적으로 다른 지형의 모습이 대조를 이룬다. 평원이 시작되는 경계면에서도 우연히 또 다른 조그마한 하트 조각이 발견되었다.

화성에 떨어진
에그록 운석

운석은 화성에도 떨어진다. 2016년 10월 30일, 큐리오시티 탐사선은 화성 표면 위에 덩그러니 떨어져 있는 이상한 돌멩이를 발견했다. 큐리오시티는 돌멩이를 향해 레이저를 쏘면서 성분을 분석했다. 이 돌멩이는 주로 철과 니켈만으로 이루어져 있으며, 지구에서도 발견할 수 있는 전형적인 운석이었다. 산화철 성분으로 인해 주변에 불그스름하게 물든 다른 암석과 달리 매끈한 검은색으로 반짝이는 운석의 모습이 상당히 눈에 띈다. 사진 속 운석 주변에 하얗게 그려진 선들은 큐리오시티가 이 운석을 분석하기 위해 쏜 레이저에 화성 표면이 그을린 흔적이다. 사진 가운데 운석 표면에도 자세히 보면 하얀 점들이 찍혀 있다. 분광기의 레이저가 정확하게 운석을 조준했을 때 남은 흔적이다. 이 운석의 크기는 딱 골프공 정도다. 큐리오시티가 자신의 로봇 팔로 이 운석을 날릴 수 있다면 주변에 파놓은 구멍 안에 집어넣을 수도 있을 것이다. 화성 최초의 골퍼가 탄생하는 것이다. 천문학자들은 큐리오시티가 우연히 포착한 이 운석에 미국 메인주 에그록섬의 이름을 붙여서 '에그록'이라고 부른다.

독수리성운,
창조의 기둥

제임스 웹이 더 긴 파장의 중적외선을 볼 수 있는 중적외선기기로도 창조의 기둥을 담았다. 근적외선카메라로 찍은 사진(1월 1일 참고)과 비교하면 밝게 사진을 가득 채우고 있던 많은 별들이 지워진 것처럼 보인다. 밝은 별 대부분은 자외선과 가시광선 영역에서 밝게 빛난다. 반면 중적외선 파장의 빛은 거의 방출하지 않는다. 그래서 이 사진 속에는 대부분의 별이 사라져버렸다. 대신 별빛을 받아 미지근하게 달궈진 낮은 온도의 먼지구름을 더 선명하게 볼 수 있다. 마치 유령의 푸른 손가락이 천천히 흘러오는 것처럼 느껴진다. NASA는 이 사진을 특별히 핼러윈 데이에 공개했다.

막대나선은하
NGC 1365

가까운 은하를 아주 세밀하게 관측하는 팡스PHANGS 관측 프로젝트 중 하나로, 제임스 웹으로 본 막대나선은하 NGC 1365의 중심부 모습이다. 막대나선은하는 중심에 별들의 궤도가 공명을 이루면서 긴 막대 모양으로 분포한다. 특히 은하 중심의 막대구조는 은하 외곽까지 퍼져 있던 가스물질을 은하 중심부로 끌어모으는 중요한 역할을 한다. 은하 중심에 더 높은 밀도로 가스가 밀집되면서 폭발적인 별 탄생이 이어지고, 이렇게 유입된 가스물질은 은하 중심의 초거대 질량 블랙홀을 빠르게 성장시킨다.

일반적인 가시광 사진으로 보면 막대나선은하의 막대구조는 그저 평퍼짐하고 길쭉한 막대기처럼 보이지만 제임스 웹은 그 안에 숨어 있는 구조를 더 세밀하게 포착했다. NGC 1365의 막대구조 바깥으로 아주 거대한 나선팔이 휘감겨 있다. 한편 막대구조 속에도 또 다른 작은 나선팔이 휘감겨 있다. 특히 막대구조를 따라 중심부에 높은 밀도의 가스가 밀집되면서 막대구조 속의 작은 나선팔에서 아주 폭발적인 별 탄생이 벌어진다. 그래서 중심부의 작은 나선팔을 따라 선명한 분홍빛이 이어져 있는데, 그 모습이 마치 눈동자로 상징되는 이집트의 태양신 '라'를 떠올리게 한다. 어쩌면 고대 이집트인들이 섬겼던 대상은 태양이 아니라 은하 중심의 초거대 질량 블랙홀이었던 것은 아닐까?

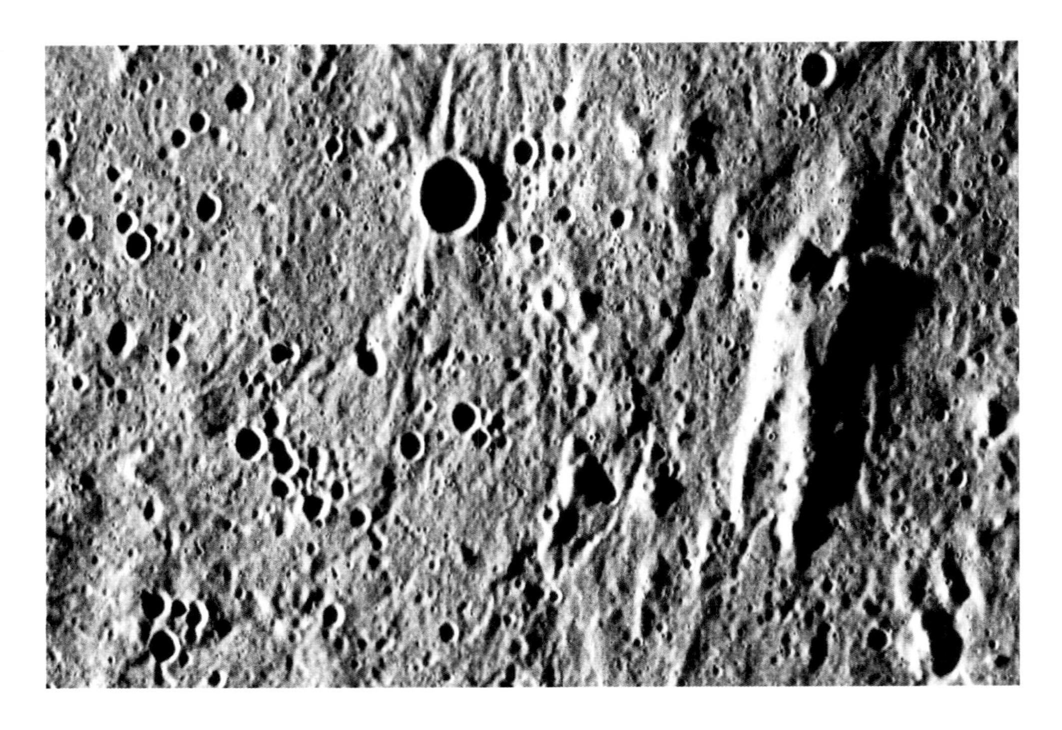

수성 표면의 칼로리스 분지

"내가 자바 더 헛에 대해 들은 이야기의 절반만 들려줘도,
당신은 곧바로 머리 회로가 타버릴걸!"

_ C-3PO (〈스타워즈〉에 나오는 드로이드 중 하나)

한 솔로는 다스 베이더가 만든 함정에 빠져버렸다. 그리고 카보나이트 속에 두 손을 번쩍 든 자세 그대로 굳어버렸다. 현상금 사냥꾼 보바 펫은 딱딱하게 굳은 한 솔로를 챙겨갔다. 이후 보바펫은 한 솔로를 수성에 숨겨두었다. 메신저 탐사선이 수성 표면의 칼로리스 분지 한편에 숨겨져 있던 한 솔로를 발견했다.

토성 고리

토성의 고리는 단순히 매끈한 원반이 아니다. 그 고리는 크고 작은 다양한 크기의 얼음 입자들로 이루어져 있다. 특히 중간중간 고리들 사이에 빈틈이 벌어진 간극들이 있는데, 그 사이에는 빠지지 않고 크고 작은 위성들이 한 자리씩 궤도를 차지하고 있다. 고리를 이루고 있던 작은 입자들이 서로의 중력에 의해 모이고 반죽되면서 위성이 만들어지기 때문이다.

타이탄 위성

푸른 숲과 바다가 보이는가? 놀랍게도 이곳은 지구가 아니다. 이 행성은 대체 어디일까? 토성 곁을 도는 위성 중 가장 큰 타이탄 위성을 제임스 웹으로 바라본 모습이다. 왼쪽은 2.12마이크로미터 파장의 적외선으로, 오른쪽은 1.4~2.0마이크로미터 파장의 적외선으로 찍은 사진이다. 물론 이곳에 푸른 숲과 바다는 존재하지 않는다. 제임스 웹의 적외선 관측 이미지에 색을 입혀서 마치 지구처럼 보이게 만들었다. 하지만 실망하기에는 이르다. 오래전 토성과 타이탄을 탐사했던 카시니-하위헌스 탐사선은 타이탄에서 두꺼운 대기권을 확인했다. 이곳의 하늘에는 생명활동의 징후로 추정되는 성분 중 하나인 메테인이 가득하다. 게다가 이곳에는 액체 메테인으로 채워진 호수와 바다도 존재한다. 타이탄의 위쪽 가장 거대한 메테인 바다 중 하나인 크라켄 바다가 짙은 녹색으로 보인다. 타이탄의 가운데 부분의 벨렛Belet은 모래 언덕, 아디리Adari는 평야로 추정된다. 타이탄 표면을 덮은 구름의 모습도 볼 수 있다. 물론 지구 생명체에게는 타이탄의 지독한 메테인 바다와 하늘이 위험하다. 만약 타이탄에 생명체가 존재하고 있다면 지구 생명체와는 많이 다른 모습일 것이다. 지구를 침공한 타노스를 떠올렸는가? 타노스의 고향과는 이름만 같을 뿐 다른 곳이다.

안드로메다은하

에드윈 허블이 처음 관측했던 안드로메다은하의 영역, 그리고 그가 안드로메다은하까지의 거리를 잴 수 있게 해주었던 변광성 V1(10월 23일 참고)을 오늘날 그의 이름을 붙인 허블 우주망원경으로 다시 관측한 사진이다. 변광성 V1을 보면 아주 미세하게 그 밝기가 변화하는 것을 확인할 수 있다.

유클리드 우주망원경이 시야에 들어온 모든 별빛의 스펙트럼을 확인했다. 유클리드는 우주 팽창에 따라 길게 늘어진 채 날아오는 먼 배경 은하들의 빛을 분석하기 위해 가시광선보다 파장이 더 긴 적외선 영역에서 우주를 관측한다.

유클리드
우주망원경이 관측한
스펙트럼

퀘이사 J0305-3150
주변 딥필드

천문학자들은 제임스 웹으로 퀘이사 J0305-3150 주변 하늘을 관측해 원시 은하 41개를 발견했다. 특히 그중에서 사진 속 동그라미로 표시한 은하 10개를 주목할 필요가 있다(일부 동그라미는 두 개 이상의 은하가 겹쳤다). 이들은 모두 빅뱅 이후, 우주의 나이가 약 8억 3000만 년밖에 안 되었을 때의 은하들이다. 놀랍게도 이 은하들은 아무렇게나 분포하지 않고, 마치 소시지처럼 길게 한 줄로 놓여 있다. 기다랗게 이어진 은하들의 기차 행렬은 그 전체 길이만 300만 광년에 달한다. 이것은 시뮬레이션에서나 확인할 수 있었던 빅뱅 직후 초기 우주의 기다란 필라멘트의 구조로 추정된다. 이미 오래전부터 비교적 가까운 우주에서는 은하들이 길게 이어진 거대 구조의 필라멘트를 어렵지 않게 확인해왔다. 그런데 이렇게나 이른 시기의 초기 우주에서 이런 기다란 필라멘트가 발견된 것은 처음이다. 시간이 지나면서 이렇게 흘러들어온 은하들이 한데 모이면 가까운 우주에서 쉽게 볼 수 있는 거대한 은하단으로 성장할 것이라 추정한다.

11월
8일

펄사 PSR B1509-58

마치 타노스의 인피니티 건틀렛이 홀로 우주를 떠도는 것처럼 보인다.

1895년 11월 8일, 물리학자 빌헬름 뢴트겐은 엑스선이라는 새로운 종류의 빛을 발견했다. 에너지가 너무 강해서 피부도 관통할 수 있는 빛이었다. 대신 두꺼운 뼈는 통과하지 못했다. 뢴트겐의 이 발견은 의학에 큰 혁명을 일으켰다. 직접 해부하지 않아도 몸속의 뼈 모양을 꿰뚫어 볼 수 있게 된 것이다. 뢴트겐은 가장 먼저 두꺼운 반지를 낀 아내의 손을 엑스선으로 촬영했다. 필름에는 반지를 낀 아내의 앙상한 손가락뼈만 찍혔다. 뢴트겐의 아내는 그 사진을 보고 "나는 나의 죽음을 봤다"라는 감상평을 남겼다.

그리고 21세기, 천문학자들은 엑스선 우주망원경으로 우주를 떠도는 거대한 손가락 사진을 찍는다. 뢴트겐의 아내가 자신의 손가락 사진을 보며 자신의 죽음을 봤다면, 이제 천문학자들은 수천 년 전 폭발한 별의 죽음을 바라본다. 지금으로부터 약 1500년 전 거대한 별 하나가 폭발과 함께 중성자별로 붕괴했다. 별은 아주 빠른 속도로 자전하는 중성자별인 펄사Pulsar가 되었다. 펄사는 주변에 형성된 강력한 자기장을 따라 거의 빛의 속도로 많은 물질을 토해낸다. 그 여파로 펄사 주변에는 다양한 방향으로 길게 뻗어나가는 손가락 같은 형체가 만들어졌다. 천문학자들이 엑스선 우주망원경 IXPE로 약 17일에 걸쳐 펄사의 손가락을 관측했다. 펄사 주변 자기장을 따라 한 방향으로 분포하는 전하를 띠는 입자들이 선명하게 드러났다.

11월
9일

막대나선은하 M83

제임스 웹이 중적외선기기로 아름다운 막대나선은하 M83의 중심부를 겨냥했다. 노랗게 빛나는 은하 중심부의 막대구조 속에서 소용돌이치는 가스구름의 띠를 볼 수 있다. 막대구조 너머 양쪽에 수직방향으로 뻗어나가는 더 샛노란 나선팔의 흐름이 보인다. 나선팔을 따라 높은 밀도로 가스물질이 반죽되면서 한창 새로운 별들이 태어나고 있다. 주황빛의 나선팔 사이사이 텅 빈 곳에도 파랗게 빛나는 헤아릴 수 없이 많은 별들이 채워져 있다.

명왕성의 표면

태양계 행성마다 지형에 이름을 붙이는 규칙이 있다. 예를 들어 수성에서 발견된 크레이터와 산맥에는 역사 속 다양한 예술가, 시인, 작가들의 이름을 붙인다. 천문학자들은 태양계 가장 마지막 행성이었던 명왕성에서 발견한 지형에는 지구에서 대담한 용기를 보여준 모험가들의 이름을 붙이기로 했다. 명왕성 곁을 날아가면서 뉴허라이즌스 탐사선이 포착한 이 사진 속에는 마치 악어의 피부처럼 거친 명왕성의 지형이 고스란히 담겨 있다. 사진의 오른쪽 아래 너비 150킬로미터, 높이 4킬로미터의 거대한 산들이 솟아 있다. 이곳은 역사상 최초로 비행기를 타고 하늘을 나는 시도를 한 라이트 형제를 기리기 위해 라이트산이라는 이름이 붙었다. 왜 이 산에만 주변의 다른 영역에 비해 붉은 물질이 더 많이 덮여 있는지는 수수께끼로 남아 있다. 또한 이 주변에서 큰 크레이터가 딱 하나만 발견되었는데, 이것은 이 지역이 상대적으로 최근에 굳어서 형성되었다는 것을 의미한다. 아마도 비교적 최근까지 벌어진 화산 활동으로 인해 라이트산이 형성되었을 가능성이 있다.

11월
11일

은하단 MACS
J1149.6+2223

초신성 폭발은 언제 어디서 벌어질지 예측할 수 없다. 폭발이 벌어진 다음에 관측할 수밖에 없다. 관측으로 볼 수 있는 것은 초신성이 이미 최대 밝기를 지나 서서히 어두워져가는 과정뿐이다. 폭발 전부터 초신성이 어떻게 밝아졌다가 어두워지는지 모든 과정을 관측하려면 굉장한 행운이 필요하다.

천문학자들이 이제 그 엄청난 시도를 하고 있다. 심지어 이미 놓쳐버린 초신성 폭발의 순간을 다시 기다렸다가 재방송을 노린다(2월 23일 참고). 여기에도 중력에 의해 시공간이 휘어지는 상대성 이론의 마법이 적용된다. 중력으로 시공간이 왜곡되어 빛이 조금씩 다른 경로로 날아오면서 빛의 전체 경로의 길이가 조금씩 달라진다. 이것은 천체에서 출발한 빛이 지구에 도달하는 시점이 조금씩 달라지게 만든다. 더 많이 휘어진 경로를 따라 들어오는 빛은 비교적 더 늦게 지구에 들어온다. 이러한 중력에 의한 시간 지연 효과를 활용하면 이미 놓쳐버린 초신성 폭발 순간의 섬광을 다른 자리에서 기다렸다가 포착하는 것이 가능하다!

이 사진은 허블 우주망원경으로 바라본 거대한 은하단 MACS J1149.6+2223의 모습이다. 육중한 중력으로 주변 시공간과 그 너머의 배경 은하들의 빛이 왜곡되어 은하단 구석구석에 허상으로 나타난다. 2014년, 가장 먼저 사진 속 가운데에 보이는 허상 속 은하에서 초신성 폭발이 포착되었다. 초신성은 노란 점으로 찍혀 있다. 특히 이 당시에는 동일한 초신성의 허상 네 개가 만들어졌다. 2015년, 천문학자들은 다른 자리에서 만들어진 동일한 은하의 허상 속에서 이 초신성 폭발의 섬광이 뒤늦게 또 목격될 것이라 예측했고, 정확히 그 자리에서 초신성 폭발이 목격되었다. 맨 처음의 초신성 폭발은 본방 사수하지 못했지만 상대성 이론에 따른 시간 지연 효과로 뒤늦은 재방송을 본 셈이다.

추류모프-게라시멘코 혜성에 떨어진 피레이 착륙선

2014년 11월 12일, 추류모프-게라시멘코 혜성에 로제타 탐사선이 도착했다. 2004년 3월 2일에 지구를 떠나고 무려 10년 넘는 세월이 지나서야 드디어 목적지에 도착했다. 로제타 탐사선은 탑재된 김치냉장고 크기의 피레이 착륙선을 분리했다. 혜성이 다른 행성에 비해 크기가 훨씬 작고 그만큼 중력도 너무 약해서 착륙선이 자칫 잘못하면 우주 바깥으로 날아가버릴 수 있다. 그래서 혜성에 착륙한 피레이는 바퀴 달린 일반적인 착륙선과 달리 표면에 닿는 순간 세 가닥의 로봇 발에서 작살을 꽂아 그대로 표면에 고정될 예정이었다. 하지만 피레이가 분리된 순간 끔찍한 상황이 목격되었다. 로봇 발 중 하나가 제대로 펼쳐지지 않아 빠른 속도로 혜성 표면에 안착한 피레이는 결국 혜성 표면에 고정되지 못한 채 농구공처럼 튕겨 날아가버렸다. 다행히 혜성의 중력을 아예 벗어나 바깥으로 날아가지는 않았지만 예정된 착륙 지점을 한참 벗어나 다른 곳에 안착했다. 피레이는 태양빛을 받아야 에너지를 충전할 수 있는데, 하필이면 혜성의 거친 표면에 높이 솟은 절벽 아래 그늘진 곳에 처박혀버렸다. 얼마 지나지 않아 전원이 꺼졌고 이후 천문학자들은 실종된 피레이를 찾기 위해 혜성 표면 구석구석을 뒤졌다.

이 사진은 피레이가 혜성 표면에 도착한 지 약 2년이 지난 뒤 2016년 8월 30일, 계속 혜성 곁을 맴돌던 로제타 탐사선으로 촬영한 혜성 표면 모습이다. 겨우 2.5킬로미터 거리를 두고 혜성을 가까이 지나가며 거친 표면을 자세하게 담았다. 아주 희미하지만 바로 이 장면 속에서 천문학자들은 실종되었던 불쌍한 피레이를 발견했다.

페르세우스자리 은하단

2023년 7월 1일, 우주의 새로운 지도를 그리기 위해 유클리드 우주망원경이 발사되었다. 약 3개월 동안 관측 준비를 마친 유클리드는 2023년 11월 그 역사적인 첫 번째 관측 사진을 공개했다. 이 사진은 유클리드로 바라본 페르세우스자리 은하단의 모습이다. 이 사진 속에는 은하가 몇 개나 찍혀 있을까? 우선 페르세우스자리 은하단을 이루는 은하만 천 개가 있다. 하지만 이게 끝이 아니다. 그 너머 약 10만 개가 넘는 수많은 배경 은하들이 이 사진에 함께 담겨 있다. 배경 은하들 중에는 무려 100억 년 전의 모습을 간직한 빛도 있다. 유클리드는 100억 광년 거리까지 우주를 채우는 수많은 은하들의 분포 지도를 완성하게 된다. 이를 통해 우주에 얼마나 많은 암흑물질이 어느 방향에 분포하는지를 담은 유령의 지도를 그릴 계획이다. 사진 속 배경 은하들에 비해 페르세우스자리 은하단은 훨씬 가깝다. '겨우' 2억 4000만 광년 거리에 떨어져 있다.

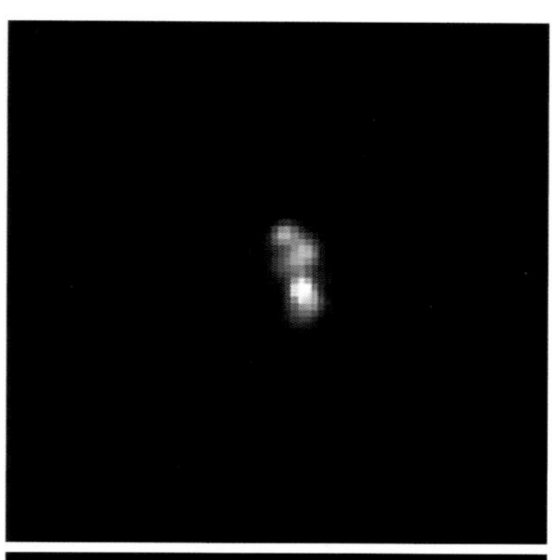
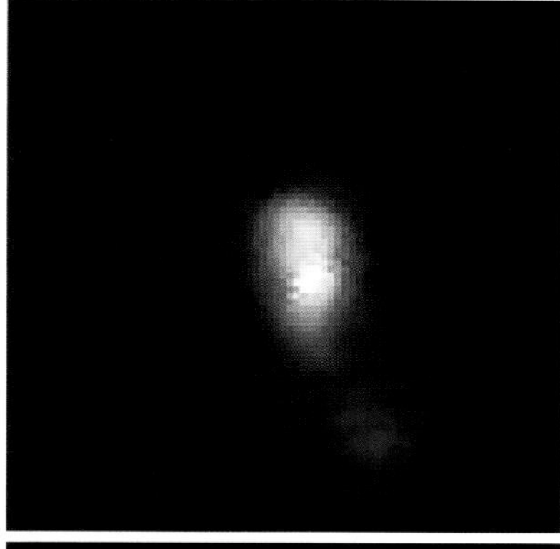
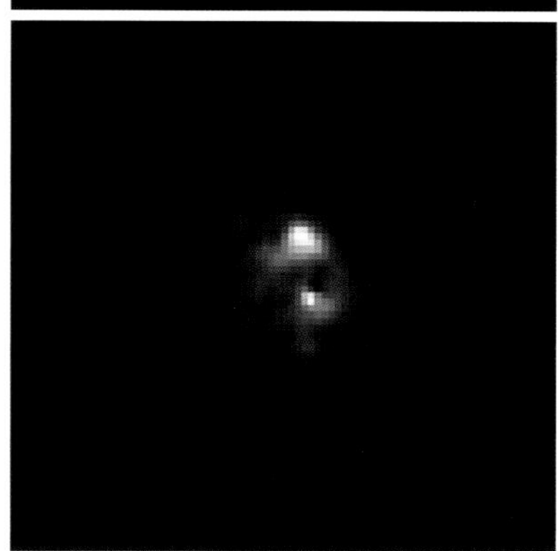

슈테팡의 오중주 은하 NGC 7319

제임스 웹이 포착한 슈테팡의 오중주 속 은하 NGC 7319의 중심에는 놀라운 장면이 숨어 있다. 이 은하는 유독 중심에서 밝은 빛이 새어나오는데, 이는 은하 중심에서 게걸스럽게 물질을 집어삼키고 있는 초거대 질량 블랙홀이 있기 때문이다. 블랙홀 주변에는 빠른 속도로 그 곁을 맴돌며 미지근하게 달궈진, 물질의 원반이 있다. 이를 블랙홀 주변 '강착 원반'이라고 한다. 제임스 웹은 적외선 빛을 통해 블랙홀 주변에서 빠르게 회전하는 강착 원반의 모습까지 포착했다.

사진 속 파란색 영역은 회전하면서 지구 쪽으로 다가오는 부분, 노란색 영역은 회전하면서 지구에서 멀어지는 쪽으로 움직이는 부분을 나타낸다. 맨 아래 사진을 보면 마치 사건의 지평선 망원경으로 포착했던 블랙홀 사진처럼 가운데가 뻥 뚫린 둥근 도넛 형태다. 놀랍게도 제임스 웹은 수천만 광년 먼 거리에 떨어진 은하 중심에서, 그것도 다른 망원경들의 도움 없이 혼자서 이런 모습을 담아낼 수 있다.

지구 시점에서 바라본 우리은하와 안드로메다은하 충돌 과정 시뮬레이션

안드로메다은하는 현재 우리은하로부터 250만 광년 거리에 떨어져 있다. 하지만 이 먼 거리에서도 우리은하와 안드로메다은하는 서로의 중력에 끌려오고 있다. 지금도 초속 약 110킬로미터로 우리은하를 향해 다가오고 있다. 앞으로 약 70억 년이 지나면 결국 안드로메다은하와 우리은하는 충돌해 하나로 반죽되어 거대한 타원은하를 이루게 된다. 성질 급한 천문학자들은 70억 년을 기다릴 수 없었던 걸까? 두 은하가 합쳐져 만들어질 은하에 미리 이름도 지어놓았다. 다만 작명 센스는 그리 좋지 않다. 우리은하Milky Way와 안드로메다은하Andromeda를 반씩 떼어붙여서 '밀코메다Milkomeda'라는 이름을 지어주었다. 만약 밀코메다가 완성되어가는 과정을 지구에서 살아남아 지켜보게 된다면 어떤 장면을 볼 수 있을까? 이 시뮬레이션 사진들은 시간이 흘러가면서 우리은하와 안드로메다은하의 충돌 과정이 어떻게 보일지를 쭉 보여준다.

11월
16일

외계 문명을 향해 메시지를 보내는 건 굉장히 까다로운 일이다. 그들이 어디에 있는지, 또 어떤 내용을 어떤 방식의 언어로 보내야 할지 아무것도 확신할 수 없기 때문이다. 천문학자 프랭크 드레이크는 이진법 데이터가 가장 보편적인 메시지 수단이 될 수 있다고 생각했다. 켜져 있고/꺼져 있고, 또는 있고/없고, 이 방식은 어떤 문자를 쓰는지와 상관없이 이해할 수 있다. 드레이크는 1과 0이 총 1679개로 쭉 이어지는 1679비트의 메시지를 만들었다. 1679는 두 소수 73과 23을 곱한 값이다. 소수는 1과 자기 자신으로만 나눠지는 자연수로서 반복해서 나타나지 않는다. 드레이크는 수학을 잘 아는 똑똑한 외계인들이라면 안테나로 도착한 메시지의 총길이 1679가 73과 23을 곱한 값이라는 것을 눈치챌 거라 기대했다. 이진법의 아레시보 메시지를 가로 23칸, 세로 73칸으로 순서대로 배열하면 기다란 하나의 그림이 완성된다. 물론 외계인들이 가로 73, 세로 23칸으로 메시지를 배열한다면 아무것도 해독할 수 없을 것이다. 부디 외계인들이 가로 세로 칸 수를 바꿔서 다시 시도해보기를 바랄 수밖에!

*이 이미지는 구분하기 위해 인위적으로 색깔을 넣은 것이며, 실제 아레시보 메시지에는 색에 대한 정보가 없다.

1. 1에서 10까지의 숫자
2. DNA의 구성 원자인 수소, 탄소, 질소, 산소, 인의 원자 번호
3. DNA의 뉴클레오타이드를 이루는 당과 염기의 화학식
4. DNA의 뉴클레오타이드의 수와 DNA 이중나선 구조의 모양
5. 인간의 형체와 평균적 남성의 물리적 신장, 지구의 인간 개체수
6. 태양계 모습
7. 메시지를 발송한 아레시보천문대의 모습과 그 크기

아레시보 메시지

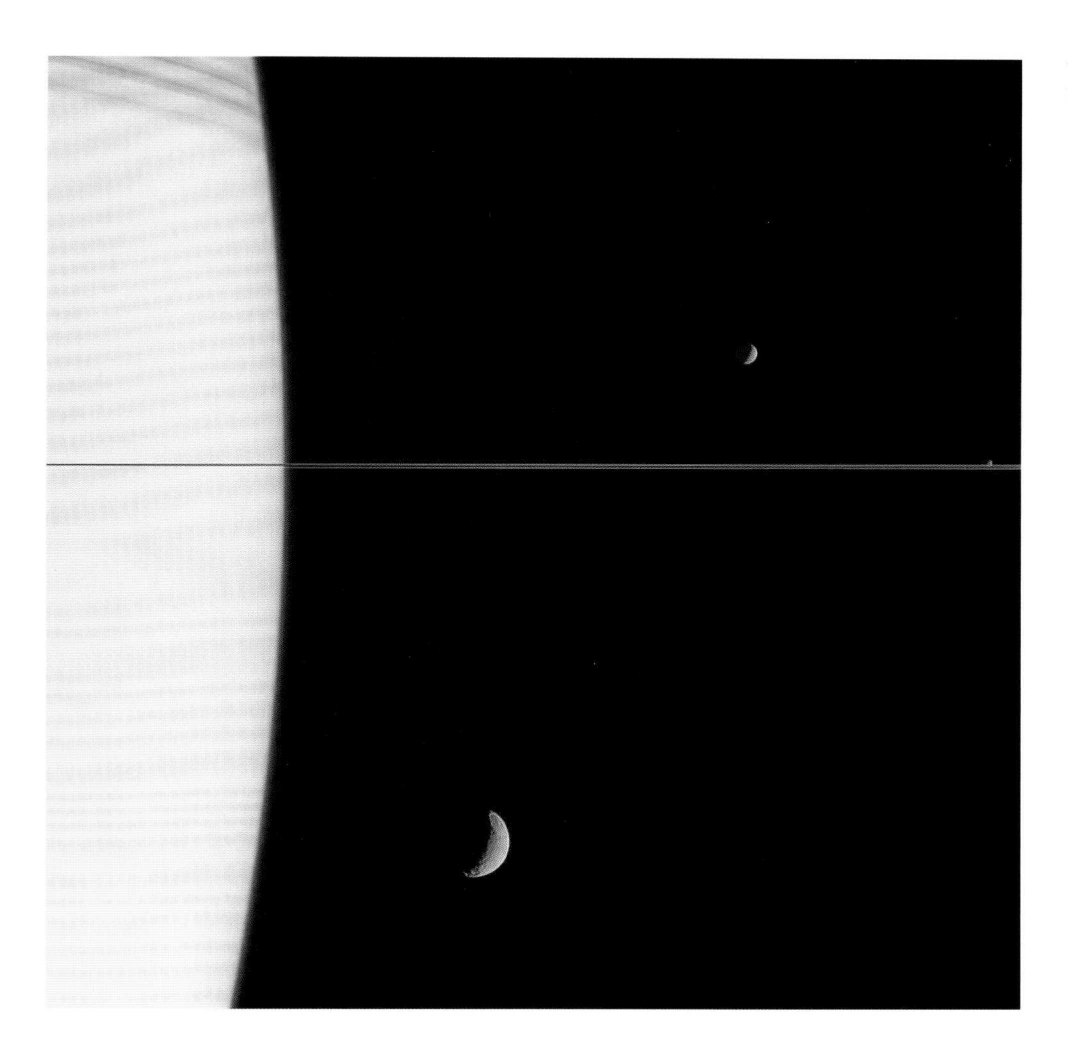

토성의 고리 근처
미마스, 야누스,
테티스 위성

토성의 얇은 고리 위로 미마스 위성, 그리고 고리에 살짝 걸쳐 있는 야누스 위성이 보인다. 고리 아래에는 가장 크게 보이는 테티스 위성이 있다. 태양빛은 오른쪽에서 비치고 있다.

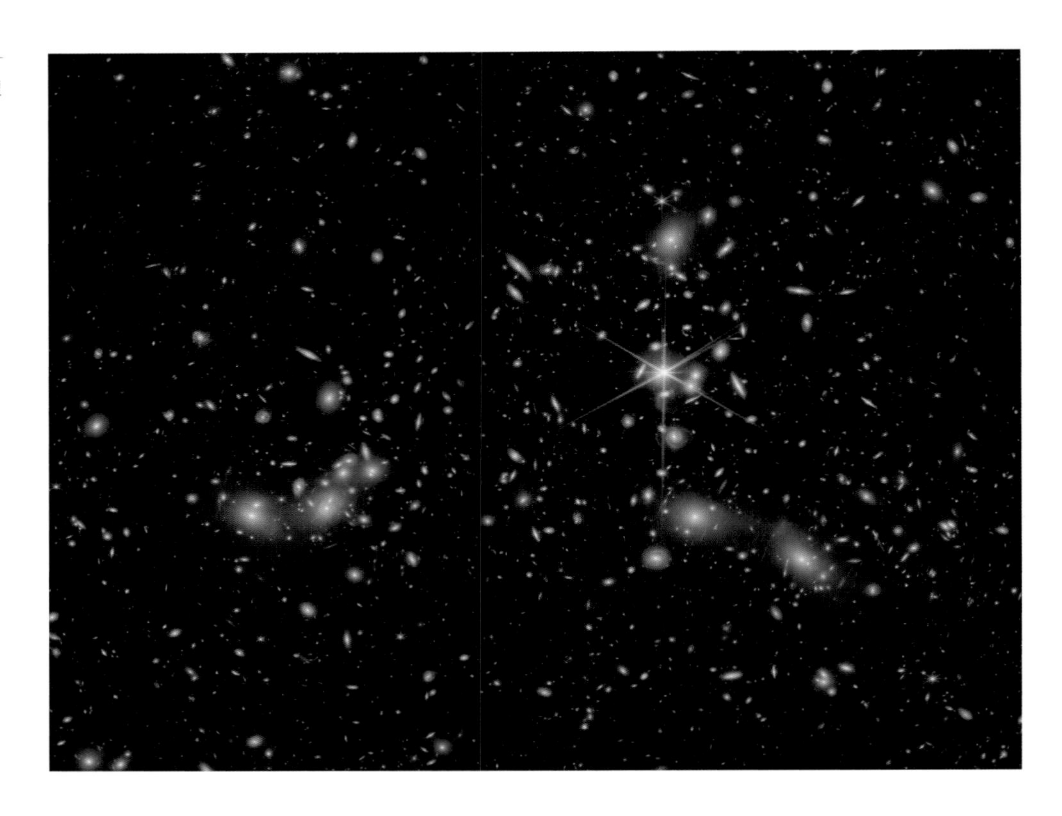

판도라은하단
Abell 2744

제임스 웹이 판도라은하단이라는 별명을 가진 은하단 Abell 2744쪽을 겨냥해 새로운 딥필드 이미지를 완성했다. 이 한 장의 사진에만 5만 개가 넘는 은하들이 담겼다. 사진에서 유독 밝게 빛나는 별이 있는데, 이것은 우리은하 안에 있는 훨씬 가까운 별이다. 별 주변 여덟 방향으로 뻗어나가는 회절무늬가 제임스 웹의 근적외선카메라로 찍은 사진이라는 것을 보여준다. 또한 그 별 너머 흰빛으로 채워진 둥근 은하들이 퍼져 있는데, 이곳이 바로 판도라은하단이다. 지구로부터 약 35억 광년 거리다. 제임스 웹 딥필드 이미지답게 머나먼 배경 우주의 초기 은하들의 모습도 곳곳에 찍혔다. 판도라은하단의 육중한 중력으로 왜곡된 시공간이 만들어낸 중력렌즈 덕분이다. 이 사진 속에는 심지어 빅뱅 직후 겨우 3~4억 년밖에 되지 않았을 때 존재했던 은하까지 찍혀 있다.

별 Ced 110 IRS 4

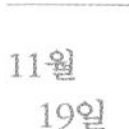

11월 19일

보통 카멜레온은 더운 열대지방에 산다. 하지만 우주의 카멜레온은 가장 추운 곳에서 산다. 제임스 웹이 약 630광년 거리에 있는 거대한 가스구름 카멜레온 I을 바라봤다. 사진의 왼쪽 위에 주황색과 푸른색 가스구름이 뒤섞인 곳에서 갓 태어난 어린 별 Ced 110 IRS 4가 빛나고 있다. 우주 공간에 차갑게 얼어 있는 가스구름이 푸른색으로, 어린 별의 따스한 별빛을 받아 미지근하게 달궈진 영역은 주황색으로 보인다. 이곳은 우주 공간에서 가장 추운 곳으로, 절대영도에 가장 가까운 차가운 온도로 식어 있다. 사진의 오른쪽 푸른색 영역을 들여다보면 성운 너머 더 멀리 떨어져 있는 배경 별들이 보인다. 이 머나먼 배경 별빛이 제임스 웹까지 날아오는 동안 그 사이를 가로막고 있는 성운 속 분자에 의해 일부가 흡수된다. 별빛의 스펙트럼을 분석하면 중간에서 별빛을 갉아먹은 성운 속 분자의 성분이 무엇인지를 알 수 있다. 이곳에서는 차갑게 얼어 있는 물과 메테인 분자가 확인되었다. 물과 메테인은 생명체가 탄생하기 위해 꼭 필요한 재료들이다. 우주의 가장 추운 곳에 생명의 재료가 꽁꽁 얼어 있다.

수성의 크레이터

메신저 탐사선이 수성 표면에서 거대한 거인의 그림이 그려진 현장을 발견했다. 지름 40킬로미터의 크레이터를 포착했다. 그런데 크레이터를 중심으로 사방에 거미줄처럼 가늘게 뻗은 자국들이 보인다. 이것은 당시 크레이터를 만든 운석 충돌의 충격으로 인해 생긴 균열이다. 절묘하게도 사진 속 크레이터 아래 이어진 두껍고 긴 협곡이 보인다. 협곡이 마침 다양한 방향으로 뻗어가면서 둥근 크레이터가 사람의 머리, 그 아래의 협곡이 몸과 팔다리처럼 보인다. 크레이터를 중심으로 사방에 뻗은 균열은 마치 이 거인의 후광처럼 느껴진다. 수성에 방문한 거인은 굉장히 특별한 존재였던 모양이다.

은하 II ZW 96

제임스 웹이 돌고래자리 방향으로 약 5억 광년 거리에 놓인 두 은하 II ZW 96을 바라봤다. 두 은하가 한데 모여 반죽되고 있는 현장이다. 두 은하의 밝은 중심부가 복잡하게 얽혀 있는 나선팔과 밝게 빛나는 가스 필라멘트로 이어져 있다. 두 은하의 충돌은 각 은하가 품고 있던 가스물질이 반죽되면서 새로운 별들의 폭발적인 탄생으로 이어진다. 한창 새로운 별들이 줄지어 탄생하고 있는 이 두 은하 사이의 가스 필라멘트는 적외선 영역에서 태양보다 1000억 배 더 밝게 빛나고 있다.

유클리드 우주망원경으로 바라본 페르세우스자리 은하단 사진의 일부를 확대한 것이다. 빅뱅 이후 불균일하게 퍼져 있던 물질은 중력을 통해 하나둘 반죽되면서 지금의 거대한 우주 구조의 골격을 만들었다. 이 과정은 고해상도 시뮬레이션을 통해 잘 재현된다. 시뮬레이션에 따르면 빅뱅 직후의 초기 우주에서는 오늘날의 은하들에 비해 훨씬 규모가 작은 왜소은하들이 많이 만들어진다.

페르세우스자리 은하단

페르세우스자리 은하단

유클리드 우주망원경과 제임스 웹은 그 목적이 다르다. 제임스 웹이 특정 한 천체의 세밀한 모습을 확대해서 자세하게 들여다보는 것이 목적이라면, 유클리드는 한꺼번에 넓은 화각으로 우주를 바라보며 빠르게 우주 전역의 지도를 그리는 것이 목적이다. 그렇다고 해서 유클리드가 담은 사진의 해상도가 떨어진다는 뜻은 아니다. 이 사진은 유클리드로 촬영한 페르세우스자리 은하단의 일부를 확대한 것이다. 마치 사진 속 가운데 은하를 타깃으로 촬영한 사진처럼 은하 자체의 모습도 선명하게 담겨 있다. 밝게 빛나는 중심부 주변에서 소용돌이치는 나선팔도 또렷하게 볼 수 있다.

"인간의 오감으로 느낄 수 있는 세계에
존재하지 않는 것이더라도
우리에겐 그런 것조차 상상할 수 있는
자유가 주어져야 한다."

_요하네스 케플러(천문학자)

아름다운 나선은하 NGC 1566을 제임스 웹의 중적외선기기를 통해 관측한 모습이다. 짙은 먼지구름을 꿰뚫고 그 내부를 볼 수 있는 중적외선 파장의 빛을 통해 은하의 나선팔을 따라 이어진 먼지 띠와 필라멘트의 모습을 볼 수 있다.

1995 WFPC2
2009 WFC3/UVIS
2014 WFC3/UVIS
WFC3/UVIS
April 21, 2014

목성의 대적점

목성의 압도적인 느낌을 완성하는 화룡점정은 목성의 남반구에서 거대하게 소용돌이치는 붉은 태풍인 대적점이다. 단 하나의 와류지만 이 안에 지구가 통째로 쏙 들어갈 만큼 아주 거대하다. 흥미롭게도 이 거대한 태풍은 목성의 남반구에 있지만 지구에서와는 정반대로 반시계 방향으로 회전한다. 그래서 목성의 대적점은 역태풍이라 볼 수 있다. 갈릴레오가 처음 망원경으로 목성을 관측한 뒤 17세기에 많은 천문학자가 목성 표면의 대적점의 존재를 눈치챘다. 프랑스 천문학자 조반니 카시니는 1665년에서 1703년 사이에 꾸준히 목성을 바라보며 목성 표면의 같은 자리에서 사라지지 않고 유지되고 있는 '영원한 반점permanent spot'을 발견했다. 이후로 지금까지 대적점은 사라지지 않았다. 수백 년째 아주 거대한 태풍이 사라지지 않고 유지되고 있다.

대체 언제부터 이런 거대한 태풍이 목성에 존재했는지는 밝혀지지 않았다. 단지 인류가 300년 전부터 그 존재를 눈치챘을 뿐, 그보다 훨씬 전부터 대적점은 존재했을 것이다. 1800년대까지만 해도 대적점의 크기는 폭이 약 4만 1000킬로미터 정도로 보였다. 이후 1979년 보이저 1호와 2호가 연달아 목성 곁을 지나가며 관측한 대적점의 크기는 이보다 더 작아진 2만 3000킬로미터였다. 허블 우주망원경도 꾸준히 목성의 대적점을 모니터링하고 있다. 목성이 자전하면서 지구에서 대적점이 보이는 방향에 놓일 때마다 대적점을 관측하는데, 1995년에는 2만 1000킬로미터 크기였던 대적점이 2009년에는 1만 8000킬로미터로 보였다. 원래는 아주 길게 찌그러졌던 대적점의 폭이 해마다 평균 930킬로미터 정도씩 꾸준히 쪼그라들면서 더 둥근 원 모양이 되고 있다.

단순히 대적점의 면적만 좁아지는 것이 아니다. 동시에 대적점을 이루는 태풍의 깊이는 더 깊어지고 있다. 회전판 위에 반죽을 돌리면서 도자기를 빚는 것과 비슷하다. 넓고 납작하게 퍼진 반죽을 길게 세우면 길이가 길어지고 입구는 좁아진다. 목성이 정말 대적점으로 도자기라도 빚는 듯이, 대적점의 입구는 더 둥글게 다듬어지고 깊이는 더 깊어지면서 2014년에는 대적점의 색이 더 진한 주황빛으로 물든 모습이 확연하게 관측됐다. 대적점의 독특한 붉은빛이 만들어진 원인은 아직 정확히 밝혀지지 않았지만 구름 깊이 태풍 아래쪽에 숨어 있는 성분에 의한 것으로 추정된다. 대적점의 깊이가 더 깊어지면서 이 구름 아래쪽의 성분이 더 효과적으로 구름 상층부까지 뒤섞여 대적점의 붉은빛이 더욱 선명해진 것으로 추정된다.

소행성 딘키네시

2021년 10월 소행성 탐사선인 루시가 지구를 떠났다. 루시 탐사선은 목성과 궤도를 공유하는 트로이 소행성군에서 소행성 다섯 개를 차례대로 탐사할 예정이다. 그리고 2023년 드디어 루시의 첫 번째 소행성 탐사가 시작되었다. 루시는 800미터 크기도 안 되는 작은 소행성 딘키네시를 약 400킬로미터 떨어진 채 지나가면서 딘키네시 곁을 맴도는 또 다른 작은 위성의 존재를 발견했다.

엔켈라두스 위성

토성의 얼음 위성 엔켈라두스는 남극과 북극의 모습이 확연하게 다르다. 이 사진은 카시니 탐사선이 엔켈라두스의 북극 위로 약 3만 2000킬로미터 거리를 두고 지나가면서 포착한 북극의 풍경이다. 크고 작은 뚜렷한 크레이터들이 북극을 가득 채우고 있는데, 이것은 엔켈라두스의 북극 표면이 형성된 지 아주 오래되었다는 것을 의미한다. 이런 흔적은 수십억 년 동안 계속 운석과 충돌하면서 생긴 것이다. 반면 남극은 이런 크레이터가 거의 보이지 않는데, 그 이유는 북극과 달리 지질학적으로 활동적이어서 지금도 계속 새로운 얼음물질이 표면을 새롭게 채우고 있기 때문이다.

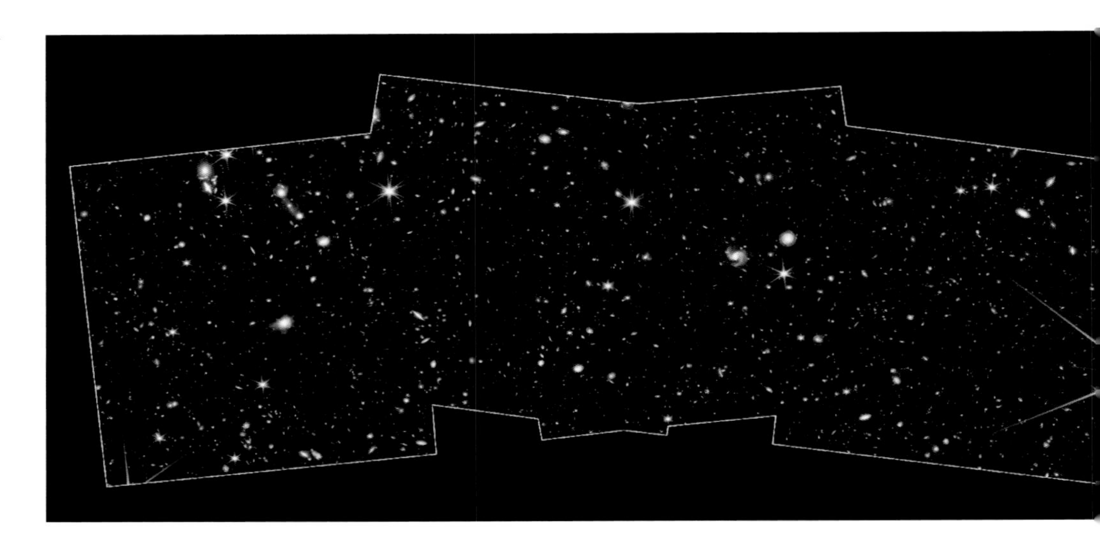

제임스 웹
PEARLS 딥필드

역사상 가장 위대한 두 우주망원경으로 북쪽 밤하늘 끝을 바라봤다. 조금씩 파장이 다른 제임스 웹의 적외선 필터 여덟 가지, 그리고 허블 우주망원경의 자외선 및 가시광선 필터 세 가지로 빛을 모았다. 자외선부터 적외선 파장에 이르는 아주 폭넓은 빛으로 담은 덕분에 알록달록한 컬러 이미지를 생동감 있게 완성했다. 사실 이 사진은 전체 관측 데이터의 4분의 1만 담은 것이다. 사진에 담긴 영역은 보름달 면적의 2퍼센트에 불과하지만 수천 개의 은하가 담겨 있다. 이 한 장의 사진에만 중력렌즈를 일으키고 있는 은하단이 일곱 개나 존재한다. 이를 통해 거의 135억 년 전에 존재했던 빅뱅 직후의 초기 은하들의 모습도 곳곳에서 볼 수 있다. 천문학자들은 잠깐 이어졌던 재이온화 시기의 어둠이 끝나고 비로소 영원한 별과 은하의 시대가 출발한 순간을 우주의 새벽이라고 부르는데, 제임스 웹은 바로 이 우주의 새벽이 시작되었던 순간을 담으려 한다. 이 사진이 제임스 웹의 초기 우주 관측 데이터를 통해 재이온화 시기가 끝난 직후 존재했던 은하를 찾는 연구팀 PEARLS의 관측 프로그램으로 얻은 결과다. 프로젝트의 이름처럼 정말 작고 희미한 작은 진주알처럼 빛나고 있는 수많은 초기 은하들이 숨어 있다.

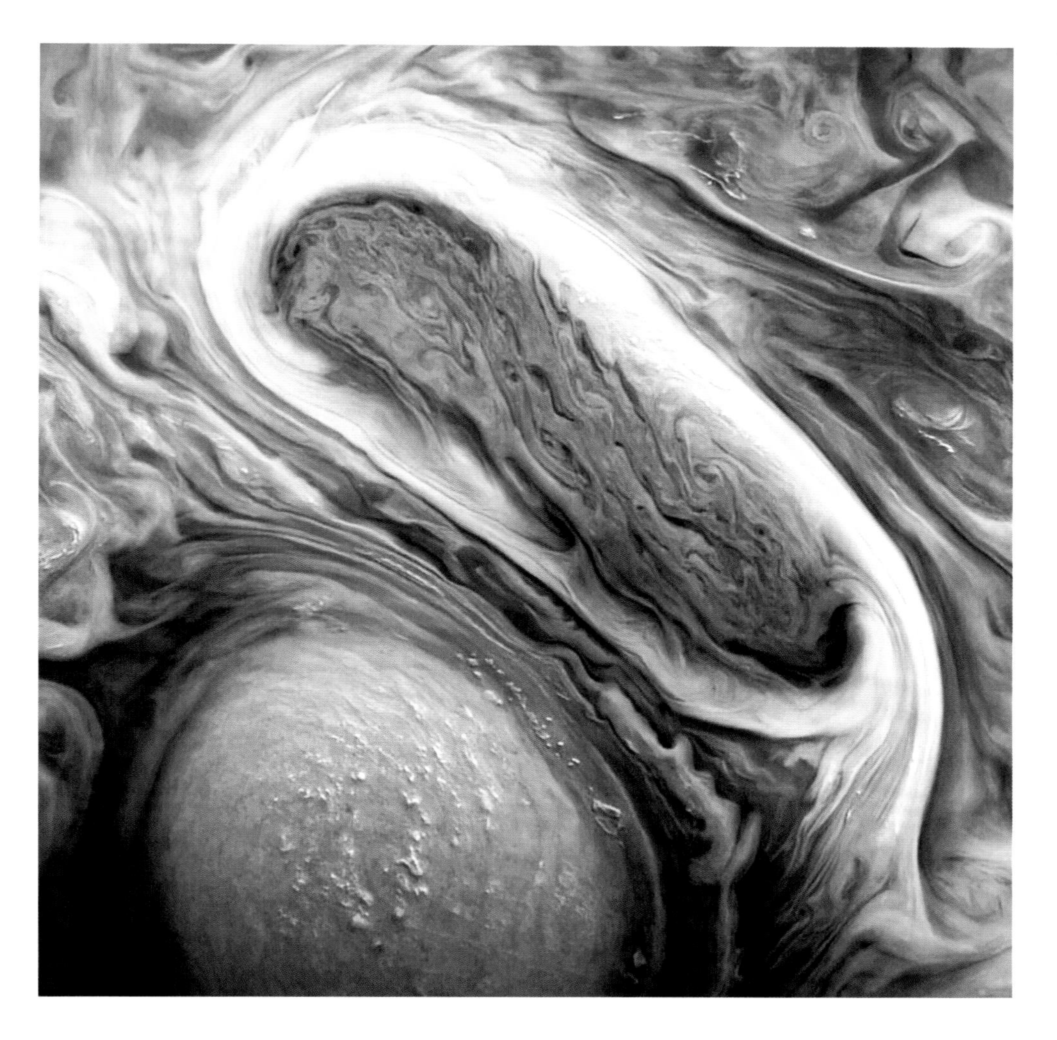

목성의 소용돌이 구름

2021년 11월 29일, 주노 탐사선이 서른여덟 번째로 목성 곁을 가까이 스쳐 지나가면서 목성 구름 표면의 아주 세밀한 모습을 담았다. 사진 가운데에 비스듬하고 길게 찌그러진 짚신벌레 모양의 거대한 구름띠가 소용돌이치고 있다. 그 바로 왼쪽 아래 또 다른 둥근 소용돌이가 있다. 둥근 소용돌이 중심에는 목성 구름 표면 위로 살짝 솟아 있는 하얀 구름 조각들이 보인다. 조금 더 높은 구름의 높이로 인해 그 주변에 태양빛을 가린 그림자가 함께 보인다. 이 거대한 짚신벌레의 길이는 50킬로미터를 넘는다. 지구의 짚신벌레보다 2억 5000만 배는 더 큰 셈이다.

허블 CANDELS 딥필드

앞서 봤던 허블과 제임스 웹의 화려한 딥필드에 비하면 재미없는 사진처럼 보일지 모른다. 하지만 이것은 더 대단한 사진이다. 단순히 우리은하 속 별들을 담은 딥필드가 아니라 우리은하 너머 배경 은하들의 빛을 담은 더 강력한 울트라 딥필드다. 사진 속 깜깜한 배경 우주 사이에 작고 희미한 붉은 반점들이 보이는데, 이것은 극단적인 우주 팽창과 함께 아주 먼 거리에서 날아온 배경 은하들의 빛이다. 빛의 파장이 지구로 날아오는 동안 우주 팽창과 함께 늘어나는 적색편이를 당하면서 훨씬 파장이 길고 붉은빛으로 치우쳐 보인다. 이 희미한 붉은 반점들이 바로 이 사진의 진짜 주인공이다.

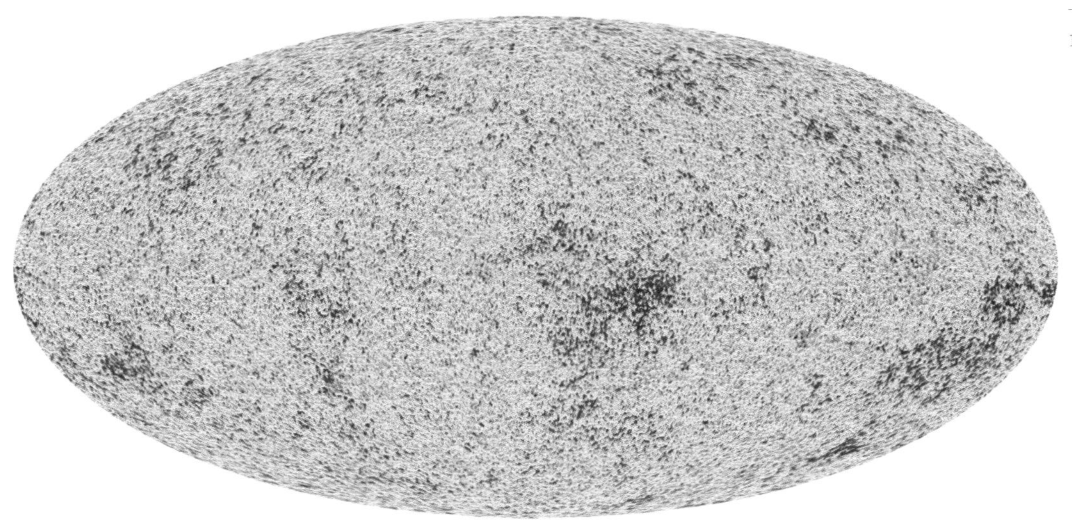

우주배경복사

인류가 볼 수 있는 우주의 가장 먼 과거는 언제일까? 우리는 빛을 통해 우주를 보기 때문에 우리가 볼 수 있는 우주의 가장 먼 과거는 우주에 빛이 존재하기 시작한 순간이다. 빅뱅 직후부터 빛이 존재했을 것 같지만 사실 그렇지 않다. 우주가 탄생하고 약 38만 년 동안은 우주에 빛조차 퍼지지 못했다. 너무나 높은 밀도로 우주가 가득 차 있었기 때문이다. 빅뱅 이후 38만 년이 지나고 우주의 온도가 4000도 아래로 떨어질 무렵이 되어서야 우주는 서서히 개기 시작했다. 이때 우주로 처음 퍼져나간 빛은 지난 138억 년간 우주의 팽창과 함께 긴 파장으로 늘어졌다. 이렇게 우주 전역에 퍼져 남아 있는, 빅뱅 직후 퍼진 빛의 흔적을 '우주배경복사'라고 한다.

이 사진은 플랑크 위성을 통해 우주 전역에서 쏟아지는 미미한 빅뱅의 흔적을 관측한 결과다. 평균 온도에 비해 온도가 살짝 더 높은 영역은 빨간색으로, 온도가 살짝 더 낮은 영역은 파란색으로 표시되어 있다. 온도 차이는 미미하다. 평균보다 10만분의 1도 정도 높거나 낮을 뿐이다. 우주는 거의 완벽에 가깝도록 고르게 온도가 퍼져 있다. 이것은 우주가 한때 아주 뜨거웠으며 우주가 통째로 고르게 팽창해왔음을 보여주는 빅뱅의 가장 강력한 증거다.

막대나선은하
NGC 7496

제임스 웹의 중적외선기기로 관측한 막대나선은하 NGC 7496의 모습이다. 은하 중심에는 막대한 에너지를 토해내며 주변 가스물질을 집어삼키고 있는 초거대 질량 블랙홀이 있어서 사진 속 은하 중심부가 유독 밝게 빛나고 있다. 이런 종류의 은하를 활동성 은하라고 한다. 은하의 소용돌이치는 나선팔을 따라 수많은 어린 별들이 둥글게 모여 탄생하고 있는 어린 성단들을 볼 수 있다. 천문학자들은 이 관측 사진을 분석해 이전까지 알려지지 않았던 새로운 어린 성단 60여 개를 새롭게 발견했다. 은하의 나선팔 사이사이에는 어린 별들이 강력한 항성풍과 폭발을 일으키면서 주변 성간물질을 둥글게 불려내며 생긴 구멍들도 보인다.

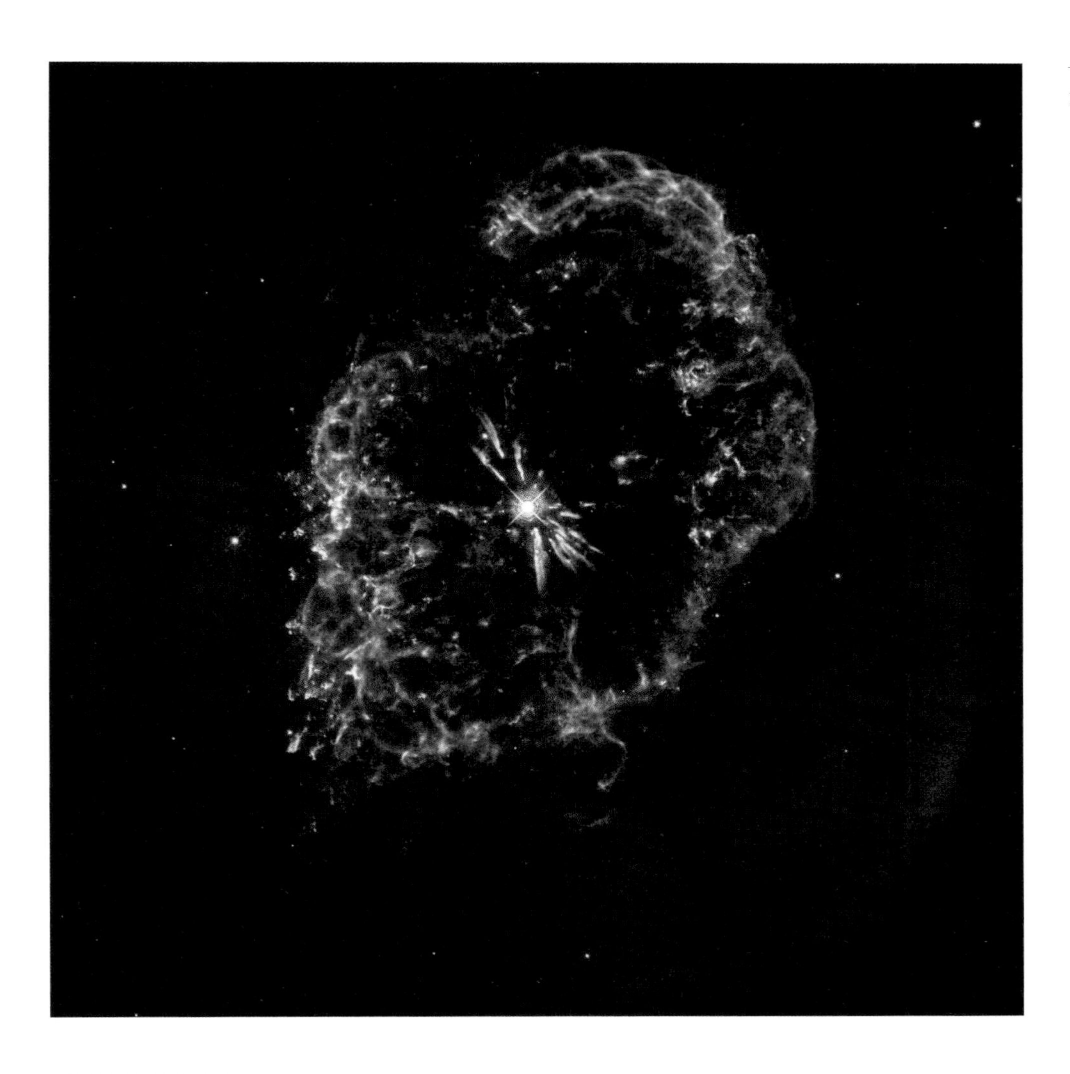

행성상성운 Abell 78

"우리는 모두 별의 순례자이며
단 한 번의 놀이를 위해 이곳에 왔다."

_엘리자베스 퀴블러 로스, 《인생 수업》

추류모프-게라시멘코 혜성에 박혀 있는 피레이 착륙선

2014년 11월 12일, 피레이는 추류모프-게라시멘코 혜성의 절벽 아래 그늘 속에 처박혀버렸고, 오랫동안 신호를 보내오지 않았다. 지구를 떠나 혜성에 도착하기까지 무려 10년을 기다렸건만, 착륙 당일에 벌어진 예상치 못한 사고로 인해 모든 노력이 수포로 돌아가는 듯했다. 그런데 2015년 6월, 뜻밖의 신호가 지구로 날아왔다. 오랫동안 겨울잠에 빠졌던 피레이가 갑자기 긴 잠에서 깨어난 것이다! 혜성이 궤도를 따라 움직이면서 혜성에 비치는 태양빛이 더 밝아지면서 천문학자들은 극적으로 6개월 만에 신호가 닿은 피레이 착륙선으로부터 방대한 데이터를 무사히 받을 수 있었다. 덕분에 인류 최초의 혜성 착륙 미션은 무사히 끝날 수 있었다. 천문학자들은 2016년 9월 30일, 혜성 주변 궤도를 돌던 로제타 탐사선을 혜성 표면에 추락시키며 대장정을 마무리했는데, 마지막으로 이 탐사선은 혜성 표면의 약 2.7킬로미터 거리에서 이 사진을 찍었다. 공룡의 비늘처럼 거친 혜성의 표면이 고스란히 담겼다. 마침 이 사진에는 어둠에 처박혀 있는 피레이도 함께 찍혔다. 오른쪽 중앙 부분에 하얗게 반짝이는 것이 피레이다. 이 사진을 확대하여 천문학자들은 피레이가 정확히 어떤 자세로 처박혔는지, 로봇의 몸통과 발 부분까지 선명하게 파악할 수 있었다.

목성

목성은 두꺼운 대기권 때문에 그 구름 아래 무엇이 있는지 알기 어렵다. 목성 곁을 맴돌거나 스쳐 지나간 많은 탐사선이 있지만 여전히 목성의 구름 속 세계는 미지로 남아 있다. 제임스 웹이 파장이 긴 다양한 적외선으로 목성의 구름 표면 살짝 아래까지 꿰뚫어봤다. 이를 통해 천문학자들은 처음으로 목성의 적도를 따라 고도 40킬로미터에서 대기가 빠르게 흘러가는 제트기류의 존재를 확인했다. 목성의 적도 상공에는 시속 500킬로미터의 빠른 속도로 제트기류가 불고 있다. 목성의 남극과 북극은 선명한 오로라로 영롱하게 빛나고 있다.

아폴로 17호,
지구오름

1972년 12월, 아폴로 17호는 달에 도착했다. 이것은 지금까지 인간이 달에 착륙한 마지막 기록이다. 이때 나머지 두 동료가 달 표면에 발을 디디고 탐사를 진행하는 동안, 로널드 E. 에번스는 혼자서 달 궤도선에 남아 있었다. 그는 달 표면 위로 고도 113킬로미터 높이에서 달 주변을 맴돌았다. 달 주변을 66번째로 맴돌면서 그는 달 지평선 위로 떠오르는 지구를 담았다. 태양빛을 받고 있는 지구의 낮 부분만 밝게 보인다. 초승달처럼 얇은 초승지구가 달 지평선 위로 나타났다. 흔히 이 사진을 지구오름이라고 부르지만, 사실 정확하게는 지구가 직접 위로 떠오른 것은 아니다. 에번스가 타고 있던 궤도선이 빠른 속도로 달 주변을 맴돌고 있었기 때문에, 궤도선에서 봤을 때 아주 느리게 움직이는 지구가 마치 달 지평선 위로 떠오르는 것처럼 보였을 뿐이다.

은하 NGC 6744

우리은하의 진짜 모습은 어떨까? 안타깝게도 우린 거대한 우리은하 안에 갇혀 살고 있기 때문에 그 모습을 밖에 나가서 확인하는 건 불가능하다. 대신 우리은하 바깥 먼 거리에서 보이는 다른 외부은하들의 모습을 통해 우리은하의 모습을 유추할 뿐이다. 이 사진은 갈렉스 우주망원경으로 촬영한 은하 NGC 6744의 모습이다. 이 은하도 크기는 우리은하보다 조금 더 크지만 우리은하와 비슷한 원반은하다. 전체 지름이 17만 5000광년에 달한다. 이 은하는 나선팔의 모양도 우리은하와 비슷하다. 우리은하 곁에는 두 개의 크고 작은 마젤란은하가 위성은하로 떠돌고 있는데, 사진 속 은하 NGC 6744의 오른쪽 윗부분에 있는 나선팔에 마젤란은하와 같은 작은 위성은하가 겹쳐 있다.

크리스마스트리
은하단 MACS 0416

우주망원경의 대스타 허블과 제임스 웹이 만났다. 이 사진은 은하단 MACS0416을 각각 허블과 제임스 웹으로 관측한 데이터를 모아서 만든 결과다. 허블은 가시광 영역에서, 제임스 웹은 적외선 영역에서 관측했다. 관측하는 빛의 파장 범위가 다른 두 우주망원경의 데이터를 한 장의 사진으로 합치기 위해 천문학자들은 파장이 긴 빛은 빨갛게, 파장이 짧은 빛은 파랗게, 그 중간의 빛은 녹색으로 표현했다. 이후 모든 파장의 빛을 합친 결과 이 사진처럼 알록달록한 모습이 완성되었다. 사진 속에서 파랗게 빛나는 천체들은 가장 가까운 거리에 놓인 은하들, 또는 아주 활발하게 별이 탄생하고 있는 은하들이다. 사진 속 길게 왜곡된 모습으로 보이는 붉은 은하들은 훨씬 먼 거리에 놓인 배경 은하들이 중력렌즈 현상으로 왜곡된 모습이다. 파란색, 빨간색, 그리고 노란색의 빛이 한데 어우러져 마치 크리스마스 조명을 연상시킨다. 천문학자들은 이 사진을 보고 크리스마스트리 은하단이라는 별명을 지어주었다. 연말에 아주 잘 어울리는 우주 풍경이다.

은하 IC 1623

제임스 웹이 바라본 또 다른 충돌 중인 두 은하의 현장이다. 고래자리 방향으로 약 2억 7000만 광년 거리에 떨어진 IC 1623에서 두 나선은하가 반죽되고 있다. 위아래 푸르게 빛나는 두 은하의 나선팔이 희미하게 보인다. 두 은하의 충돌면 사이에서 순식간에 반죽되며 새로운 별이 태어나고 있는 가스 구름도 붉게 빛나고 있다. 특히 아래쪽 은하 중심에 있는 초거대 질량 블랙홀이 위쪽에서 접근하는 다른 은하의 가스물질을 빠르게 집어삼키고 있다. 주변 물질을 게걸스럽게 먹고 있는 블랙홀은 다시 강력한 에너지를 방출하며 주변 가스물질을 뜨겁게 달군다. 달궈진 가스물질은 제임스 웹이 관측하는 적외선 영역에서 밝게 빛난다. 은하 중심부 주변에 밝은 회절무늬가 퍼져나가고 있다.

나선은하 IC 5332

"유령에게 사로잡히는 데는 방이나 집이 필요 없다.
우리의 머릿속은 이미 꼬불꼬불한 복도로 꽉 차 있다."

_에밀리 디킨슨(시인)

나선은하 IC 5332의 원반 곳곳에 구멍이 뚫려 있다. 은하 원반 위에서 오래전 폭발한 초신성이 주변 가스물질을 불어내며 남긴 상처들이다.

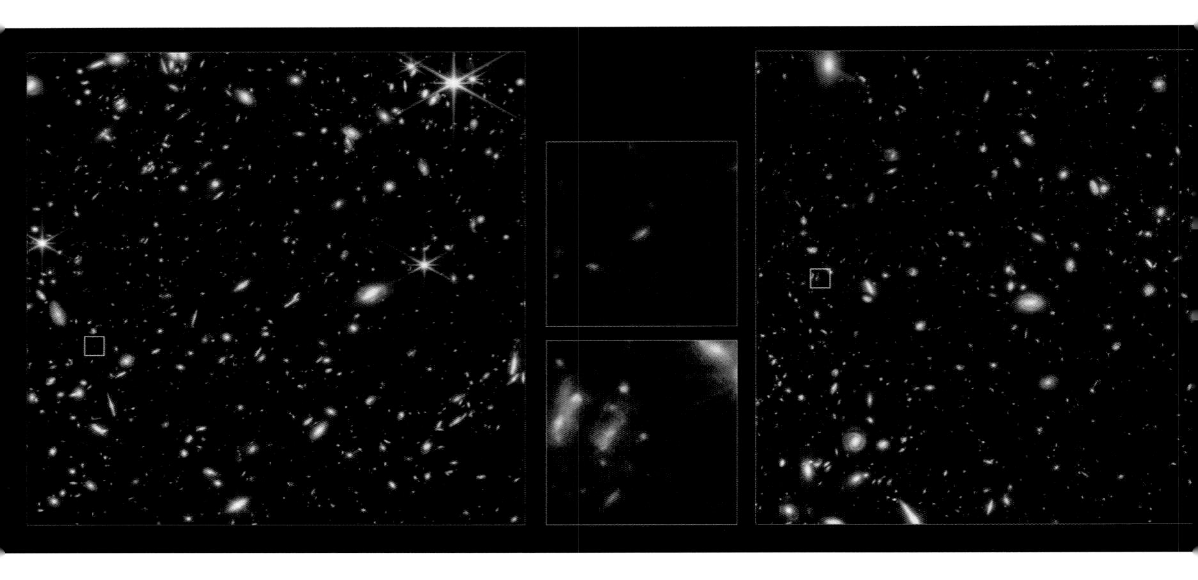

12월
11일

은하단 Abell 2744

제임스 웹으로 볼 수 있는 가장 먼 우주의 과거는 언제일까? 이 사진은 판도라은하단 쪽 하늘을 바라보며 제임스 웹으로 완성한 딥필드다. 까만 배경 우주 곳곳에는 초기 우주의 모습을 간직한 원시은하들의 흐릿한 빛이 숨어 있다. 사진에 표시된 원시은하들은 각각 우주의 나이가 4억 5000만 년, 3억 5000만 년밖에 안 되었을 때 존재한 은하들이다. 현재 우주의 나이가 138억 년이라는 것을 생각해보면, 우주의 나이가 지금의 2~3퍼센트밖에 안 되었을 때 모습이라는 뜻이다. 대략 100년을 사는 사람으로 치환한다면 2~3살일 때의 어린 시절의 모습이라 할 수 있겠다. 응애!

말머리성운

체스는 인류가 오랫동안 즐겨온 보드게임 중 하나다. 체스 말 중에는 말을 탄 전사인 기사를 의미하는 나이트가 있다. '나이트'라는 말은 고대 영어에서 소년과 하인을 의미하는 단어 '크니히트'에서 유래했다. 체스판의 나이트는 충성심, 기사도 정신, 그리고 돈키호테처럼 말을 탄 중세 기사의 허영과 낭만적 이상을 상징한다. 우주에는 체스판 위의 나이트를 거대한 크기로 본떠 만든 것처럼 보이는 먼지구름이 떠 있다(4월 23일 참고). 유클리드 우주망원경으로 높은 밀도로 반죽되며 어린 별들이 한창 새롭게 태어나고 있는 말머리성운을 겨냥했다.

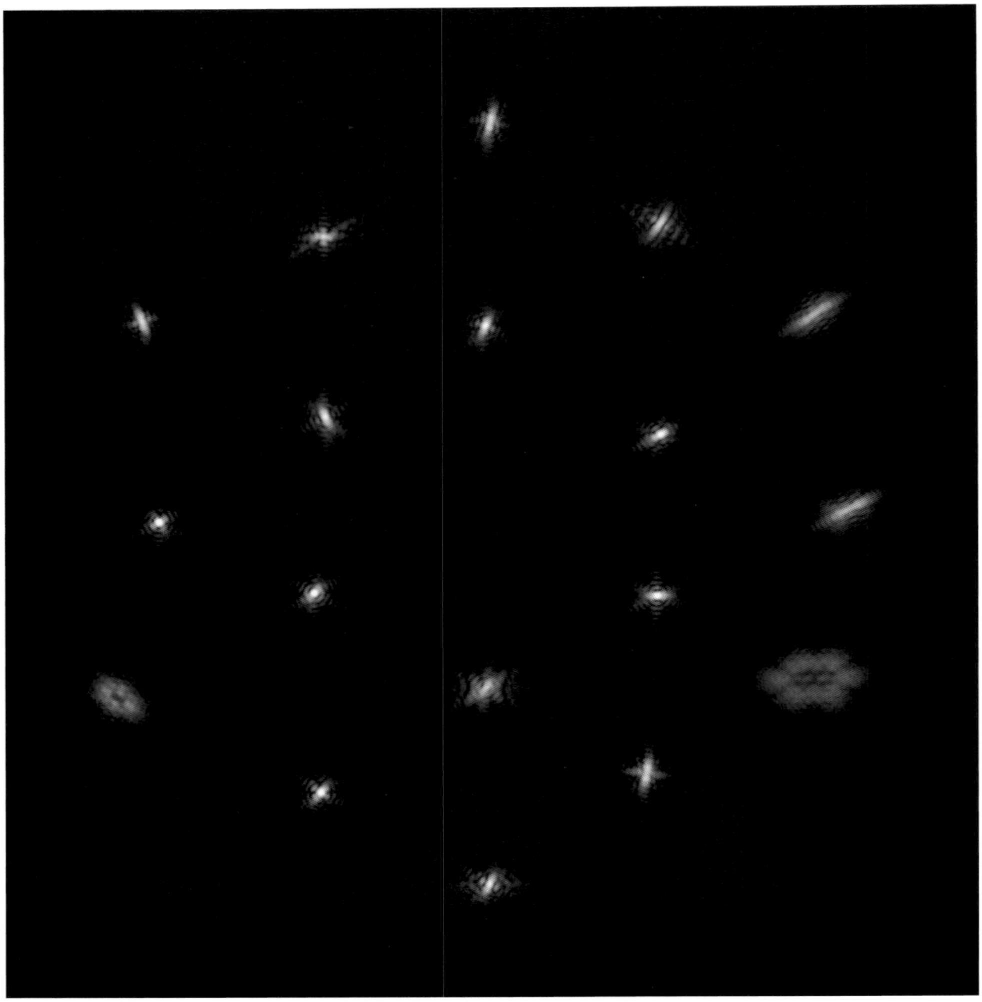

제임스 웹의
테스트 컷
별 HD 84406

크기와 모양이 다양한 눈송이 18개가 보인다. 이것은 제임스 웹이 L2 궤도에 안착한 직후 처음으로 별빛을 받아 촬영한 모습이다. 제임스 웹의 거울은 작은 육각형 모양의 조각거울 18개로 이루어져 있다. 통째로 단일 경으로 만들면 비좁은 로켓 안에 집어넣을 수 없기 때문이다. 18개나 되는 각각의 조각거울을 완벽하게 정렬하고 각 거울의 초점을 하나의 초점으로 모아야만 제임스 웹은 우주를 볼 수 있다. 이 사진은 제임스 웹의 거울을 정렬하기 전, 아직 각 조각거울의 초점이 맞춰지지 않은 상태에서 찍은 모습이다. 2022년 2월 2일, 제임스 웹은 거울의 정렬 상태를 조절하기 위해 초점을 맞출 첫 번째 타깃으로 북두칠성 근처에서 밝게 빛나는 별 HD 84406을 골랐다. 주변에 비슷한 밝기로 빛나는 별이 없기 때문에 아직 초점이 정렬되지 않은 채로 별을 찍었을 때 타깃을 제대로 보고 있는지 잘 확인할 수 있기 때문이다.

이 사진이 바로 제임스 웹의 거울을 통해 처음 들어온 최초의 별빛이었다. 하지만 아직 거울의 초점이 정확하게 맞춰져 있지 않았기 때문에 제임스 웹은 시야를 조금씩 돌려가면서 타깃 별을 찾아야 했다. 그래서 제임스 웹의 근적외선카메라에 들어간 열 가지 검출기는 156번이나 방향을 틀면서 총 1560장의 사진을 찍었고 총 54기가바이트의 데이터를 관측했다. 초점면에서 멀리 벗어나 들어오는 별빛까지 모두 담기 위해 제임스 웹은 무려 20억 픽셀이나 되는 아주 거대한 이미지를 찍어야 했다. 이 사진은 각 조각거울의 방향과 각도를 올바르게 정렬한 직후에 찍은 인증샷이다. 하지만 아직 거울의 곡률까지는 조절하지 않아 각 조각거울에 반사된 별빛이 작은 한 점으로 보이지 않고 다양한 크기와 모양으로 퍼져 있다. 각 조각거울의 곡률을 완벽하게 맞추고 난 후 거울에 반사된 별빛의 이미지가 같아졌다. 그 순간 비로소 제임스 웹은 18개의 조각거울이 한데 모여 하나의 거대한 거울을 이루는 진짜 우주망원경이 되었다.

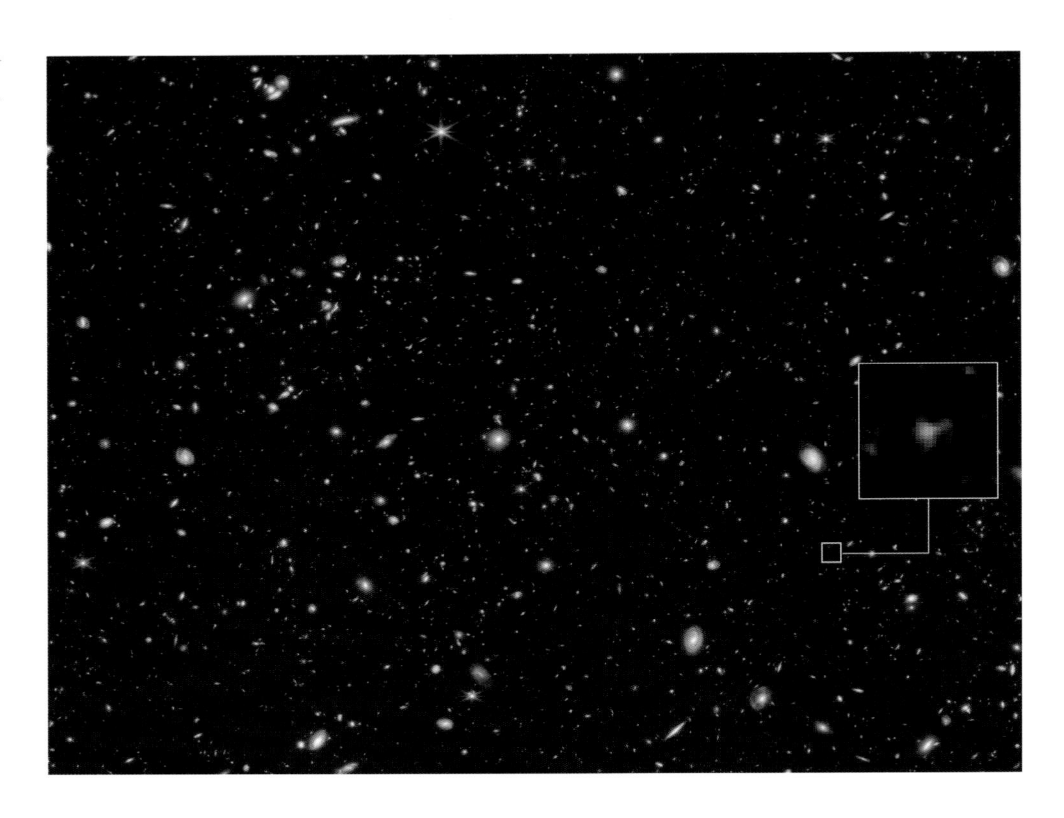

은하 JADES-GS-z6

제임스 웹의 시대가 시작되면서 인류가 얻게 된 중요한 교훈은 우주의 과거가 예상보다 훨씬 성숙한 모습이었다는 것이다. 제임스 웹이 올라가기 전까지 천문학자들은 빅뱅 직후 2~3억 년밖에 지나지 않은 초기에는 뚜렷한 형체를 보이는 은하도, 성단도 존재하지 못했을 거라 생각했다. 그리고 이런 별들이 만들었을 복잡한 분자들 역시 찾지 못할 거라 생각했다. 하지만 제임스 웹은 우리의 예상을 뒤집는 놀라운 풍경을 보여준다.

제임스 웹으로 완성한 딥필드 속에서 발견한 먼 은하 JADES-GS-z6이다. 천문학자들은 이 은하에서 탄소를 기반으로 복잡하게 얽힌 방향족 원소의 존재를 확인했는데, 이것은 탄소를 비롯한 많은 수의 원자가 있어야 조합될 수 있는 성분이다. 이처럼 복잡한 성분이 초기 우주 때부터 존재했다는 것은 다른 다양하고 무거운 화학성분들 역시 일찍이 우주에 존재하고 있었다는 것을 암시한다.

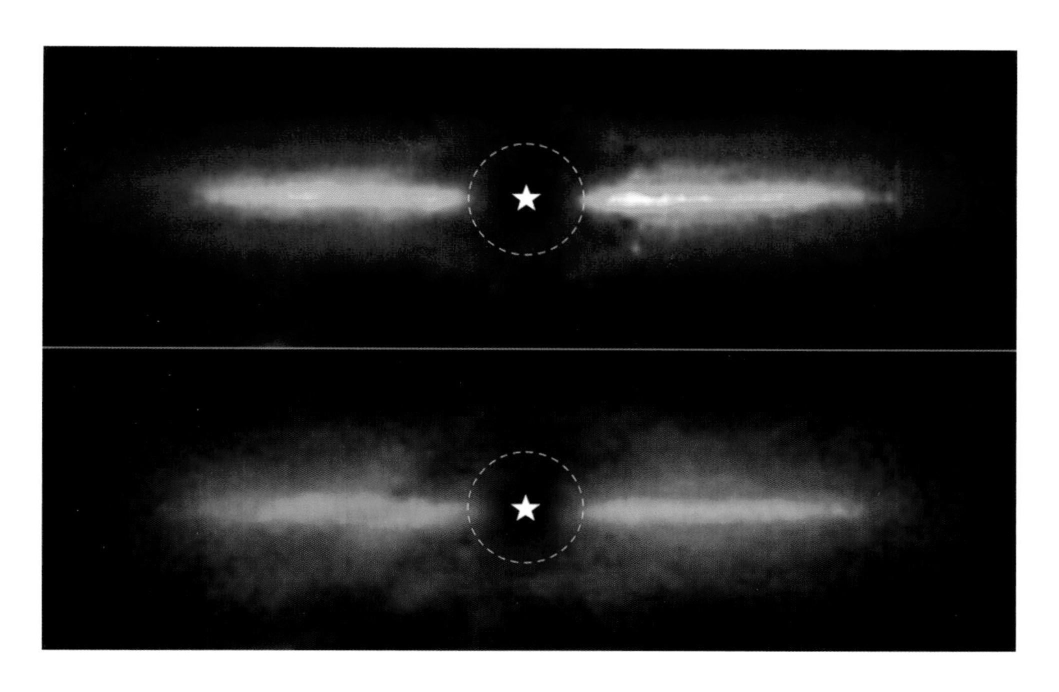

현미경자리 AU 별

제임스 웹의 근적외선카메라를 통해 32광년 거리에 떨어진 별 현미경자리 AU를 바라봤다. 제임스 웹에는 밝은 별빛만 살짝 가려주는 가림막 장치인 코로나그래프가 있다. 일식이 벌어질 때 태양 앞으로 달이 가리면서 태양 표면의 흐릿하고 디테일한 모습을 볼 수 있듯이, 코로나그래프를 활용하면 밝은 별빛에 파묻혀 있는 주변의 흐릿한 구조를 더 쉽게 볼 수 있다. 제임스 웹은 이 장치를 이용해 현미경자리 AU 별 주변에서 넓게 퍼진 먼지원반의 모습을 확인했다. 사진은 지름 90억 킬로미터의 크기로 펼쳐진 별 주변 먼지원반을 옆에서 바라본 모습이다. 하지만 아직 이 먼지원반 속에서는 목성이나 토성처럼 별 곁을 맴도는 덩치 큰 행성의 존재가 확인되지는 않았다.

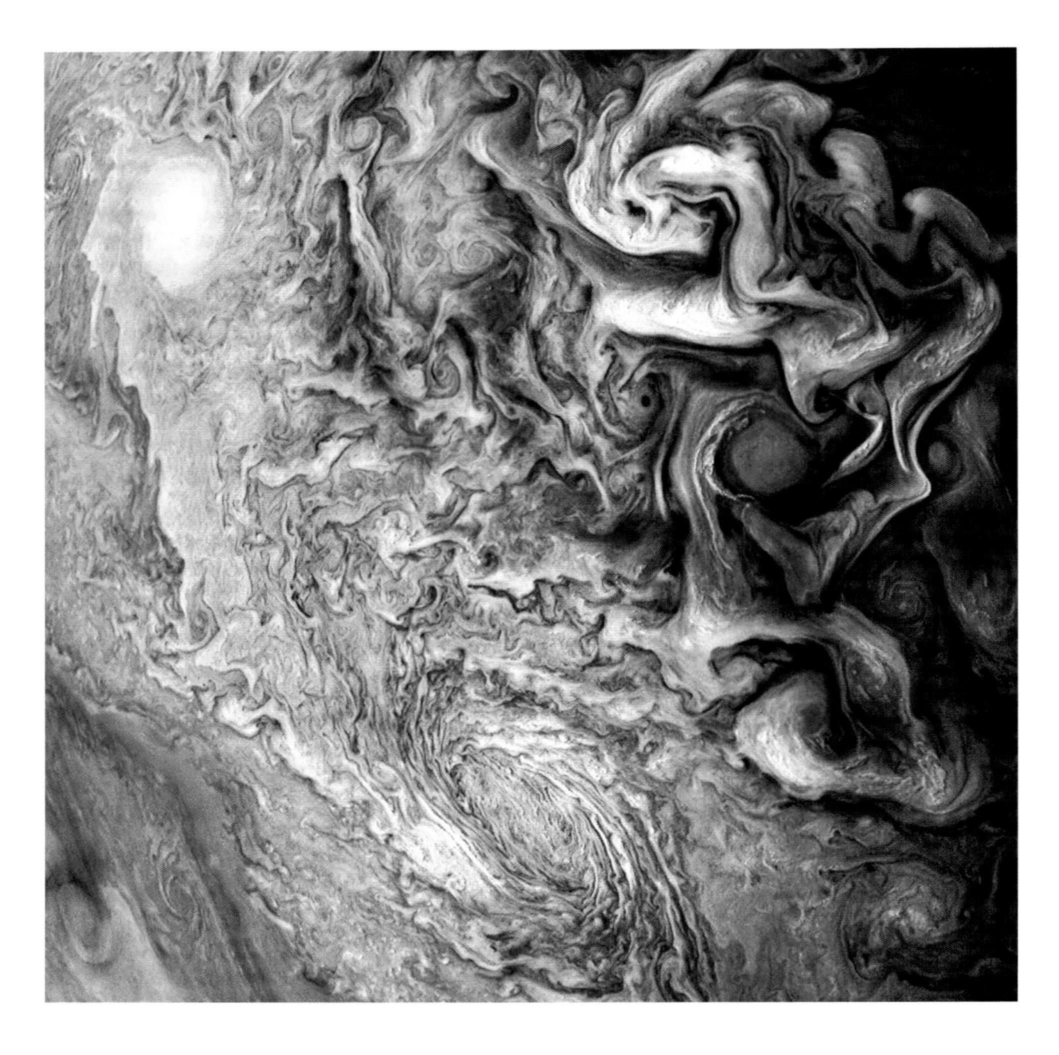

목성의 구름 표면

목성이 화가라면 아마 유화 작가일 것이다. 2017년 12월 16일, 주노 탐사선이 이 사진을 찍던 순간 주노는 목성 구름 표면으로부터 겨우 1만 5000킬로미터 거리에 있었다. 이는 우리 지구의 지름보다 살짝 긴 거리다. 목성의 북반구 위에서 아름답게 휘몰아치는 알록달록한 소용돌이와 구름 띠의 모습이 한 편의 아름다운 유화 같은 장면을 만들어냈다. 대체 무엇이 목성 구름의 알록달록한 색깔을 만들어내는지 그 정체는 아직 밝혀지지 않았다. 다만 상대적으로 밝은 색깔의 구름은 대체로 기체 암모니아와 물로 이뤄져 있다고 추정한다. 주노는 목성 표면 위에 태양빛이 비치는 낮 부분과 태양빛이 비치지 않는 밤 부분의 경계에 해당하는 터미네이터 주변을 바라봤다. 사진의 오른쪽 위로 갈수록 태양을 등진 밤 쪽이기 때문에 점점 색감이 어두워진다.

스피처 우주망원경과 제임스 웹의 분해능 비교

흔히 제임스 웹의 성능을 허블 우주망원경과 비교하곤 한다. 사실 허블과 제임스 웹을 직접 비교하는 건 적절치 않다. 망원경의 성능은 얼마나 가까이 붙어 있는 것까지 잘 구분해서 볼 수 있는지, 즉 분해능으로 이야기할 수 있다. 망원경의 분해능은 관측하는 빛의 파장과 망원경의 거울 크기 두 가지로 결정된다. 관측하는 빛의 파장이 짧을수록, 망원경 거울이 클수록 더 미세한 차이까지 선명하게 구분해서 볼 수 있다. 허블은 가시광선과 자외선에 걸친 빛으로 우주를 관측하지만, 제임스 웹은 그보다 파장이 훨씬 긴 적외선으로 우주를 본다. 따라서 관측하는 빛의 종류가 다른 두 망원경을 같은 기준으로 비교하는 건 적절치 않다. 더 공정한 비교를 위해서는 제임스 웹처럼 적외선으로 우주를 보는 다른 망원경과 비교하는 것이 좋다. 예를 들어 스피처 우주망원경이 있다. 이 사진은 동일한 방향의 별과 성운을 스피처와 제임스 웹으로 촬영한 것을 비교한 사진이다. 보라, 압도적인 성능으로 선배 망원경을 뛰어넘고 있는 제임스 웹의 당돌한 결과물을!

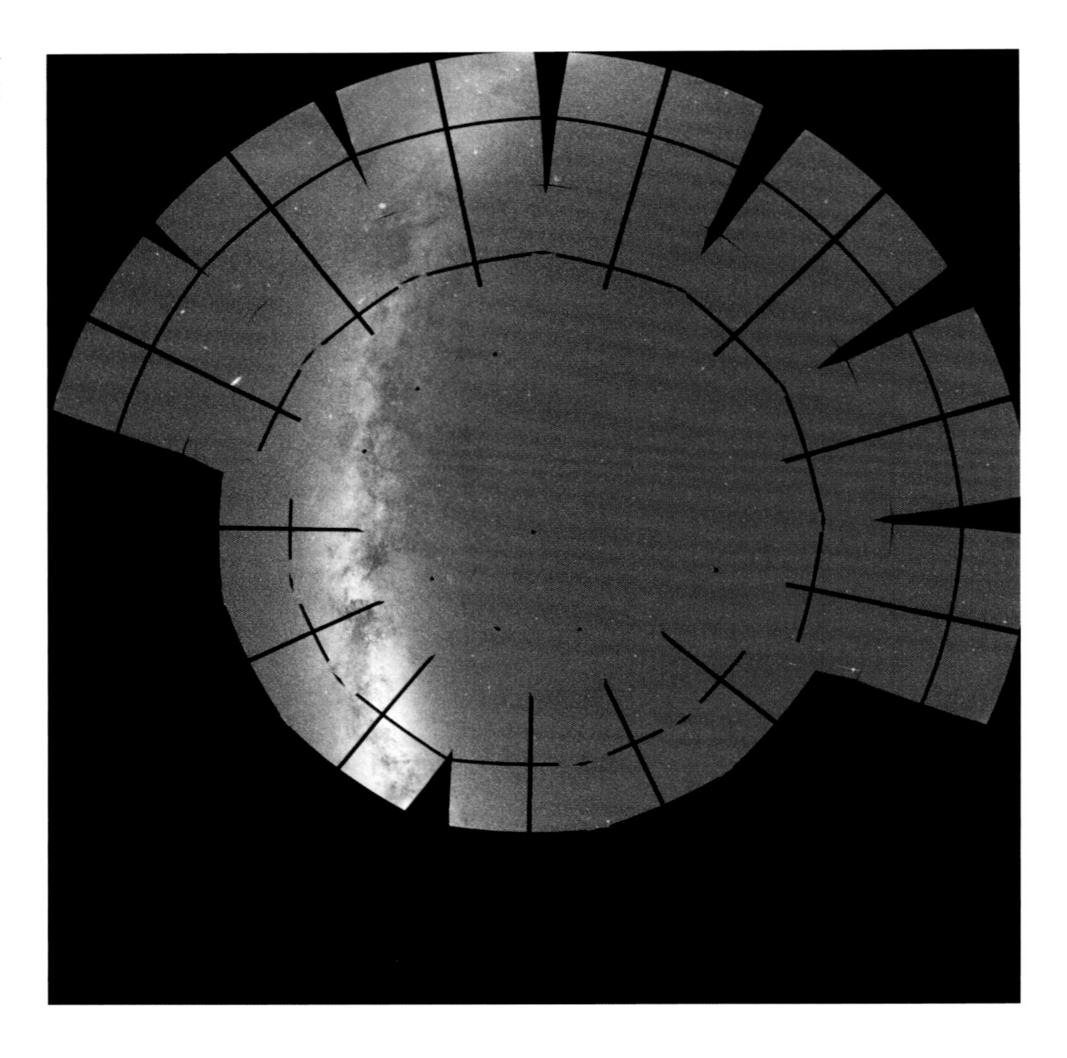

북반구 하늘의
은하수와
안드로메다은하

태양계 바깥 외계행성을 찾고 있는 NASA의 테스 우주망원경으로 관측한 북반구 하늘이다. 우주망원경이 발사된 지 2년째가 되는 2020년에 총 208장의 사진을 통해 13개의 구획으로 구분된 북반구 하늘을 담았다. 사진 속 왼쪽에서 길게 흘러가는 밝은 띠는 우리은하의 은하수다. 그 왼쪽에 작게 보이는 둥근 천체는 250만 광년 거리에 떨어진 안드로메다은하다.

막대나선은하
NGC 1433

은하가 또 다른 은하를 품고 있다! 은하 버전의 마트료시카(러시아의 전통 인형)인 것인가! 제임스 웹은 460만 광년 거리에 떨어진 막대나선은하 NGC 1433을 바라봤다. 은하 중심에서 외곽으로 가장 뚜렷한 두 개의 나선팔이 양쪽으로 뻗어나가고, 그 사이에 수많은 흐릿한 나선팔들이 함께 휘감겨 있다. 나선팔을 따라 어린 별들이 계속 탄생하고 있다. 놀랍게도 은하의 중심을 보면 마치 또 다른 작은 은하가 있는 것처럼 보인다. 이것은 은하 중심 막대구조 주변에서 나선팔이 아주 강하게 휘감기면서 만들어진 구조다. 나선팔은 은하 중심으로 갈수록 더 큰 각도로 말려들어가는데, 특히 막대구조를 따라 높은 밀도의 가스가 중심에 유입되면서 완벽하게 둥근 또 다른 가스물질의 고리가 완성되었다. 은하 가장자리의 거대한 고리와 안쪽의 작은 고리가 만나 NGC 1433은 독특한 두 개의 고리를 보여준다.

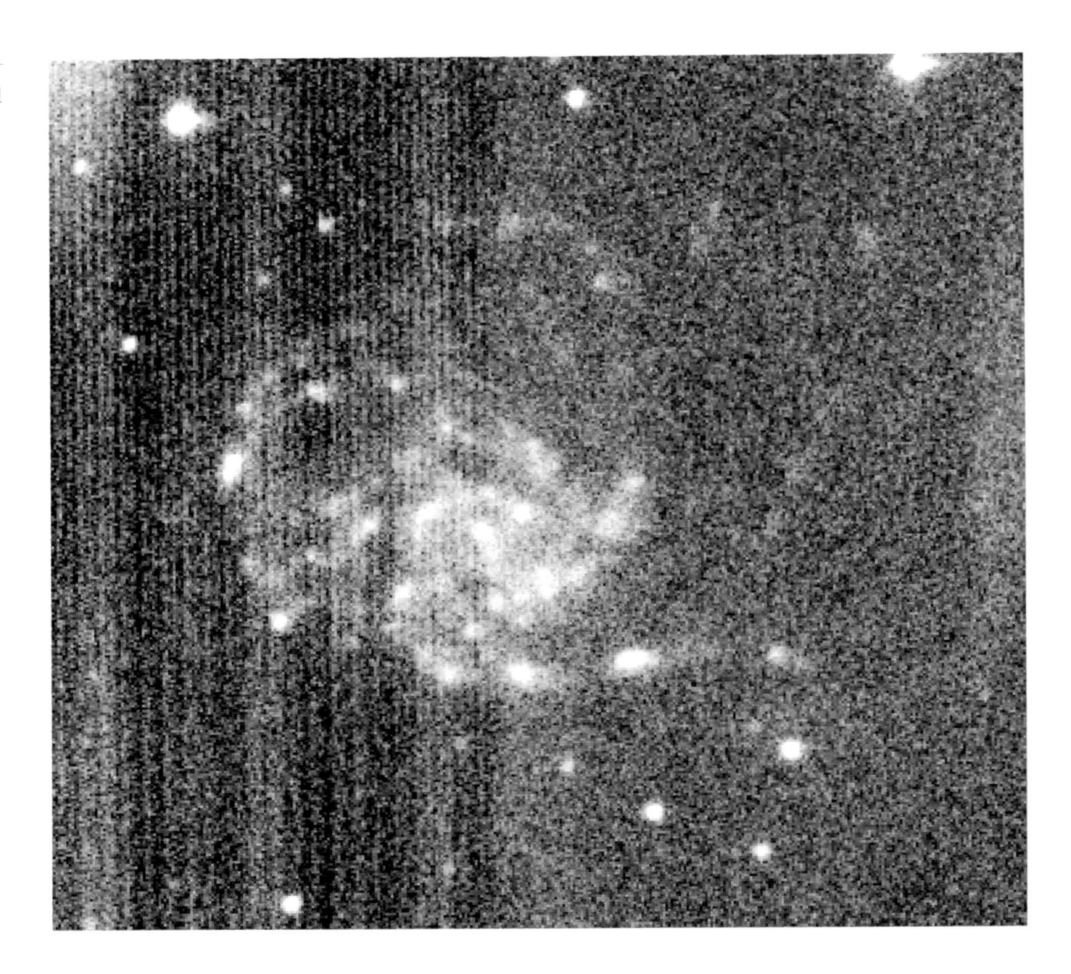

바람개비은하 M101

2014년 12월, 달 표면에 착륙했던 중국의 달 탐사선 창어 3호는 달에서 아주 특별한 사진을 찍었다. 당연히 달 표면의 돌멩이 사진을 찍었을 것 같지만 탐사선의 카메라는 달 표면이 아닌 하늘을 향했다. 심지어 태양계를 벗어난 먼 우주에서 날아오는 빛을 담았다. 카메라에 담긴 빛은 큰곰자리 방향의 한 천체에서 2100만 년 전에 날아온 빛이었다. 탐사선은 회색빛의 우주 속에서 흐릿하게 소용돌이치는 이상한 형체를 담았는데, 그것은 바로 아름답게 휘몰아치고 있는 바람개비은하 M101이었다. 놀랍게도 지구 위가 아닌 달 표면에서 태양계 바깥의 먼 은하의 모습을 찍은 것이다. 비록 탐사선의 작은 카메라로 찍었기 때문에 화질은 그리 좋지 않았지만 이것은 머지않아 달에 직접 천문대를 짓고 우주를 관측할 가능성을 보여주었다.

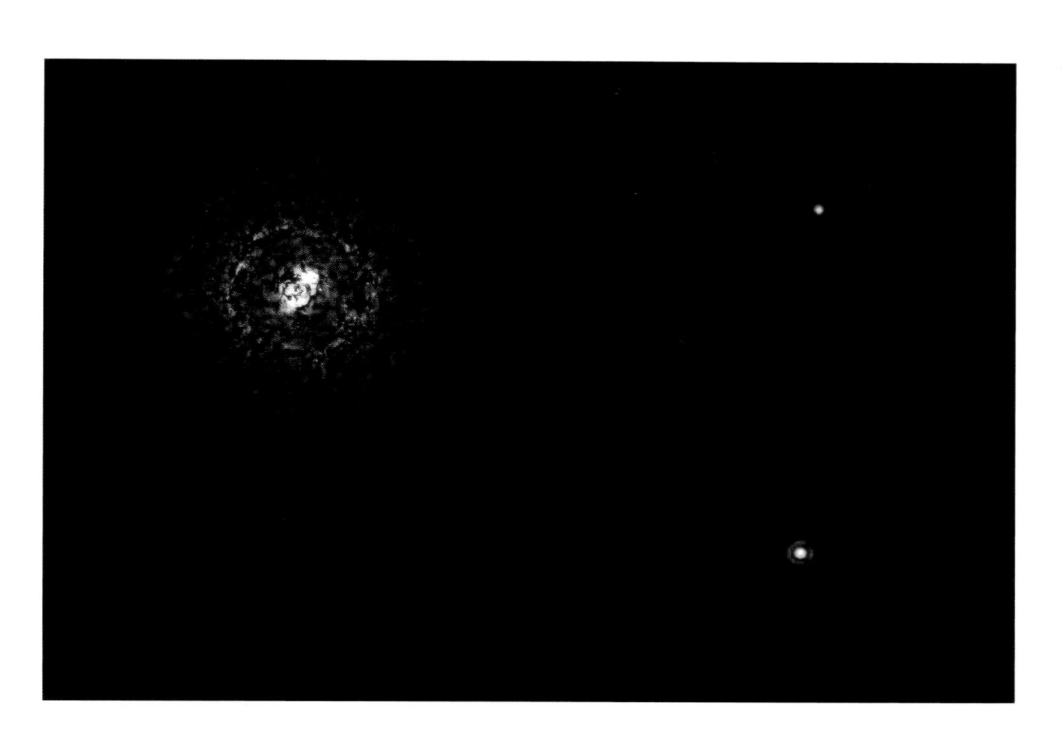

프록시마
센타우리 b 별

〈스타워즈〉의 주인공 루크 스카이워커는 지평선 위로 두 개의 태양이 저무는 곳에서 살고 있다. 실제로 머리 위로 태양이 하나가 아니라 두 개가 뜨고 지는 세계가 있다. 센타우루스자리 방향으로 그리 멀지 않은 거리에 두 개의 무거운 별이 함께 서로의 곁을 맴도는 프록시마 센타우리 b가 있는데, 그 곁을 맴도는 외계행성도 하나 발견되었다. 사진 속 오른쪽 아래에 찍힌 작은 점이 바로 외계행성이다. 두 개의 태양을 거느린 이 행성 위로 석양이 질 때면 그림자도 두 개가 그려질 것이다. 어쩌면 〈스타워즈〉는 단순히 감독의 상상력에 기반한 SF가 아닌 잊힌 우주의 역사를 남몰래 기록한 역사극이었을지도 모른다.

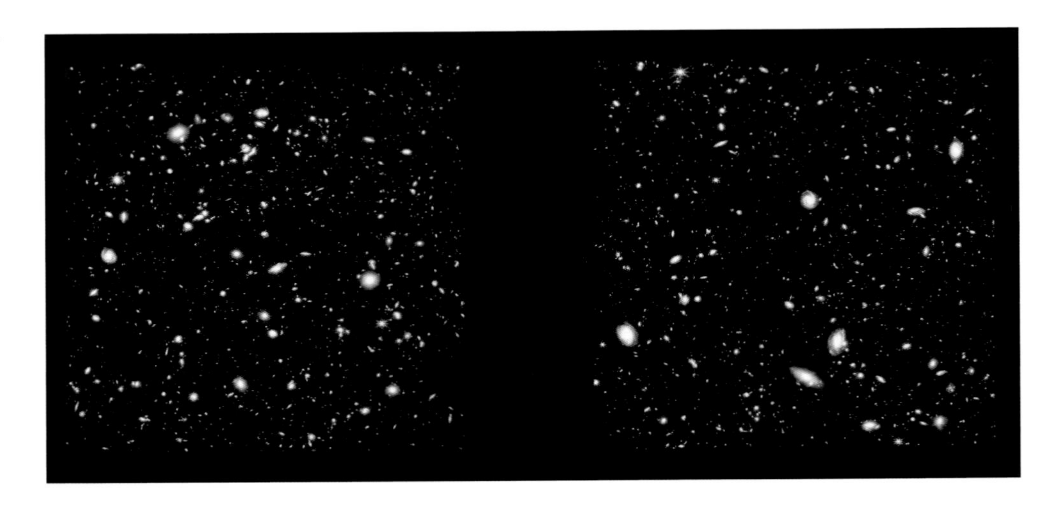

허블 울트라 딥필드

1995년 당시 허블 우주망원경 팀을 맡고 있던 천문학자 로버트 윌리엄스는 흥미로운 아이디어 한 가지를 제안했다. 허블을 아무것도 보이지 않는 텅 빈 깜깜한 하늘에 겨냥해보자고 한 것이다. 천문학자들이 앞다퉈서 사용하려고 대기하고 있는 하루 평균 100만달러의 가장 비싼 망원경으로 아무것도 없는 텅 빈 하늘을 보자는 제안은 받아들여지기 어려웠을 것이다. 대부분 정신나간 짓이라고 생각했다. 하지만 그의 오랜 설득 끝에 천문학자들도 쉬는 크리스마스 연휴에 관측이 진행되었다. 그는 허블로 약 10일간 큰곰자리 주변의 텅 빈 작은 하늘을 바라봤다. 총 342장의 사진을 모아 100시간 가까운 노출의 효과를 얻었다. 그리고 그 결과는 충격적이었다. 아무것도 없을 줄 알았던 작은 하늘 속에서 5000개가 넘는 은하들이 드러났다. 우주의 끝이라 생각했던 세계는 그 너머의 또 다른 우주로 나아가는 관문일 뿐이었다. 이 놀라운 관측 이후 좁은 하늘을 오랫동안 겨냥하고 빛을 모아 관측하는 딥필드 관측이 천문학의 오랜 전통이 되었다. 이후 제임스 웹도 허블의 뒤를 이어 다양한 방향의 하늘을 보며 딥필드 관측을 하며, 허블조차 볼 수 없던 더 멀리 있는 흐릿한 은하들도 새롭게 포착했다

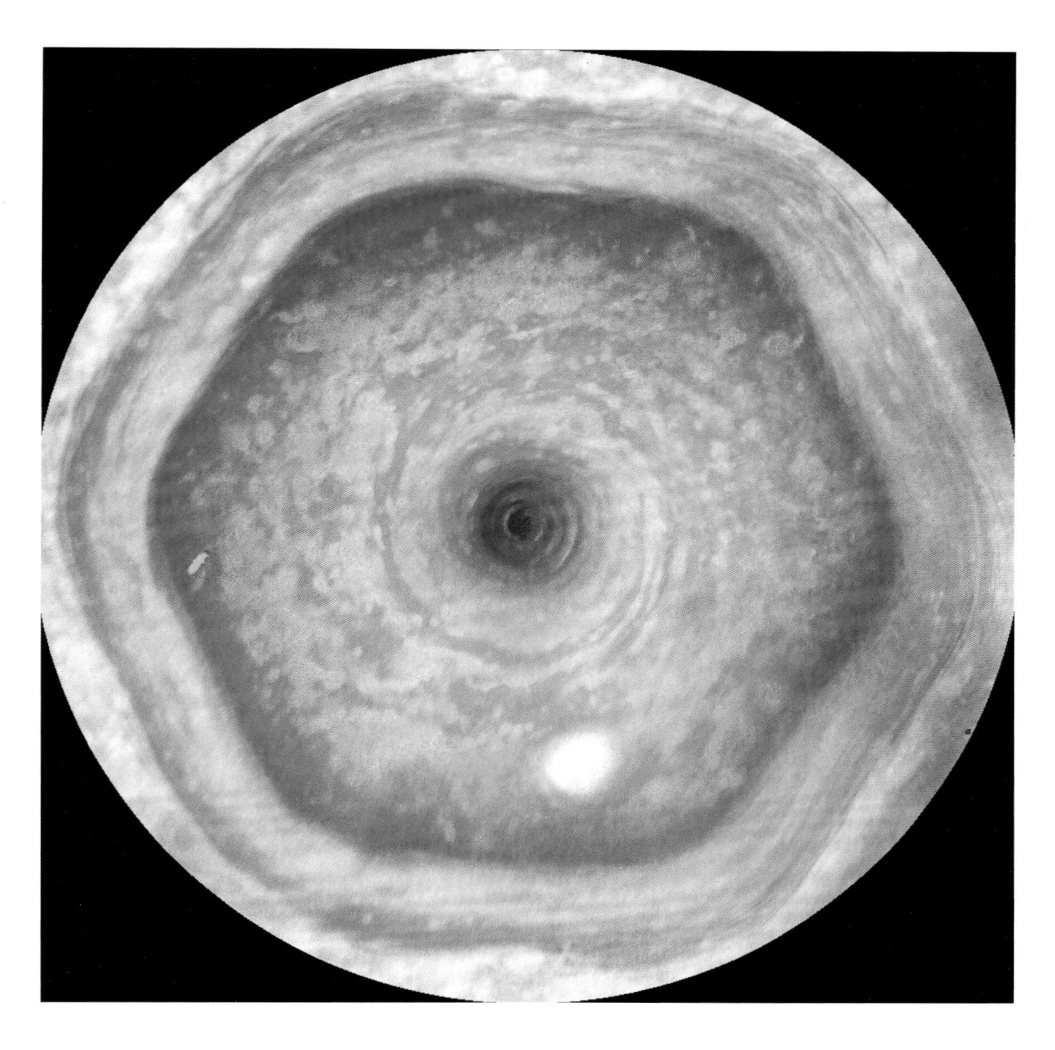

토성의 북극 태풍 모습

지구에서의 태풍은 둥글게 휘감긴 나선을 그린다. 하지만 토성에서는 전혀 색다른 태풍을 만날 수 있다. 정확히 토성의 북극을 중심으로 빠르게 흐르는 토성의 대기 흐름 속에서는 육각형 모양으로 각진 독특한 구름 패턴이 발견된다. 지구에서의 태풍과 마찬가지로 토성의 태풍 한가운데에도 뚜렷한 태풍의 눈이 보인다. 다만 이 태풍의 눈은 지구에서보다 50배 더 크다.

지구와 제임스 웹 우주망원경

2022년 12월 25일, 크리스마스 선물처럼 제임스 웹은 아리안 5 로켓을 타고 무사히 지구를 떠났다. 발사 이후 30분 뒤 제임스 웹은 로켓 추진체로부터 최종 분리되었다. 그 순간 로켓에 탑재되어 있던 카메라로 제임스 웹이 분리되는 순간을 포착했다. 멀리 태양빛을 받아 밝게 보이는 지구를 배경으로 제임스 웹이 떠나갔다. 제임스 웹은 로켓에서 최종 분리되면서 인간의 손길을 완전히 벗어났고, 이후 접어두었던 태양광 패널을 펼치기 시작했다. 왼쪽 아래 방향으로 조금씩 펼쳐지는 태양광 패널에도 태양빛이 밝게 비쳤다. 천천히 어둠 속으로 떠나가는 제임스 웹의 마지막 모습을 바라보며 천문학자들은 부디 남은 여정도 잘 이어가기를 기원했다. 이후의 모든 여정은 이제 순전히 제임스 웹 스스로에 달려 있었다.

크리스마스트리성운

매년 크리스마스가 되면 천문학자들은 외뿔소자리 방향의 하늘을 바라본다. 이곳에 아주 거대한 우주의 크리스마스트리와 불빛 장식이 걸려 있기 때문이다. 사진 아래쪽을 보면 높이 솟은 원뿔 모양의 먼지기둥이 보인다. 그리고 그 꼭대기에 푸른 별도 걸쳐 있다. 작은 크리스마스트리 위에 별 모양의 조명이 장식된 듯한 오묘한 장면이다. 여기에는 더 거대한 진짜 크리스마스트리가 숨어 있다. 사진을 거꾸로 뒤집어보자. 그 가장 밝은 파란 별 아래로 기다란 삼각형 모양으로 별이 연결되면서 나무의 실루엣을 따라 불빛이 장식되어 있는 거대한 크리스마스트리가 드러난다. 메리 크리스마스!

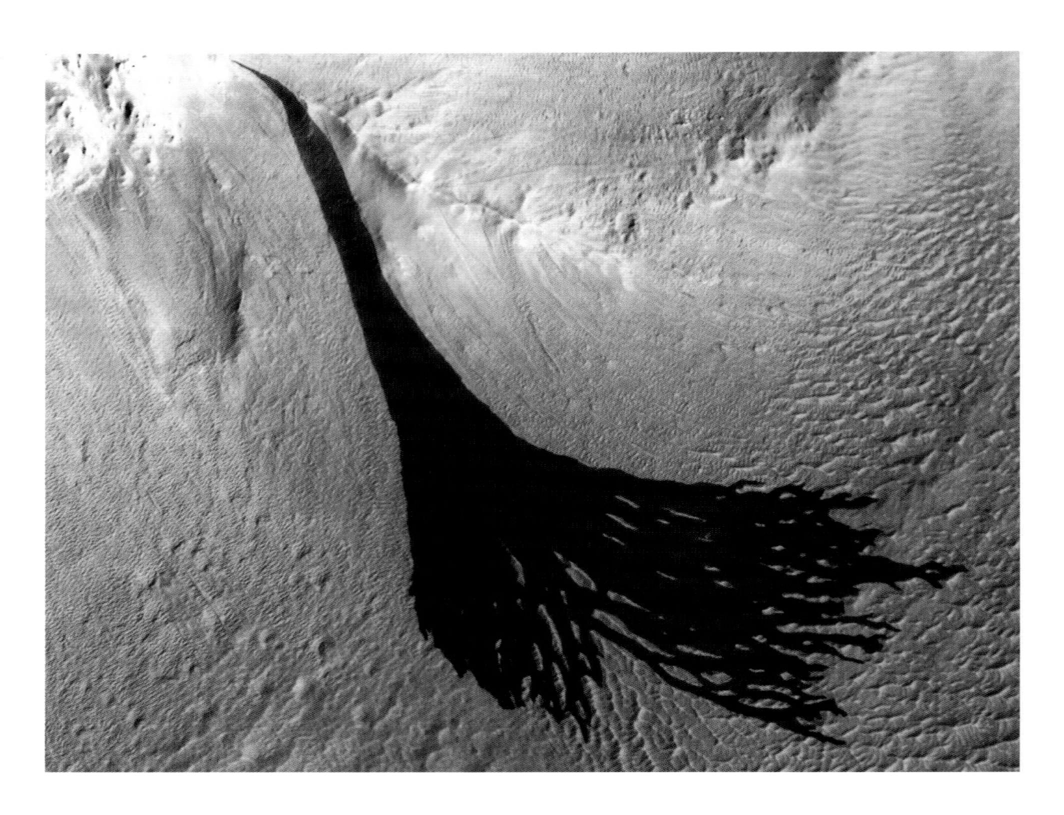

화성의 슬로프 스트리크slope streaks

화성에 살고 있는 거인의 검은 드레스가 화성 언덕 위에 널브러져 있다. 2017년 12월 26일, 화성 곁을 돌고 있던 화성정찰궤도선은 고해상도이미지실험 카메라를 통해 크리스마스 다음 날 화성 표면 위에서 격렬했던 크리스마스 파티의 흔적을 포착했다. 화성의 경사면을 따라 주변에 비해 비교적 태양빛을 덜 반사하는 어두운 물질이 한꺼번에 흘러내려오면서 거대한 산사태가 벌어졌다. 이러한 검은 흔적은 특히 흰 눈과 모래로 덮인 화성 표면에서 쉽게 볼 수 있는데, 흥미롭게도 이러한 검은 흔적 대부분은 화성의 기압 조건에서, 삼중점(물이 고체, 액체, 그리고 기체 세 가지 상태에 모두 존재할 수 있는 점)에 해당하는 섭씨 2도인 지역 주변에서 많이 발견된다. 천문학자들은 화성에서 볼 수 있는 검은 산사태 대부분이 물이 풍부했던 화성의 과거 환경과 연관되어 있을 것으로 추정한다.

제임스 웹
우주망원경의 발사

2022년 12월 25일, 모두의 꿈을 안고 제임스 웹은 지구를 떠났다. 제임스 웹은 아리안 5 로켓에 실린 채 프랑스령 기아나에 있는 유럽우주센터에서 힘차게 솟아올랐다. 하늘은 구름이 잔뜩 낀 흐린 날씨였지만, 다행히 아리안 5는 예정 궤도를 따라 무사히 지구를 떠났다.

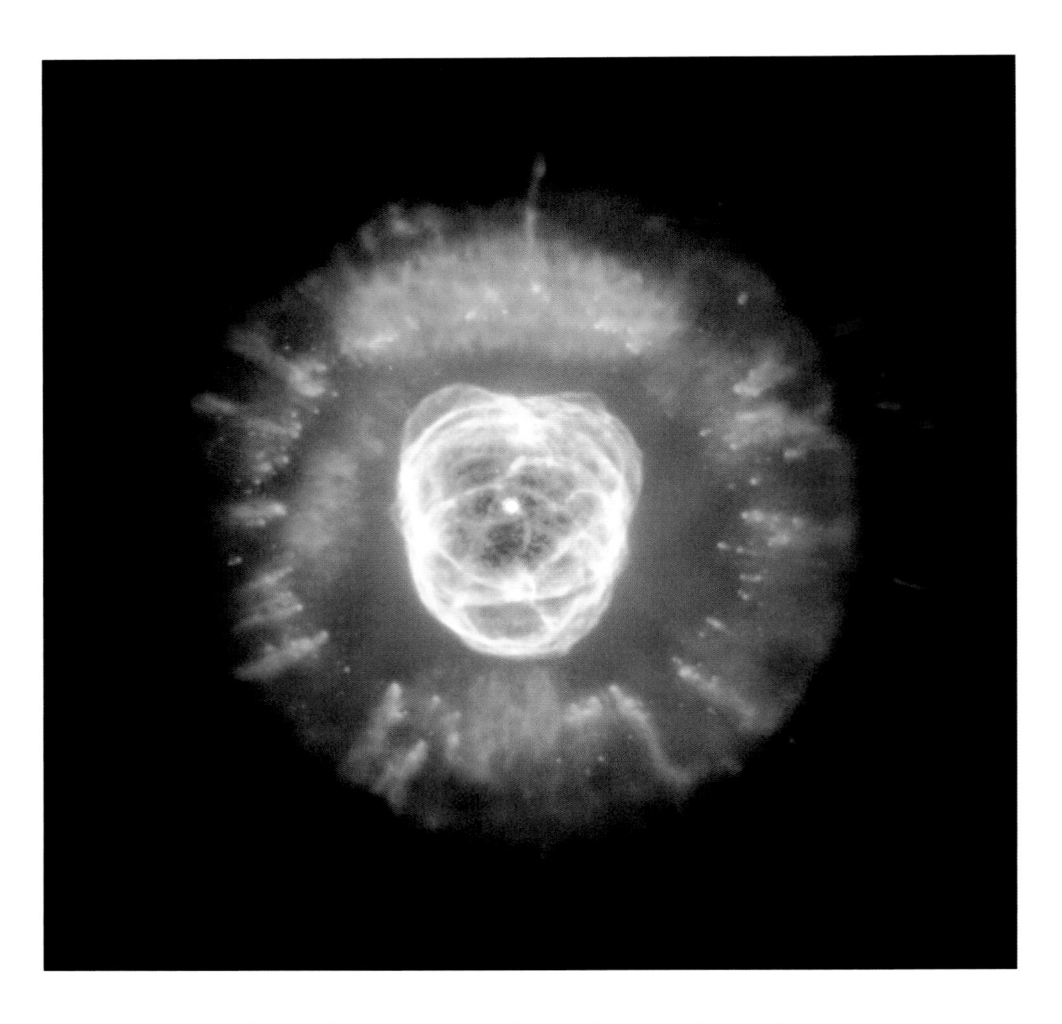

에스키모성운

이 성운은 추위를 피하기 위해 두꺼운 털이 달린 모자를 뒤집어쓰고 있다. 우주는 많이 춥다. 빅뱅 직후 수십조 도에 육박한 우주의 열기는 138억 년간 쭉 이어진 팽창으로 인해 아주 낮은 온도로 식어버렸다. 현재 우주 배경의 평균온도는 절대온도로 2.7도밖에 안 된다.

목성의 북반구
구름 표면

어떤 이들은 목성 사진을 보고 두려움을 느낀다고 한다. 그리고 이 감정을 목성 공포증이라는 꽤 그럴듯한 정신병리학적 질병의 이름처럼 부르기도 하지만 목성 공포증은 공인되지 않은 도시전설이다. 이 사진은 2019년 12월 26일, 크리스마스 다음 날 목성 가장 가까이에 지나가고 있던 주노 탐사선의 주노캠으로 찍은 목성의 북반구 구름 표면의 모습이다. 복잡하게 휘몰아치는 다양한 크기의 둥근 소용돌이와 길게 흐르는 구름 띠의 모습이 으스스한 분위기를 만들어낸다. 마치 물 위에 떠 있는 기름방울을 보고 있는 듯하다. 지구처럼 딱딱한 암석 표면이 없는, 행성 전체가 그저 가스구름으로만 덮인 목성은 매번 낯선 모습을 보여준다. 어쩌면 목성 공포증이라는 도시전설은 처음 마주한 미지의 세계에 대한 막연한 두려움에서 비롯된 감정일지도 모르겠다.

막대나선은하 M83

12월 30일

은하의 빛 대부분을 채우고 있는 주인공은 누구일까? 흔히 은하의 빛은 별빛이 모여 낸다고 생각한다. 하지만 그렇지 않다. 별빛뿐 아니라 그 주변에 미지근하게 달궈진 가스 먼지구름의 빛도 은하를 채우고 있다. 이 사진은 제임스 웹의 근적외선카메라를 통해 관측한 막대나선은하 M83의 모습이다. 어리고 푸른 별들이 은하 중심으로 가면서 더 많아져 중심부가 푸르스름한 빛으로 채워져 있다. 또한 은하 중심에서부터 양쪽 방향으로 소용돌이치며 뻗어나가는 붉은 나선팔도 볼 수 있다.

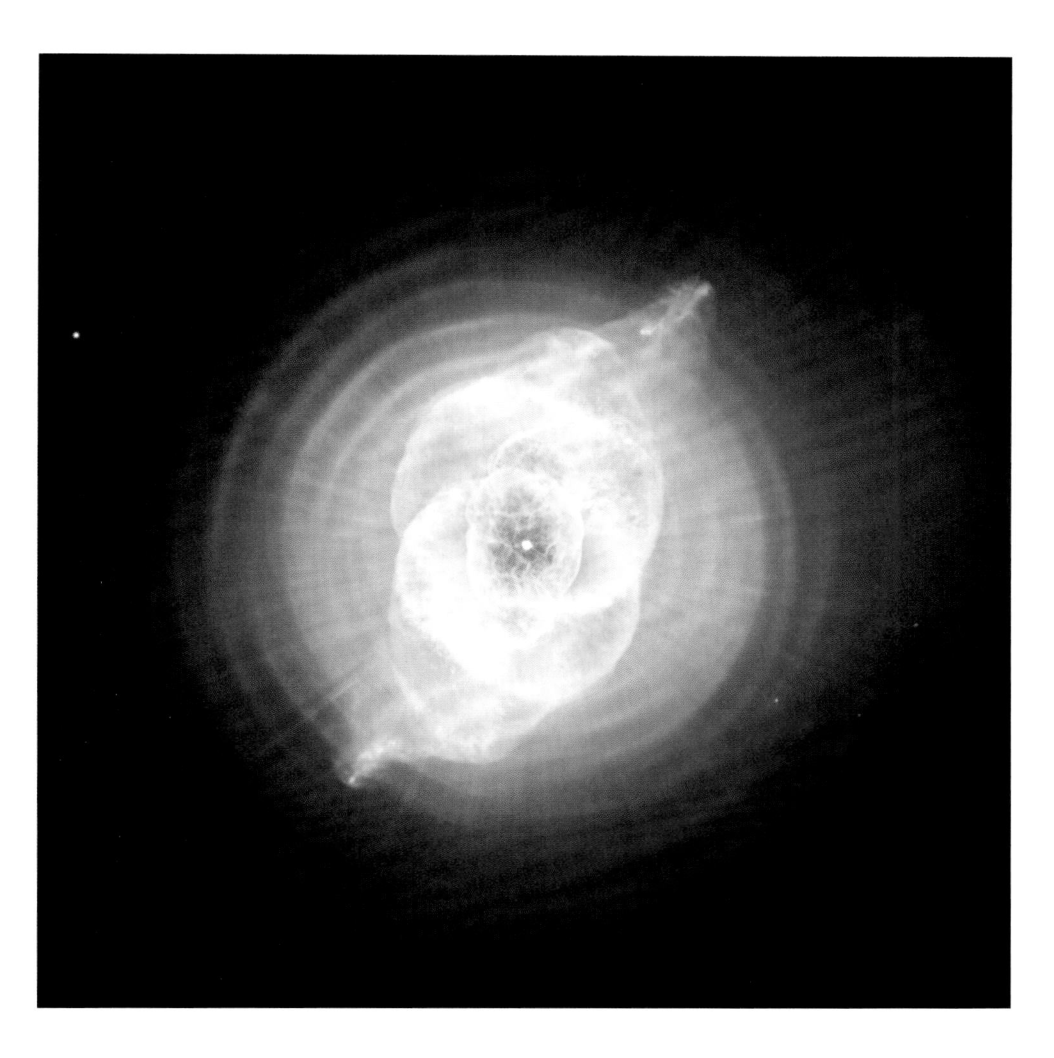

고양이눈성운

"나의 단점은 게으름입니다.
아, 또 있네요.
쿠키와 크루아상도 제 단점입니다.
아내가 매번 잔소리하는 게 그거거든요."

_앤서니 홉킨스(배우)

(1) 항성

원시성: 우주에 존재하는 성간물질이 중력으로 수축되면서 새로운 항성으로 만들어지고 있는 별.

주계열성: 지름과 질량이 태양과 비슷한 왜성. 별의 중심부에서 일어나는 수소 핵융합 반응으로 빛을 내며, 질량이 클수록 표면 온도가 높고 더 밝아진다.

거성: 동일한 표면온도의 주계열성(또는 왜성)보다 반지름 및 광도가 상당히 큰 별. 중력에너지가 발생하고 내부의 온도는 점차 상승하게 되며, 중심핵 바깥쪽의 수소가 반응을 시작하는 단계다.

초거성: 반지름이 태양의 100배 이상이 되는, 진화 후기 단계의 커다란 항성. 절대 광도가 매우 높아서 태양의 수만 배에 이르며, 수명은 수백만 년에 불과하다.

백색왜성: 밀도가 높고 흰빛을 내는 작은 항성. 지름은 지구와, 질량은 태양과 비슷하다.

중성자별: 주로 중성자로 이루어졌다고 생각되는, 밀도가 아주 높고 작은 천체. 반지름은 5~10킬로미터고, 질량은 태양의 0.2~0.7배다.

펄사: 규칙적으로 일어나는 맥동pulses 현상을 보이는 중성자별. 곁에 있는 다른 별과 쌍성을 이루고 있는 경우가 많다.

초신성: 질량이 큰 별이 진화하는 마지막 단계로, 핵융합을 마친 이후 급격한 중력 붕괴를 통해 거대한 폭발로 엄청나게 밝아진 뒤 점차 사라진다.

블랙홀: 초고밀도에 의하여 생기는 중력장의 구멍. 일정 질량 이상의 항성이 진화의 최종 단계에서 한없이 수축하여, 그 중심부의 밀도가 빛을 빨아들일 만큼 매우 높아지면서 생겨난다.

쌍성: 서로 끌어당기는 힘의 작용으로 공동의 무게 중심 주위를 일정한 주기로 공전하는 두 개의 항성. 밝은 별을 주성主星, 어두운 별을 동반성이라 한다.

변광성: 빛의 세기나 밝기가 시간에 따라서 변하는 항성. 밝기가 변화하는 방식에 따라 식변광성, 맥동 변광성 등이 있다.

갈색왜성: 제일 무거운 가스행성과 가장 가벼운 항성 사이 질량 범위에 존재하는 준항성천체.

(2) 성운과 성단

성간물질: 별과 별 사이의 공간에 떠 있는 밀도가 극히 희박한 물질.

성운: 구름 모양으로 퍼져 보이는 천체로, 별과 별 사이에 존재하는 가스 덩어리와 티끌의 집합체다.
- 암흑성운: 은하의 군데군데에 어둡게 보이는 천체의 무리다. 뒤에서 오는 별빛을 가로막아 어둡게 보인다.
- 발광성운: 가스와 티끌이 주변의 뜨거운 별에 의해 가열되어 스스로 빛을 내는 성운이다.
- 반사성운: 가까이에 있는 항성의 빛을 반사하여 밝게 보이는 성운이다.
- 행성상성운: 백색왜성 주위를 둘러싸고 있는 이온화된 팽창 가스 성운. 원반 모양, 타원 모양, 고리 모양을 이루고, 중심 별의 온도는 섭씨 수천 도에서 수만 도에 이르며, 팽창하는 성운은 수만에서 수십만 년 안에 흩어져 사라진다.

성단: 수많은 별들이 무리지어 모여 있는 천체.
- 구상성단: 수십만에서 수백만 개의 별들이 공 모양(구상)으로 빽빽하게 모여 있는 항성의 집단. 우리은하 안에는 100개 이상의 구상성단이 있다.
- 산개성단: 구상성단에 비하여 느슨한 구조로, 수십에서 수백 개의 항성이 한 지역에 불규칙하게 모여 있는 별의 집단. 구상성단과 달리 많은 성간물질이 은하면 안에 집중되어 있다.
- 성협星協: 탄생의 기원이 동일한 젊은 별의 집단.

(3) 은하

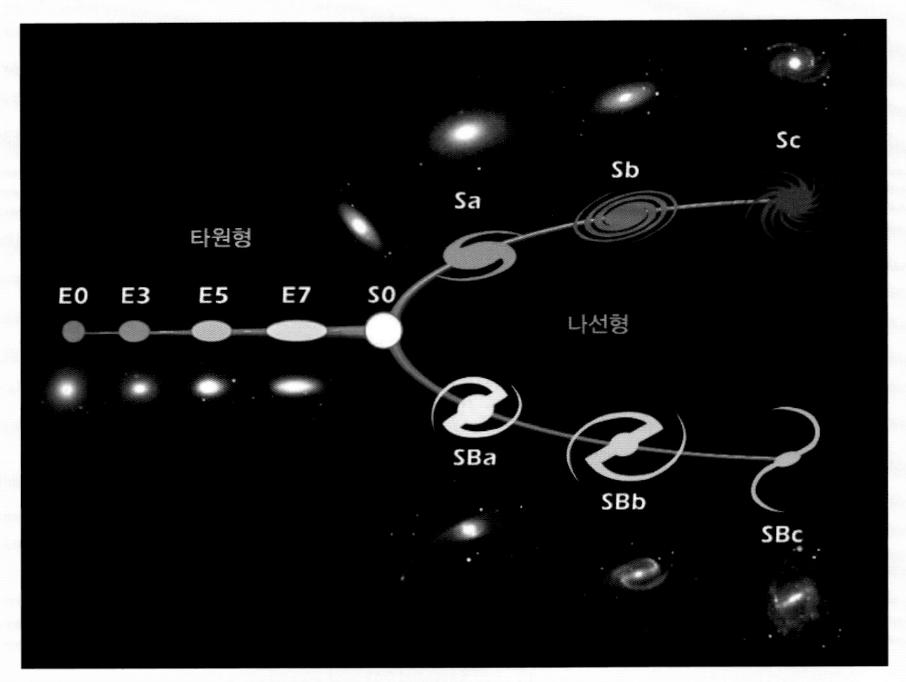

에드윈 허블이 만든 은하에 관한 형태분류 체계

타원은하: 수천억 개의 별이 공 모양이나 타원 모양으로 분포한 은하. 형태가 구형에 가까운 것부터 찌그러진 정도에 따라 E0에서 E7까지로 나눈다.

나선은하: 공 모양의 중심부 주위로 나선 모양의 팔이 감긴 것처럼 보이는 은하. 정상나선은하(SA, 보통 A는 생략)와 막대나선은하(SB)로 나뉜다. 두 형태 모두 나선팔을 가지고 있으며, 팔이 단단하게 감긴 정도, 팔의 균형이 잡힌 정도, 핵의 상대적인 크기에 따라 a, b, c를 붙여 다시 분류된다.

- Sa(SBa) - 꽉 감기고 매끄러운 나선팔과 거대하고 밝은 중심 팽대부
- Sb(SBb) - Sa(SBa)형보다는 덜 꽉 감긴 나선팔과 어느 정도 희미한 팽대부
- Sc(SBc) - 느슨하게 감긴 나선팔, 명확하게 분해되는 각각의 성단과 성운, 작고 희미한 팽대부

렌즈은하: 나선은하와 타원은하의 중간 형태. 허블 분류표상 S0에 해당한다.

불규칙은하: 구조나 모양이 일정하지 않은 은하. 대표적인 불규칙은하에는 왜소은하인 대마젤란은하, 소마젤란은하가 있다.

왜소은하: 우주에 존재하는 대부분의 은하는 왜소은하다. 이러한 작은 은하들은 그 크기가 우리은하의 약 100분의 1에 해당하며, 겨우 몇 십억 개의 별을 가진다.

고리은하: 별과 성간물질이 은하중심핵에서 벗어나 고리모양으로 존재하는 은하.

(4) 기타

먼지 원반: 거대한 분자 구름이 중력으로 수축하면서 회전 속도가 빨라지는 과정에서 형성되는 먼지 입자로 구성된 원반. 원시 행성 원반으로도 부른다. 중심에서 어린 항성이 탄생한다.

암흑물질: 중력효과는 관찰되지만 빛이 상호작용하지 않아 직접 관찰할 수 없는 물질.

에너지 제트: 먼지 원반의 중심에서 탄생한 어린 별이 원반의 수직방향으로 항성풍을 토해내는 현상.

퀘이사: 중심에 아주 무겁고 활동적인 초거대 질량 블랙홀을 품고 있는 은하. 중심의 블랙홀에서 방출되는 에너지가 아주 강하기 때문에 먼 거리에서도 관측할 수 있으며, 은하가 아닌 별빛이 빛나는 것처럼 보인다는 뜻에서 준항성 천체Quasi-stellar object, 줄여서 퀘이사라고 부른다.

크레이터: 운석구덩이. 단단한 표면을 가진 천체에 다른 작은 천체가 충돌했을 때 생기는 특징적인 형태의 구덩이.

킬로노바: 중성자별과 중성자별이 병합하거나 중성자별과 블랙홀이 충돌하면서 막대한 폭발을 일으키는 현상. 일반적인 신성의 1000배 정도의 에너지를 낸다.

필라멘트 구조: 실 가닥처럼 가늘고 길게 이어진 가스 발광체.

허빅-아로 천체: 갓 태어난 어린 별이 양쪽으로 에너지 제트를 토해내면서 먼지 원반으로 둘러싸여 있는 형태의 천체.

10 NASA, ESA, CSA, STScI IMAGE PROCESSING: Joseph DePasquale (STScI), Anton M. Koekemoer (STScI), Alyssa Pagan (STScI); 12 NASA, ESA, CSA, Kristen McQuinn (RU) IMAGE PROCESSING: Zolt G. Levay (STScI); 13 ESA/Webb, NASA & CSA, A. Martel; 14 NASA/STScI; 15 NASA; 16 NASA/JPL-Caltech/University of Arizona; 17 NASA/JHUAPL/SWRI; 18 NASA, ESA, CSA, Dan Coe (STScI/AURA for ESA, JHU), Brian Welch (NASA-GSFC, UMD); 20 NASA/JPL-Caltech/SwRI/MSSS/Jason Major; 21 ESA/Hubble & NASA; 22 ESA/Hubble & NASA, Judy Schmidt;23 NASA, The Hubble Heritage Team (AURA/STScI); 24 NASA, ESA, and the Hubble Heritage Team (STScI/AURA); 25 ESA/Hubble & NASA, M. Sun; 26-27 Joseph DePasquale (STScI), Anton M. Koekemoer (STScI); 28 NASA, ESA and The Hubble Heritage Team (STScI/AURA) Acknowledgment: R. Sahai (Jet Propulsion Lab) and B. Balick (University of Washington); 29 NASA, ESA, the Hubble Heritage Team (STScI/AURA), and the Subaru Telescope (National Astronomical Observatory of Japan); 30 NASA / ESA / CSA; Data reduction and analysis: PDRs4All ERS Team; Graphical processing: S. Fuenmayor; 32 NASA/JHUAPL/SwRI; 34-35 NASA, ESA, CSA, STScI; 36 NASA/JPL-Caltech/University of Arizona; 37 NASA/JPL-Caltech/SSI; 38 NASA and ESA Acknowledgement: NASA, ESA, the Hubble Heritage (STScI/AURA)/Hubble-Europe (ESA) Collaboration, D. Padgett (GSFC), T. Megeath (University of Toledo), and B. Reipurth (University of Hawaii); 39 NASA/JPL-Caltech/SETI Institute; 40 NASA, ESA, CSA, STScI; 42 NASA, ESA, STScI; 43 NASA/JPL-Caltech/MSSS; 44 NSO/NSF/AURA; 45 NASA/JPL-Caltech/Uarizona; 46 ESA/Hubble, NASA, Toshiya Ueta (University of Denver), Hyosun Kim (KASI); 47 NASA/JPL-Caltech/MSSS/TAMU; 48 NASA, ESA, CSA, András Gáspár (University of Arizona), Alyssa Pagan (STScI); 49 NASA, ESA and STScI; 51 NASA/Johns Hopkins University Applied Physics Laboratory/Carnegie Institution of Washington; 52 NASA/JPL-Caltech/Cornell University; 53 ESA/Rosetta/MPS for OSIRIS Team MPS/UPD/LAM/IAA/SSO/INTA/UPM/DASP/IDA; 54 NASA, ESA, and Z. Levay (STScI); 55 ALMA (ESO/NAOJ/NRAO)/R. Sahai; 56 NASA, ESA, CSA, Mikako Matsuura (Cardiff University), Richard Arendt (NASA-GSFC, UMBC), Claes Fransson (Stockholm University), Josefin Larsson (KTH); 57 LSST Camera team/SLAC National Accelerator Laboratory/Rubin Observatory; 58 NASA, ESA, CSA, STScI, Nolan Habel (NASA-JPL); 59 ESA/Webb, NASA, CSA, Tom Ray (Dublin); 60-61 NASA, ESA, CSA, STScI, Steve Finkelstein (UT Austin), Micaela Bagley (UT Austin), Rebecca Larson (UT Austin); 62 International Gemini Observatory/NOIRLab/NSF/AURA, M.H. Wong (UC Berkeley) et al. Acknowledgments: M. Zamani; 63 NASA/JPL-Caltech; 64 NASA/JPL-Caltech; 65 NASA and The Hubble Heritage Team (STScI/AURA) Acknowledgment: R.G. French (Wellesley College), J. Cuzzi (NASA/Ames), L. Dones (SwRI), and J. Lissauer (NASA/Ames); 66 NASA, ESA and M. Livio (STScI); 67 NASA/JPL-Caltech; 68 NASA/JPL-Caltech; 70-71 ESA/Webb, NASA & CSA, J. Lee and the PHANGS-JWST Team; 72 NASA/Eugene Cernan; 73 NASA/Johns Hopkins University Applied Physics Laboratory/Southwest Research Institute/Roman Tkachenko ; 74 ESA/Webb, NASA & CSA, P. Kelly; 75 NASA/JPL-Caltech/University of Arizona; 76 NASA/JHUAPL/SwRI; 77 NASA/JPL-Caltech/Uarizona; 78 NASA/JPL-Caltech/University of Arizona; 79 ESA/Gaia/DPAC; 80 NASA/STScI; 81 NASA/JPL-Caltech/MSSS; 82 ESO/INAF-VST/OmegaCAM. Acknowledgement: OmegaCen/Astro-WISE/Kapteyn Institute; 83 NASA, ESA, J. DePasquale and E. Wheatley (STScI) and Z. Levay; 84 ESO/Borisova et al.; 85 NASA, ESA, CSA, Ori Fox (STScI), Melissa Shahbandeh (STScI);

86-87 NASA, ESA, CSA, STScI, Andrew Levan (IMAPP, Warw); 88 NASA, ESA, STScI, John Banovetz (Purdue University), Danny Milisavljevic (Purdue University); 89 NASA/JPL-Caltech/Malin Space Science Systems; 90 NASA/Chris Gunn; 91 NASA/JPL-Caltech/Space Science Institute/ASI/Cornell; 92 NASA, ESA, CSA, STScI, Janice Lee (STScI), Thomas Williams (Oxford), PHANGS Team; 94 NASA's Goddard Space Flight Center; 95 Robert Gendler/ESA/Hubble; 96 ESA/Hubble, NASA, Suyu et al. ; 97 Davide De Martin & the ESA/ESO/NASA Photoshop FITS Liberator; 98 NASA, ESA, CSA, Olivia C. Jones (UK ATC), Guido De Marchi (ESTEC), Margaret Meixner (USRA)IMAGE PROCESSING: Alyssa Pagan (STScI), Nolan Habel (USRA), Laura Lenkić (USRA), Laurie E. U. Chu (NASA Ames) NASA, ESA, CSA, and M. Zamani (ESA/Webb); Science: F. Sun (Steward Observatory), Z. Smith (Open University), and the Ice Age ERS Team; 100 NASA, ESA, and W. Keel (University of Alabama, Tuscaloosa); 101 ESA/Euclid/Euclid Consortium/NASA; 102 ESA/Euclid/Euclid Consortium/NASA; 103 NASA, ESA, P. Goudfrooij (STScI); 104 NASA/JPL-Caltech/SwRI/MSSS/Betsy Asher Hall/Gervasio Robles; 105 NASA, ESA, and The Hubble Heritage Team (STScI/AURA); 106 NASA, the ACS Science Team (H. Ford, G. Illingworth, M. Clampin, G. Hartig, T. Allen, K. Anderson, F. Bartko, N. Benitez, J. Blakeslee, R. Bouwens, T. Broadhurst, R. Brown, C. Burrows, D. Campbell, E. Cheng, N. Cross, P. Feldman, M. Franx, D. Golimowski, C. Gronwall, R. Kimble, J. Krist, M. Lesser, D. Magee, A. Martel, W. J. McCann, G. Meurer, G. Miley, M. Postman, P. Rosati, M. Sirianni, W. Sparks, P. Sullivan, H. Tran, Z. Tsvetanov, R. White, and R. Woodruff) and ESA; 107 NASA, ESA, CSA, STScI'; 108 NASA/JPL-Caltech/MSS; 109 NASA, ESA, CSA, M. Zamani (ESA/Webb) SCIENCE: Brant Robertson (UC Santa Cruz), S. Tacchella (Cambridge), E. Curtis-Lake (UOH), S. Carniani (Scuola Normale Superiore), JADES Collaboration; 110 NASA/JPL-Caltech/Space Science Institute; 111 NASA/ESA and The Hubble Heritage Team (STScI/AURA); 112 ESA & NASA/Solar Orbiter/EUI Team; 113 NASA, ESA, J. Rigby (NASA Goddard Space Flight Center), K. Sharon (Kavli Institute for Cosmological Physics, University of Chicago), and M. Gladders and E. Wuyts (University of Chicago); 114 ESO/A. Grado and L. Limatola; 115 NASA, ESA, CSA, STScI, Webb ERO Production Team; 116 ALMA (ESO/NAOJ/NRAO), F. Kerschbaum; 118 NASA, ESA, CSA, Jupiter ERS Team IMAGE PROCESSING: Judy Schmidt; 119 NASA, ESA, CSA, STScI, Danny Milisavljevic (Purdue University), Ilse De Looze (UGent), Tea Temim (Princeton University); 120 NASA, ESA, CSA, Dan Coe (STScI), Rebecca Larson (UT), Yu-Yang Hsiao (JHU) IMAGE PROCESSING: Alyssa Pagan (STScI); 121 NASA, ESA, CSA, STScI; 122 ESO; 123 NASA/JPL-Caltech/MSSS; 124 NASA/JPL-Caltech/Cornell/USGS; 125 NASA/STScI; 126~127 NASA; 128 NASA, ESA, S. Beckwith (STScI), and The Hubble Heritage Team (STScI/AURA); 129 NASA/JPL-Caltech/Uarizona; 130 NASA, ESA, CSA / Science leads and image processing: M. McCaughrean, S. Pearson; 131 ESA/Rosetta/MPS for OSIRIS Team MPS/UPD/LAM/IAA/SSO/INTA/UPM/DASP/IDA; 132 NASA, ESA, CSA, Takahiro Morishita (IPAC); 133 NASA, ESA, CSA, STScI; 134 NASA/JPL-Caltech; 135ESA/Gaia/DPAC; 135 ESA/Gaia/DPAC; 136 NASA/STScI/CEERS/TACC/S. Finkelstein/M. Bagley/Z. Levay; 136~137 NASA/STScI/CEERS/TACC/S. Finkelstein/M. Bagley/Z. Levay; 138 NASA, ESA, CSA, STScI; 139 NASA, ESA, and the Hubble Heritage Team (STScI/AURA); 140 NASA/JPL-Caltech; 141 NASA, ESA and the Hubble Heritage Team (STScI/AURA); 142 NASA, ESA, CSA, STScI, Heidi Hammel (AURA), Mars JWST/GTO Team; 144 ESA/Royal Observatory of Belgium; 145 NASA/ESA and The Hubble Heritage Team (STScI/AURA); 146 NASA, ESA, CSA, STScI, Kevin Luhman (PSU), Catarina Alves de Oliveira (ESA); 148 NASA/JPL-Caltech/MSSS; 149 NASA/MSFC/David Higginbotham; 150 NASA/JPL-Caltech/MSSS; 151 Image Science and Analysis Laboratory, NASA-Johnson Space Center; 152 X-ray: NASA/CXC/M.Markevitch et al. Optical: NASA/STScI; Magellan/U.Arizona/D.Clowe et al. Lensing Map: NASA/STScI;

ESO WFI; Magellan/U.Arizona/D.Clowe et al; 154 NASA/JPL-Caltech/Space Science Institute; 155 NASA, ESA, and B. Sunnquist and J. Mack (STScI) Acknowledgment: NASA, ESA, and J. Lotz (STScI) and the HFF Team; 156 NASA/ESA and The Hubble Heritage Team (AURA/STScI); 157 NASA/STScI Digitized Sky Survey/ Noel Carboni; 158~159 NASA, ESA, J. Dalcanton (University of Washington, USA), B. F. Williams (University of Washington, USA), L. C. Johnson (University of Washington, USA), the PHAT team, and R. Gendler; 160 NASA/ JPL-Caltech/Uarizona;161 ESA/Hubble & NASA, S. Jha Acknowledgement: L. Shatz; 162 NASA/JPL-Caltech/ MSSS; 164 NASA, ESA, the Hubble Heritage Team (STScI/AURA), J. Bell (ASU), and M. Wolff (Space Science Institute); 165 NASA, ESA and the Hubble Heritage Team (STScI/AURA); 166 ESO/Y. Beletsky/G. Hüdepohl (atacamaphoto.com); 168 NASA/JPL-Caltech/Uarizona; 169 ESA/Hubble & NASA, R. Massey; 170 NASA/ JPL-Caltech/Space Science Institute; 171 NASA/JPL-Caltech/MSSS; 172 ESA/Webb, NASA & CSA, L. Armus, A. S. Evans; 174 NASA/Johns Hopkins University Applied Physics Laboratory/Carnegie Institution of Washington; 175 ESA/Hubble & NASA, SDSS, J. Dalcanton Acknowledgement: Judy Schmidt (Geckzilla); 176 ESA/Webb, NASA, CSA, M. Barlow (UCL), N. Cox (ACRI-ST), R. Wesson (Cardiff University); 177 ESA/Hubble & NASA, A. Riess et al; 178 NASA/JPL-Caltech/Uarizona; 179 NASA, ESA, and M. Mutchler (STScI); 180 NASA, ESA, N. Smith (University of Arizona), and J. Morse (BoldlyGo Institute); 182 NASA, C.R. O'Dell and S.K. Wong (Rice University); 183 ESA/Rosetta/MPS/UPD/LAM/IAA/SSO/INTA/UPM/DASP/IDA; 184 NASA, ESA, A. Zezas and J. Huchra (Harvard-Smithsonian Center for Astrophysics); 185 NASA/JPL-Caltech/Space Science InstituteMatt McIrvin; 186 ESA/Hubble & NASA, M. Gullieuszik and the GASP team; 187 Jose M. Diego (IFCA), Brenda Frye (University of Arizona), Patrick Kamieneski (ASU), Tim Carleton (ASU), Rogier Windhorst (ASU); 188 NASA/JPL-Caltech/ MSSS; 189 ESA/Webb, NASA & CSA, J. Lee and the PHANGS-JWST Team Acknowledgement: J. Schmidt; 190 ESO/VISTA/J. Emerson. Acknowledgment: Cambridge Astronomical Survey Unit; 191 NASA, ESA, CSA, STScI; 192 NASA/Johns Hopkins APL/Naval Research Laboratory/Guillermo Stenborg and Brendan Gallagher; 193 NASA/ESA/CNES/Arianespace ; 194 NASA, ESA, STScI; 195 NASA/ESA/CSA and the NIRSpec team; 196 ESA/ Euclid/Euclid Consortium/NASA, image processing by J.-C. Cuillandre (CEA Paris-Saclay), G. Anselmi; 197 NASA/JPL-Caltech; 198 NASA/JPL-Caltech/SwRI/MSSS; 199 NASA/JHUAPL/SwRI; 200 NASA/JPL-Caltech; 202 ESA/Euclid/Euclid Consortium/NASA, image processing by J.-C. Cuillandre (CEA Paris-Saclay), G. Anselmi; 203 NASA, ESA, the Hubble Heritage (STScI/AURA)-ESA/Hubble Collaboration, and W. Keel (University of Alabama); 204 NASA, ESA, Mario Livio (STScI), Hubble 20th Anniversary Team (STScI); 205 X-ray: NASA/CXC/ UA/J.Irwin et al; Optical: NASA/STScI; 206 ESA/Webb, NASA & CSA, J. Rigby; 207 NASA / ESA / CSA / PDRs4All ERS Team IMAGE PROCESSING: Olivier Berné ; 208 ESA/Webb, NASA, CSA, M. Barlow (UCL), N. Cox (ACRI-ST), R. Wesson (Cardiff University); 210 ESA/BepiColombo/MTM; 212 NASA, ESA, CSA, STScI, Webb ERO Production Team; 213 NASA, ESA, CSA, Matthew Tiscareno (SETI Institute), Matthew Hedman (University of Idaho), Maryame El Moutamid (Cornell University), Mark Showalter (SETI Institute), Leigh Fletcher (University of Leicester), Heidi Hammel (AURA); 214 NASA/JPL-Caltech/Uarizona; 215 ESA/Hubble & NASA, W. Keel. Acknowledgement: J. Schmidt; 216 NASA/JPL-Caltech; 217 NASA, ESA, and the Hubble SM4 ERO Team; 218 NASA, ESA, and the Hubble SM4 ERO Team; 219 NASA, ESA, and M. Wong (University of California – Berkeley); Processing: Gladys Kober (NASA/Catholic University of America); 220 NASA; 221 NASA, ESA, CSA, STScI, Justin Pierel (STScI), Drew Newman (CIS); 222 NASA, ESA, CSA, STScI, Tea Temim (Princeton University); 223 NASA, ESA, and the Hubble SM4 ERO Team; 224 ESO; 225 ESO/Bohn et al.; 226 NASA/JPL/ASU; 227 NSO/NSF/

AURA; 228 ALMA (ESO/NAOJ/NRAO)/Benisty et al; 229 I. Heywood/University of Oxford; SARAO; J. C. Muñoz-Mateos/ESO; 230 NASA, ESA, CSA, STScI; 232 NASA, ESA, CSA, STScI, Klaus Pontoppidan (STScI); 233 NASA/JHUAPL/SwRI; 234 ESO; 235 NASA; 236 NASA/Ball Aerospace; 237 ESA/Webb, NASA & CSA, M. Meixner; 238 NASA's Goddard Space Flight Center/SDO;239 NASA, ESA, CSA, Rogier Windhorst (ASU), William Keel (University of Alabama), Stuart Wyithe (University of Melbourne), JWST PEARLS Team IMAGE PROCESSING: Alyssa Pagan (STScI); 240 NASA/JPL-Caltech/MSSS; 241NASA/JPL-Caltech/MSSS; 242 NASA/JPL-Caltech/SwRI/MSSS Image processing by Brian Swift; 244 ; 245 NASA, ESA, the Hubble Heritage Team (STScI/AURA), and IPHAS; 246 NASA/JPL/MSSS; 248 NASA, ESA, Igor Karachentsev (SAO RAS); 249 NASA, ESA, Joel Kastner (RIT); 250 NASA, ESA, S. Rodney (John Hopkins University, USA) and the FrontierSN team; T. Treu (University of California Los Angeles, USA), P. Kelly (University of California Berkeley, USA) and the GLASS team; J. Lotz (STScI) and the Frontier Fields team; M. Postman (STScI) and the CLASH team; and Z. Levay (STScI) ALMA (ESO/NAOJ/NRAO), NASA/ESA Hubble Space Telescope, W. Zheng (JHU), M. Postman (STScI), the CLASH Team, Hashimoto et al; 252 NASA, ESA, CSA, Alyssa Pagan (STScI); 254 NASA, CSA, and FGS team; 255 NASA, ESA, and P. van Dokkum (Yale University); 256 NASA/JPL-Caltech/SwRI/MSSS Enhanced Image by Brian Swift and Sean Doran; 258 NASA/JPL-Caltech/Space Science Institute; 259 NASA;260 NASA/JPL-Caltech/MSSS; 261 NASA, ESA, CSA, STScI SCIENCE: Megan Reiter (Rice University) IMAGE PROCESSING: Joseph DePasquale (STScI), Anton M. Koekemoer (STScI); 262 NASA/JPL-Caltech/Uarizona; 263 NASA/JPL-Caltech/Uarizona; 264 ESA/Webb, NASA & CSA, J. Lee and the PHANGS-JWST Team; 265 NASA/JPL-Caltech/Uarizona; 266 NASA/Johns Hopkins APL/Naval Research Laboratory/Guillermo Stenborg and Brendan Gallagher; 268 NASA, ESA, CSA, STScI IMAGE PROCESSING: Joseph DePasquale (STScI), Naomi Rowe-Gurney (NASA-GSFC); 269 NASA, ESA, CSA, STScI IMAGE PROCESSING: Joseph DePasquale (STScI), Alyssa Pagan (STScI), Anton M. Koekemoer (STScI); 270 NASA, ESA, CSA, STScI, Webb ERO Production Team; 272 Big Ear Radio Observatory and North American AstroPhysical Observatory (NAAPO); 273 NASA/JPL-Caltech/Space Science Institute; 274 NASA/JPL-Caltech/UCLA/MPS/DLR/IDA/PSI/LPI; 275 NASA/JHUAPL/SwRI; 276 NASA/JHUAPL/SwRI; 277 OSIRIS: ESA/Rosetta/MPS for OSIRIS Team MPS/UPD/LAM/IAA/SSO/INTA/UPM/DASP/IDA NavCam: ESA/Rosetta/NavCam; 278 NASA/JPL-Caltech/Malin Space Science Systems/Texas A&M Univ; 279 ESO; 280 NASA and ESA Acknowledgment: A. Levan (U. Warwick), N. Tanvir (U. Leicester), and A. Fruchter and O. Fox (STScI); 282 NASA, ESA, CSA, STScI, Orsola De Marco (Macquarie University) IMAGE PROCESSING: Joseph DePasquale (STScI); 284 NASA, ESA, CSA / Science leads and image processing: M. McCaughrean, S. Pearson; 285 NASA and The Hubble Heritage Team (STScI/AURA) Acknowledgment: C. R. O'Dell (Vanderbilt University); 286 ESA/Hubble and NASA, J. Dalcanton, Dark Energy Survey/DOE/FNAL/NOIRLab/NSF/AURA; Acknowledgement: L. Shatz; 287 NASA/JPL-Caltech/Space Science Institute; 288 NASA/JPL-Caltech/University of Arizona; 289 NASA/Johns Hopkins APL/Naval Research Laboratory/Guillermo Stenborg and Brendan Gallagher; 230 NASA, ESA, CSA, STScI, Webb ERO Production Team; 292 NASA, ESA, and J. Maíz Apellániz (Institute of Astrophysics of Andalusia, Spain) Acknowledgment: N. Smith (University of Arizona); 293 NASA, ESA, CSA, STScI IMAGE PROCESSING: Joseph DePasquale (STScI); 294 NASA/CXC/SAO/ESA/ the Hubble Heritage Team (STScI/AURA); NASA, ESA, the Hubble Heritage Team (STScI/AURA)-ESA/Hubble Collaboration and A. Evans (University of Virginia, Charlottesville/NRAO/Stony Brook University); 296 ESA/Hubble & NASA, J. Lee and the PHANGS-HST Team Acknowledgement: Judy Schmidt (Geckzilla); 297 ESA/Rosetta/NavCam; 298 NASA, ESA,

CSA, Brant Robertson (UC Santa Cruz), Ben Johnson (CfA), Sandro Tacchella (Cambridge), Marcia Rieke (University of Arizona), Daniel Eisenstein (CfA); 300 NASA/JPL-Caltech; 301 NASA, ESA, CSA, M. Kelley (University of Maryland), H. Hsieh (Planetary Science Institute), A. Pagan (STScI); 302 ESO/S. Guisard; 303 NASA/Chris Gunn; 304 NASA, ESA, and the Hubble Heritage Team (STScI/AURA); Acknowledgment: M. Sun (University of Alabama, Huntsville); 306 ESA/Euclid/Euclid Consortium/NASA, image processing by J.-C. Cuillandre (CEA Paris-Saclay), G. Anselmi; 307 NASA Wallops Flight Facility/Chris Perry; 308 NASA, ESA, CSA, Gerónimo Villanueva (NASA-GSFC); 309 ESA/Euclid/Euclid Consortium/NASA, image processing by J.-C. Cuillandre (CEA Paris-Saclay), G. Anselmi; 310 NASA and The Hubble Heritage Team (STScI); 311 NASA/JPL-Caltech/University of Arizona; 312 NASA, ESA, and M. Beasley (Instituto de Astrofísica de Canarias); 313 NASA/JPL-Caltech; 314 NASA/JPL-Caltech/SwRI/MSSS/Kevin M. Gill; 315 NASA, ESA, and Z. Levay (STScI); 316 NASA/JPL-Caltech/Space Science Institute; 317 NASA & ESA; 318 NASA; 320~321 NASA, ESA, CSA, Alyssa Pagan (STScI); 322 NASA/Johns Hopkins APL; 324 NASA, ESA, CSA, Alyssa Pagan (STScI); 325 NASA; 328 NASA/JPL-Caltech/Space Science Institute; 329 NASA/JPL-Caltech/Uarizona; 330 Hubble & NASA and S. Smartt (Queen's University Belfast), Robert Gendler; 331 NASA/JPL-Caltech/University of Arizona; 332 NASA/DOE/Fermi LAT Collaboration/Elizabeth Ferrara/Dan Kocevski/J.D. Myers/Aurore Simmonet/Francis Reddy; 333 NASA, ESA, CSA, STScI; 334~335 ESA/Webb, NASA & CSA, M. Meixner; 336 NASA/JPL-Caltech/Space Science Institute; 338 NASA/JHUAPL/SwRI; 339 TIO/NOIRLab/NSF/AURA/DECam DELVE Survey; 340 NASA, ESA, CSA, STScI, Webb ERO Production Team; 341 ESA/Euclid/Euclid Consortium/NASA, image processing by J.-C. Cuillandre (CEA Paris-Saclay), G. Anselmi; 342 NASA, ESA, and M. Montes (University of New South Wales); 344 NASA/JPL-Caltech/MSSS/Texas A&M Univ; 345 Hubble Heritage Team (AURA/STScI/NASA/ESA); 346 NASA/JPL-Caltech; 347 EHT Collaboration ; 348 NASA/JPL-Caltech NASA/JPL-Caltech; 350 NASA/JPL-Caltech; 351 NASA/Goddard/University of Arizona; JAXA/ISAS/DARTS/Kevin M. Gill; 353 NASA, ESA, CSA, Gerónimo Villanueva (NASA-GSFC), Samantha K Trumbo (Cornell University); 354 NASA, ESA, CSA, Gerónimo Villanueva (NASA-GSFC), Samantha K Trumbo (Cornell University); 356 ESA/Webb, NASA & CSA, A. Adamo (Stockholm University) and the FEAST JWST team; 357 ESO/M. McCaughrean; 358 NASA, ESA, CSA, Danny Milisavljevic (Purdue University), Tea Temim (Princeton University), Ilse De Looze (UGent); 360 NASA/GSFC/Arizona State University; 361 NASA/MIT/TESS; 362 NASA/JHUAPL/SwRI; 363 NASA/JPL-Caltech/LANL/CNES/IRAP/LPGNantes/CNRS/IAS/MSSS; 364 NASA, ESA, CSA, STScI IMAGE PROCESSING: Joseph DePasquale (STScI), Alyssa Pagan (STScI); 365 NASA, ESA, CSA, Janice Lee (NSF's NOIRLab); 366 NASA/Johns Hopkins University Applied Physics Laboratory/Carnegie Institution of Washington; 367 NASA/JPL-Caltech/Space Science Institute; 368 NASA, ESA, CSA, Webb Titan GTO Team IMAGE PROCESSING: Alyssa Pagan (STScI); 369 NASA, ESA and the Hubble Heritage Team (STScI/AURA); 370 ESA/Euclid/Euclid Consortium/NASA; 372 Credit: X-ray: NASA/CXC/Stanford Univ./R. Romani et al. (Chandra); NASA/MSFC (IXPE); Infared: NASA/JPL-Caltech/DECaPS; Image Processing: NASA/CXC/SAO/J. Schmidt); 374 ESA/Webb, NASA & CSA, A. Adamo (Stockholm University) and the FEAST JWST team; 375 NASA/JHUAPL/SwRI; 376 NASA, ESA, and S. Rodney (JHU) and the FrontierSN team; T. Treu (UCLA), P. Kelly (UC Berkeley), and the GLASS team; J. Lotz (STScI) and the Frontier Fields team; M. Postman (STScI) and the CLASH team; and Z. Levay (STScI); 318 ESA/Rosetta/MPS for OSIRIS Team MPS/UPD/LAM/IAA/SSO/INTA/UPM/DASP/IDA; 380 ESA/Euclid/Euclid Consortium/NASA, image processing by J.-C. Cuillandre (CEA Paris-Saclay), G. Anselmi; 381 NASA, ESA, CSA, and STScI; 382 NASA, ESA, Z. Levay and R. van

der Marel (STScI), T. Hallas, and A. Mellinger; 384 Arecibo Observatory; 385 NASA/JPL-Caltech/Space Science Institute; 386 NASA, ESA, CSA, Ivo Labbe (Swinburne), Rachel Bezanson (University of Pittsburgh) IMAGE PROCESSING: Alyssa Pagan (STScI) NASA, ESA, CSA, T. Treu (UCLA); 387 NASA, ESA, CSA SCIENCE: Fengwu Sun (Steward Observatory), Zak Smith (The Open University), IceAge ERS Team IMAGE PROCESSING: M. Zamani (ESA/Webb); 388 NASA/Johns Hopkins University Applied Physics Laboratory/Carnegie Institution of Washington; 389 ESA/Webb, NASA & CSA, L. Armus, A. Evans; 390 ESA/Euclid/Euclid Consortium/NASA, image processing by J.-C. Cuillandre (CEA Paris-Saclay), G. Anselmi; 391 ESA/Euclid/Euclid Consortium/ NASA, image processing by J.-C. Cuillandre (CEA Paris-Saclay), G. Anselmi; 392 NASA / ESA / CSA / Judy Schmidt; 394 NASA, ESA, and A. Simon (Goddard Space Flight Center); Acknowledgment: C. Go, H. Hammel (Space Science Institute, Boulder, and AURA), and R. Beebe (New Mexico State University); 396 NASA / Goddard / SwRI / Johns Hopkins APL / NOIRLab; 397 NASA/JPL-Caltech/Space Science Institute; 398 NASA, ESA, CSA, Rolf A. Jansen (ASU), Jake Summers (ASU), Rosalia O'Brien (ASU), Rogier Windhorst (ASU), Aaron Robotham (UWA), Anton M. Koekemoer (STScI), Christopher Willmer (University of Arizona), JWST PEARLS Team IMAGE PROCESSING: Rolf A. Jansen (ASU), Alyssa Pagan (STScI); 399 NASA/JPL-Caltech/SwRI/MSSS; 400 NASA, ESA, STScI, and the CANDELS team; ESA and the Planck Collaboration; 402 NASA, ESA, CSA, and J. Lee (NOIRLab), A. Pagan (STScI); 403 NASA/ESA/ the Hubble Heritage Team (STScI/AURA); 404 ESA/Rosetta/MPS for OSIRIS Team MPS/UPD/ LAM/IAA/SSO/INTA/UPM/DASP/IDA; 406 NASA, ESA, Jupiter ERS Team; image processing by Judy Schmidt; 407 NASA; 408 NASA/JPL-Caltech; 409 NASA/JPL-Caltech; 410 ESA/Webb, NASA & CSA, L. Armus & A. Evans Acknowledgement: R. Colombari; 411 ESA/Webb, NASA & CSA, J. Lee and the PHANGS-JWST and PHANGS-HST Teams; 412 NASA, ESA, CSA, T. Treu (UCLA); 413 ESA/Euclid/Euclid Consortium/NASA, image processing by J.-C. Cuillandre (CEA Paris-Saclay), G. Anselmi; 414 NASA/STScI/J. DePasquale; 416 ESA/Webb, NASA, ESA, CSA, B. Robertson (UC Santa Cruz), B. Johnson (Center for Astrophysics, Harvard & Smithsonian), S. Tacchella (University of Cambridge), M. Rieke (Univ. of Arizona), D. Eisenstein (Center for Astrophysics, Harvard & Smithsonian), A. Pagan (STScI), J. Witstok (University of Cambridge); 417 NASA, ESA, CSA, and K. Lawson (Goddard Space Flight Center), A. Pagan (STScI); 418 Enhanced Image by Gerald Eichstädt and Sean Doran based on images provided Courtesy of NASA/JPL-Caltech/SwRI/MSSS; 419 NASA/JPL-Caltech; MIRI: NASA/ESA/ CSA/STScI; 420 NASA/MIT/TESS and Ethan Kruse (USRA); 421 NASA, ESA, CSA, Janice Lee (NSF's NOIRLab); 422 Chinese Academy of Sciences; 423 ESO/Janson et al ; 424 NASA, ESA, CSA, STScI, Christina Williams (NSF's NOIRLab), Sandro Tacchella (Cambridge), Michael Maseda (UW-Madison); 425 NASA/JPL-Caltech/Space Science Institute/Hampton University; 426 NASA, ESA
Camera: Réaltra Space Systems Engineering; 427 ESO; 428 NASA/JPL-Caltech/Uarizona; 429 ESA/CNES/ Arianespace; 430 NASA, Andrew Fruchter and the ERO Team [Sylvia Baggett (STScI), Richard Hook (ST-ECF), Zoltan Levay (STScI)]; 431 NASA/JPL-Caltech/SwRI/MSSS Image processing by Kevin M. Gill; 432 ESA/Webb, NASA & CSA, A. Adamo (Stockholm University) and the FEAST JWST team; 433 NASA, ESA, HEIC, and The Hubble Heritage Team (STScI/AURA) Acknowledgment: R. Corradi (Isaac Newton Group of Telescopes, Spain) and Z. Tsvetanov (NASA)

구름이 주는 특별한 즐거움

날마다 구름 한 점

개빈 프레터피니
김성훈 옮김 | 372쪽 | 22,000원

365장의 멋진 구름 사진과 함께하는 과학적인 멍때리기. 구름감상협회 전 세계 5만 3천여 회원이 보내온 사진에서 엄선한 365장의 하늘 이미지에, 구름의 생성원리와 광학현상에 대한 친절한 설명, 문학작품에서 가려 뽑은 사색적인 문장과 함께 누리는 목적 없는 즐거움.

매일 꽃을 보는 기쁨

날마다 꽃 한 송이

미란다 자낫카
박원순 옮김 | 392쪽 | 24,800원

1년 365일 꽃과 함께하는 근사한 나날. 영국 큐 왕립식물원 식물원예가가 엄선한 전 세계 366가지 꽃. 사진, 예술 작품, 삽화 등 366점의 다채로운 이미지와 식물학부터 문화와 예술까지 각 꽃에 담긴 특별한 이야기. 꽃을 사랑하는 당신을 위한 매일의 선물.